高等职业教育农业农村部“十三五”规划教材

宠物疫病与公共卫生

高利华 卢劲晔 主编

中国农业出版社
北 京

内容简介

本教材为高职高专宠物养护与驯导专业、宠物医学专业和畜牧兽医专业的专业课程教材，是现代宠物技术资源库配套教材。全书共分为宠物传染性疾病防控、宠物寄生虫性疾病防控和宠物检疫技术三部分。内容主要包括宠物常见疫病的病原、流行病学、症状、病理变化、诊断和防治等基础知识和宠物防疫检疫等。为了适应行业的发展，本教材涉及犬、猫、鸟、兔和观赏鱼等常见宠物，增加了宠物保健知识、融入新的理念和技术，体现了宠物疫病及宠物诊疗保健行业科技发展的新动态。

编审人员

主　　编　高利华　卢劲晔

副 主 编　刘国芳　徐　鹏　刘素贞

编　　者（以姓氏笔画为序）

卢劲晔　朱　国　刘国芳　刘素贞

李　霞　李心海　张海燕　尚月丽

赵　彬　夏春芳　徐　鹏　高利华

简永利

行业指导　赖晓云

企业指导　张伟东

审　　稿　张海彬　曹　正

前 言

随着我国经济的发展、社会的进步和人民生活水平的提高、家庭成员结构的变化，喂养宠物的现象更加普遍，宠物正在成为我国小家庭里的一个“新居民”。伴随着宠物数量的增多，宠物疫病的发生也在逐年增加，特别是一些人兽共患病，给宠物和人类的健康带来极大的危害。因此，研究和防控宠物疫病，不仅能保障宠物自身的健康，还能减少宠物饲养的经济损失，提高宠物与主人生活质量。目前我国宠物医疗保健行业快速发展，大量新技术、新理念和新产品不断引入，同时，为了配合国家现代宠物技术资源库建设，我们组织了多所高等职业技术院校从事宠物疫病与检验检疫教学、具有丰富实践经验的教师和在宠物行业一线工作多年的专家编写了本教材，以满足行业和教学的需要。

本教材在编写过程中，力求体现系统性、适用性、科学性和先进性，突出理论知识的应用和实践能力的培养，强调以职业岗位能力培养为核心。本教材既可作为职业院校教学用书，还可作为中等职业技术教育和基层兽医工作者的参考书。

本教材具体编写分工如下：高利华（江苏农林职业技术学院）编写项目三的模块一至模块三；卢劲晔（江苏农牧科技职业学院）编写项目一的模块七和项目二的模块八；刘国芳（江苏农林职业技术学院）编写项目一的模块九和项目二的模块十；徐鹏（锦州医科大学）编写项目二的模块三至模块五；刘素贞（温州科技职业学院）编写模块二的项目一；简永利（温州科技职业学院）编写项目二的模块二；张海燕（芜湖职业技术学院）编写项目一的模块四；朱国（浙江大学动物医院）编写项目一的模块五；李心海（徐州生物工程职业技术学院）编写项目二的模块六和模块七；赵彬（江苏农林职业技术学院）编写项目一的模块一至模块三；尚月丽（上海农林职业技术学院）编写项目一的模块八和项目二的模块九；夏春芳（伊利职业技术学院）编写项目一的模块四和模块七；李霞（锦州市

农村经济委员会）编写项目三的模块四、模块五和模块六。本教材承蒙南京农业大学张海彬老师和江苏农林职业技术学院曹正老师审稿。新瑞鹏宠物医疗集团张伟东和瑞派华东宠物医院管理有限公司赖晓云对本教材的编写提供了宝贵的指导意见。在本教材的编写过程中还得到了江苏省农业科学院范志宇老师和江苏农林职业技术学院王会聪老师的帮助，在此一并表示衷心感谢。

尽管在编写过程中，对本书内容反复修改和审定，但疏漏之处在所难免，敬请同行专家和师生批评指正。

编　者

2020年1月

目 录

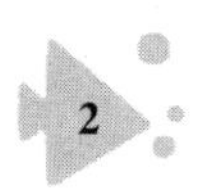

绪　　论

宠物疫病与公共卫生是宠物养护行业的一门重要核心课程，主要介绍犬、猫、观赏鸟、观赏鱼和观赏兔等主要宠物的常见疫病的病原、流行规律、症状、病理变化、治疗和检疫防控等内容。

宠物作为现代人们生活中的伴侣动物，和宠物主人的关系越发紧密，对和谐社会建设起着重要的作用。宠物疫病不仅影响宠物自身的健康与美观，也会对人类的健康与安全造成极大的影响，因此，有效地防控宠物疫病的发生、保障宠物的健康十分重要。

学习宠物疫病与公共卫生的目的，是为了了解和掌握宠物疫病的发生和流行规律以及不同疫病的具体治疗和防控方法，以便在临床实践中能根据具体情况采取有效的方法进行处置。

由于我国宠物行业起步较晚，所以宠物疫病的防控工作任务十分艰巨。同时由于对宠物疫病的传播方式和规律等认识还不够充分，有效预防和控制宠物疫病对于我国宠物保健行业的健康发展有着十分重要的意义。

宠物疫病虽然是动物疫病的一个分支，但因宠物种类繁多，因此其疫病也非常复杂。目前我国宠物虽然仍以犬、猫为主，但其他宠物，如宠物兔、宠物鸟和观赏鱼等，近些年也在逐渐增多，因此在了解犬、猫疫病的同时，还应当进一步的了解宠物兔、宠物鸟和观赏鱼等宠物的相关疫病。宠物疫病多为人兽共患性疾病，如狂犬病、莱姆病、皮肤癣菌、蛔虫病和吸虫病等，所以宠物疫病的防控就显得尤为重要。现在我国各大城市对宠物犬、猫的饲养、诊疗与保健都有严格的规定，这对有效控制宠物疫病发挥了非常重要的作用。但由于各地经济、文化、风俗习惯等差异较大，宠物种类和结构也不同，客观上对宠物疫病的防控造成了一定的阻碍。同时很多地方对犬、猫以外的宠物饲养还没有具体的规定，对此类宠物的数量和分布都不十分清楚，更谈不上预防疫病。但总的说来，随着近些年大量专业宠物医院的开设和宠物医疗保健专业人士的共同努力，我国宠物疫病的控制工作近年取得了长足的进步，宠物疫病的免疫接种比例逐年提高，常见疫病（如犬瘟热和犬细小病毒病）的发病率不断下降。

随着各种血清学技术、分子生物学技术和先进仪器设备等在宠物疫病的研究和防治中的应用，我国宠物疫病的理论研究和实际应用方面都取得了很大的进步。而且，近些年国家也加大了对宠物养护行业宠物疫病防控的投入，设立了现代宠物技术资源库和国家重点建设专项，有力地推动了我国宠物疫病防控工作建设。当前应贯彻预防为主的方针，努力提高应用研究的水平，把生物技术、计算机模拟技术、生物传感技术等高新技术与常规技术相结合，重点研究宠物疫病的病原、流行特点、病理变化、预防免疫及诊治技术；推广高效安全的疫苗、高效低毒的兽药及其配套技术。

1998 年我国颁布了《中华人民共和国动物防疫法》（以下简称《动物防疫法》），2010 年发布了《动物检疫管理办法》，2011 年发布了《犬产地检疫规程》和《猫产地检疫规程》等，进一步完善了我国的动物防疫法规，也给宠物疫病的防治工作提供了重要保障。随着我国经济的迅速发展，各地宠物养殖数量和种类正在不断增长，只有不断了解并研究出现的新情况，及时掌握各种宠物疫病的发生和变化，迅速找到解决问题的方法，才能为宠物医疗保健行业的健康发展提供有力保障。

项目1 宠物传染性疾病防控

模块1 宠物疫病的基本理论

工作任务1 感（传）染及传染病

一、感染的概念及类型

（一）感染的概念

凡病原微生物侵入宠物体，并在一定的部位定居、生长繁殖，引起机体的一系列病理反应的过程，称为感染，有时也称为传染。宠物感染病原微生物后会有不同的临诊表现，从完全没有任何临诊症状到明显的临诊症状，甚至死亡，这种不同的临诊表现称为感染谱或感染梯度。

（二）感染的类型

病原微生物的侵入与宠物机体的抵抗侵入的矛盾运动错综复杂，受到多方面因素的影响，因此，感染过程表现出各种形式或类型（图1-1-1）。

1. 外源性感染和内源性感染 病原微生物从外界侵入机体引起的感染过程，称为外源性感染，大多数传染病属于这一类。如果病原体是寄生在宠物体内的条件性病原微生物，在机体状况正常的情况下，它并不表现其病原性，但当受不良因素影响，宠物机体的抵抗力减弱时，可引起病原微生物的活化，毒力增强，最后引起机体发病，称为内源性感染，又称为自身感染。

2. 单纯感染、混合感染和继发感染 由一种病原微生物引起的感染，称为单纯感染。多数感染过程是由单一病原微生物引起的。由两种以上的病原微生物同时参与的感染，称为混合感染。宠物感染了一种病原微生物后，在机体抵抗力减弱的情况下，又由新侵入的或原来存在于体内的另一种病原微生物引起的感染，称为继发感染。混合感染和继发感染往往使诊断和防控难度增加。

3. 显性感染和隐性感染 表现出某病所特有的明显的临诊症状的感染过程称为显性感染。在感染后不呈现任何临诊症状而呈隐性经过的感染过程称为隐性感染，亦称亚临床感染。隐性感染的宠物在机体抵抗力降低时也能转化为显性感染。

4. 最急性、急性、亚急性和慢性感染 病程短促，常在数小时或一天内突然死亡，症状和病变不显著的感染称为最急性感染。如发生巴氏杆菌感染时，有时可以遇到这种病型，常见于疾病的流行初期。急性感染病程较短，自几天至二、三周不等，并伴有明显的典型症状。亚急性感染的临诊表现不如急性那么显著，病程稍长，和急性相比是一种比较缓和的类型。慢性感染的病程发展缓慢，常在一个月以上，临诊症状常不明显或甚至不表现出来，如布鲁氏菌病、结核病等。

5. 局部感染和全身感染 宠物机体的抵抗力较强，而侵入的病原微生物毒力较弱或数量较少时，病原微生物被局限在一定部位生长繁殖，并引起一定病变的感染，称为局部感染。宠物机体的抵抗力较弱，或侵入的病原微生物毒力较强、数量较多时，病原微生物或其代谢产物向全身扩散，引起各种临诊表现，如毒血症、菌血症、败血症、脓毒血症等，称为全身感染。

传染的发生需要一定的条件，病原微生物的毒力、数量与侵入门户是首要条件，易感动物和环境因素是传染发生的必要条件。

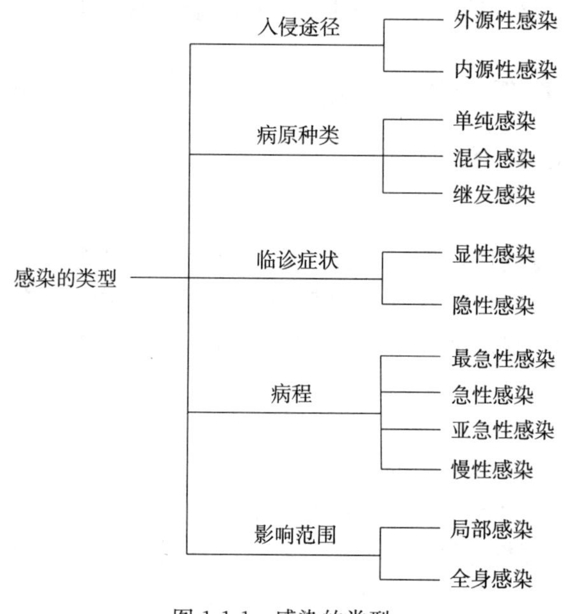

图 1-1-1 感染的类型

二、传染病的概念及特征

凡是由病原微生物引起，具有一定的潜伏期和临诊表现，并具有传染性的疾病，称为传染病。

传染病的表现形式虽然多种多样，但也具有一些区别于其他非传染病的共同特征：

1. 由病原微生物引起 每一种传染病都有其特异的病原微生物存在，如狂犬病是由狂犬病病毒引起的，没有狂犬病病毒不会发生狂犬病。

2. 具有传染性和流行性 从患传染病的宠物体内排出的病原微生物，侵入另一有易感性的健康宠物体内，能引起同样症状的疾病，即具有传染性。当条件适宜时，在一定时间内，某一地区易感宠物群中可能有许多宠物被感染，致使传染病蔓延散播，形成流行。

3. 被感染的宠物机体发生特异性的免疫反应 在传染发展过程中，由于病原微生物的

抗原刺激作用，机体发生免疫生物学的改变，产生特异性抗体和变态反应等。这种改变可以通过血清学方法等特异性反应检查出来。

4. 耐过宠物能获得特异性免疫 宠物耐过传染病后，在大多数情况下均能产生特异性免疫，使宠物机体在一定时间内或终生不再感染该种传染病。

5. 具有特征性的临诊表现 大多数传染病都具有该种病特征性的综合症状和一定的潜伏期。

三、传染病的发展阶段

在大多数情况下，传染病的发展具有一定规律性，大致可分为潜伏期、前驱期、明显（发病）期和转归（恢复）期四个阶段。

1. 潜伏期 从病原体侵入机体并进行繁殖起，到疾病的临诊症状开始出现为止，这段时间称为潜伏期。不同的传染病其潜伏期的长短是不相同的，即使同一种传染病的潜伏期长短也有很大的变动范围。这是由于不同的宠物种属、品种或个体的易感性不一致，病原体的种类、数量、毒力和侵入途径、部位等情况也有所不同而造成的。相对来说，某种传染病的潜伏期还是有一定的规律性的。例如，犬瘟热的潜伏期一般为3～5d，长的30～90d。一般来说，急性传染病的潜伏期差异范围较小；慢性传染病以及症状不显著的传染病其潜伏期差异较大。同一种传染病潜伏期短促时，疾病经过常较严重；反之，潜伏期延长时，病程亦常较轻缓。从流行病学的观点看来，处于潜伏期中的宠物值得注意，因为它们可能是传染的来源。

2. 前驱期 是疾病的征兆阶段，其特点是临诊症状开始表现出来，但该病的特征性症状仍不明显。多数传染病这个时期仅可察觉出一般的症状，如发热、精神不振、食欲下降等。各种传染病和各个病例的前驱期长短不一，通常只有数小时至一、二天。

3. 明显（发病）期 前驱期之后，传染病的特征性、代表性症状逐步明显地表现出来，是疾病发展到高峰的阶段。在这个阶段诊断时比较容易识别。

4. 转归（恢复）期 疾病进一步发展为转归期。如果病原体的致病性增强，或宠物体的抵抗力减退，则传染过程以宠物死亡为转归。如果宠物体的抵抗力得到改进和增强，则机体便逐步恢复健康，表现为临诊症状逐渐消退，体内的病理变化逐渐减弱，正常的生理功能逐步恢复。机体在一定时期保留免疫学特性。在病后一定时间内还有带菌（毒）、排菌（毒）现象存在，但最后病原体可被消灭清除。

课后思考题

一、名词解释

感染　　传染病

二、填空题

传染病的发展具有一定规律性，大致可分为______、______、______、______四个阶段。

三、简答题

传染病与非传染病的区别是什么？

工作任务2 疫病的流行

一、疫病的流行过程

（一）概述

宠物传染病的流行过程是指病原体从传染源排出，经过一定的传播途径侵入另一易感宠物体内而形成新的感染，并不断地在宠物群中发生、传播和终止的过程（图 1-1-2）。亦即从宠物个体发病发展到宠物群体发病的过程。宠物传染病的流行，必须具备三个相互连接的条件，即传染源、传播途径和易感宠物。

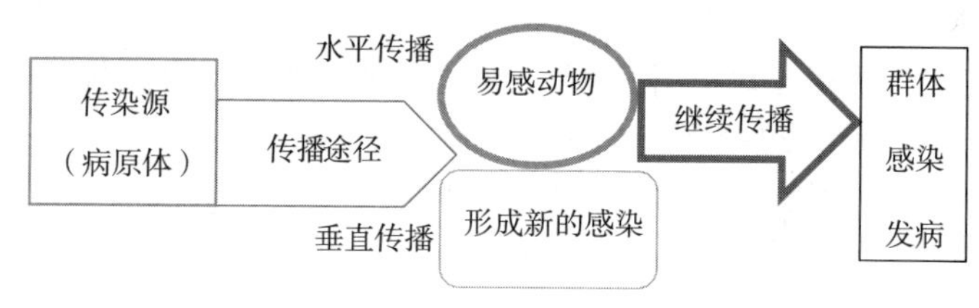

图 1-1-2 传染病流行的过程

（二）传染病流行的相关概念

1. 传染源 传染源亦称传染来源，是指某种传染病的病原体在其中寄居、生长、繁殖，并能排出体外的宠物机体。具体来说传染源就是受感染的宠物，包括传染病患病宠物和带菌（毒）宠物。传染病患病宠物排出病原体的整个时期称为传染期。

（1）患病宠物。患病宠物是重要的传染源。前驱期和症状明显期的患病宠物，尤其是在急性过程或者病情转剧阶段可排出大量毒力强大的病原体。

（2）病原携带者。病原携带者是指外表无症状但携带并排出病原体的宠物。病原携带者一般分为潜伏期病原携带者、恢复期病原携带者和健康病原携带者三类。病原携带者存在着间歇排出病原体的现象，因此仅凭一次病原学检查的阴性结果不能得出正确的结论，只有反复多次的检查均为阴性时才能排除病原携带状态。消灭和防止引入病原携带者是传染病防治的主要任务之一。

2. 传播途径 病原体由传染源排出后，经一定的方式再侵入其他易感宠物所经的途径称为传播途径。传播途径可分为水平传播和垂直传播两大类。

（1）水平传播。传染病在群体间或个体间以水平形式横向平行传播，称为水平传播。水平传播可分为直接接触传播和间接接触传播两种传播方式。直接接触传播是在没有任何外界因素的参与下，病原体通过被感染的宠物（传染源）与易感宠物直接接触（交配、啄、咬等）而引起的传播方式。仅能以直接接触而传播的传染病为数不多，狂犬病最具代表性。其流行特点是一个接一个地发生，形成明显的链锁状。这种方式使疾病的传播受到限制，一般不易造成广泛的流行。间接接触传播是指病原体通过传播媒介使易感宠物发生感染的方式。从传染源将病原体传播给易感宠物的各种外界环境因素称为传播媒介。传播媒介可能是媒介者，也可能是媒介物。一般可经空气传播、经污染的饲料和水传播、经污染的土壤传播、经活的媒介者传播。

（2）垂直传播。广义上讲，垂直传播属于间接接触传播，包括经胎盘传播、经卵传播、经产道传播三种方式。

3. 易感性 指宠物对于每种传染病病原体感受性的大小。某地区宠物群中易感个体所

占的百分率和易感性的高低，直接影响到传染病是否能造成流行以及传染病的严重程度。发生流行的可能性不仅取决于宠物群中有抵抗力的个体数，而且与宠物个体间接触的频率有关。一般来说，如果宠物群中有70%～80%的个体是有抵抗力的，就不会发生传染病大规模的暴发流行。此外，宠物易感性的高低虽然与病原体的种类和毒力强弱有关，但主要还是由宠物的遗传特征、疾病流行之后的特异性免疫等因素决定的。外界环境条件（如气候、饲料、饲养管理、卫生条件等因素）可能直接影响到宠物的易感性和病原体的传播。

4. 疫源地和自然疫源地 凡有传染源及其排出的病原体存在的地区称为疫源地（图1-1-3)。疫源地具有向外传播病原的条件，因此可能威胁其他地区的安全。疫源地的含义要比传染源的含义广泛得多，它除包括传染源之外，还包括被污染的物体、房舍、牧场、活动场所，以及这个范围内怀疑有被传染的可疑宠物群和储存宿主等。而传染源则仅仅是指带有病原体和排出病原体的宠物。在防疫方面，对于传染源采取隔离、治疗和处理；而对于疫源地则除以上措施外，还应包括污染环境的消毒，杜绝各种传播媒介，防止易感宠物感染等一系列综合措施。目的在于阻止疫源地内传染病的蔓延和杜绝向外散播，防止新疫源地的出现，保护广大受威胁区和安全区。

图1-1-3 疫源地

疫源地的大小范围要根据传染源的分布和污染范围的具体情况而定，疫源地的存在有一定的时间性。根据疫源地范围大小，可将其称为疫点或疫区。通常将范围小的疫源地或单个传染源所在的疫源地称为疫点。若干个疫源地连成片并且范围较大时称为疫区。在疫区的周围为受威胁区。

所谓自然疫源性是病原体、传播媒介（主要是媒介昆虫）和宿主（宠物）在自己的世代交替中无限期地存在于自然界的各种生物群落里，组成各种独特的生态系统，不论在它们以往的还是现阶段的进化过程中均不依赖于人。具有自然疫源性的疾病，称为自然疫源性疾病。自然疫源性疾病存在的地区称为自然疫源地。

自然疫源性疾病有明显的地区性和季节性，并受人、宠物、经济活动的显著影响。当人和宠物进入人烟稀少的原始荒野地区（如原始森林、沙漠、草原、深山、荒岛等）能够感染某些自然疫源性疾病。这些病的传染源是野生宠物，其传播媒介主要是节肢宠物（蜱、螨、蚊、蠓、蚤、虱等)，这些传染病一直是在野生宠物群中传播着的，当人和宠物由于开荒、从事野外作业等闯进这些生态系统时，仅在一定的条件下才传给人或宠物。

具有自然疫源性的人兽共患病包括狂犬病、伪狂犬病、犬瘟热、鹦鹉热、Q热、斑疹伤寒、鼠疫、野兔热、钩端螺旋体病、布鲁氏菌病等。

（三）传染病流行过程

在宠物传染病的流行过程中，根据在一定时间内发病率的高低和传播范围的大小（即流行强度)，可区分为下列4种表现形式。

1. 散发性 疾病发生无规律，发病数量不多，局部地区病例零星地散在发生，各病例在发病时间与发病地点上没有明显的关系，称为散发。

2. 地方流行性 在一定的地区和宠物群中，带有局限性传播特征的，并且是比较小规模流行的宠物传染病，称为地方流行性。地方流行性，一方面表示在一定地区一个较长的时间里发病的数量稍微超过散发性。另一方面有时还包含着地区性的意义。某些散发性疫病在宠物群易感性增高或传播条件有利时也可出现地方流行性，如巴氏杆菌病、沙门氏菌病。

3. 流行性 是指在一定时间内一定宠物群出现的病例比平常数量多，它没有一个病例的绝对数量界限，而仅仅是指疾病发生频率较高。

流行性疾病的传播范围广、发病率高，如不加防控，常可传播到几个乡、县甚至省。这些疾病往往病原的毒力较强，能以多种方式传播，宠物的易感性较高，如禽流感、新城疫等重要传染病可能表现为流行性。某种传染病局限在几个宠物群或一定地区范围内，突然短时间内出现较多病例时，称为暴发。

4. 大流行 是一种规模非常大的流行，流行范围可扩大至全国，甚至可涉及几个国家或整个大陆。

上述几种流行形式之间的界限是相对的，并且不是固定不变的。

二、疫病的流行病学调查与分析

流行病学调查是认识传染病流行规律的感性阶段，通过调查可以了解当地影响传染病发生的一切条件，查明传染病发生和发展的过程。流行病学诊断是针对患传染病的动物群体。

1. 发病率 发病率又称为疾病发生率。表示宠物群中在一定时期内某病的新病例发生的频率。它是群体中健康个体到患病个体变化频率的动态指标。

2. 感染率 感染率是指用各种检验方法（微生物学、血清学、变态反应等）检查出的阳性宠物数量与被检宠物总数之比。

3. 患病率 患病率又称为现患率、有病率、病例率。为某个时间患某病的病例数（包括该时间内新老病例，但不包括此时间前已死亡及已痊愈者）与同期群体的平均数之比。患病率是现况调查得出的频率，疾病普查得出的亦是该指标。

4. 死亡率 死亡率是某宠物群在一定时间内死亡宠物总数与该群体同期宠物平均数之比。

5. 病死率 病死率又称为致死率，为一定时期内患某病的宠物中因该病而死亡的频率。它能表示某病临诊上的严重程度，比死亡率更为具体、精确。

课后思考题

一、名词解释

传染源　　传播途径　　疫源地

二、填空题

1. 病原体由传染源排出后，经一定的方式再侵入其他易感宠物所经的途径称为________，可分为________和________两大类。

2. 具有自然疫源性的人兽共患病包括狂犬病、____________、犬瘟热、__________、Q热、斑疹伤寒、____________、野兔热、____________、____________等。

三、简答题

简述传染病流行过程的表现形式。

工作任务3 宠物传染病的诊断与治疗

一、宠物传染病诊断

宠物传染病必须在早期就能做出正确的诊断，正确诊断是及时隔离和采取有效治疗的基础，从而防止疫病扩散及对宠物个体产生更严重的损伤甚至死亡。特别是犬瘟热、犬细小病毒病、猫瘟等烈性传染病。

（一）传染病的临诊诊断

临诊诊断是最基本的诊断方法，是利用人的感官或借助一些最简单的器械（如体温计、听诊器等），采用视、触、叩、听（中医采用望、闻、问、切）等简便易行的方法直接对患病宠物进行检查，有时也包括血、粪、尿的常规检验。依据病的特征性症状，可对许多疾病做出诊断。但是临诊诊断有一定的局限性，特别是对发病初期尚未出现有诊断意义的特征症状的病例，以及非典型病例（如无症状的隐性感染者），依靠临诊检查往往难以做出诊断。在很多情况下，临诊诊断只能提出可疑传染病的大致范围，必须结合其他诊断方法才能确诊。在进行临诊诊断时，应注意对整个发病宠物群所表现的综合症状加以分析判断，不要单凭个别或少数病例的症状轻易下结论，以防止误诊。

（二）流行病学资料

流行病学资料包括发病地区、发病季节、既往传染病情况、接触史、预防接种史，还包括年龄、饲养情况等，结合临床资料的归纳分析，有助于临床诊断。

（三）实验室检查

1. 常规检查

（1）血液常规。大部分细菌性传染病白细胞总数及中性粒细胞增多。绝大多数病毒性传染病白细胞总数减少且淋巴细胞比例增高。原虫病白细胞总数偏低或正常。

（2）粪常规。细菌性痢疾、肠寄生虫性痢疾，多呈黏脓血便和果浆样便；细菌性肠道感染多呈水样便或血水样便或混有脓液及黏液。病毒性肠道感染多为水样便或混有黏液，甚至有血便。

2. 快速检测试纸诊断 基于胶体金免疫层析技术的快速检测试纸，是目前宠物临床进行传染病病原学诊断的一种主要依据。

（1）原理。检测时，主要利用样品中的宠物传染病病原抗原与胶体金包被的单抗结合形成抗原抗体复合物，并沿着试纸流向硝酸纤维素膜（NC膜）的另一端。当该复合物流到膜上的T区时，固定在膜上的特异性抗体捕获该复合物并逐渐凝集成一条可见的T线，未结合的胶体金抗体流过T区被C区的二抗捕获并形成可见的C线。C线出现则表明发生免疫层析，即试纸有效；T线出现则表明样品中含有该病原体。

现阶段能够利用该方法进行诊断的病原体主要有：病毒包括狂犬病病毒、犬瘟热病毒、犬细小病毒、犬冠状病毒、犬副流感病毒、犬腺病毒、猫瘟热病毒、猫艾滋病病毒、猫白血病病毒、鹦鹉热病毒等；其他包括弓形虫抗原检测、布鲁氏菌抗体检测、犬心丝虫抗原检测等。

（2）检测方法。

①被检物的采集及保管：以血浆、血清、眼球分泌物及鼻液等作为被检物，一般需要

100μL。被检物在2～8℃下可保存7d。如果需要长期保存，应将血清或血浆分离，置于－20℃环境下保存。检测时，应将被检物放置于室温环境内，使其温度与室温一致后再检测。

②检测过程：将试剂盒从袋中取出，放置于水平处（室温）10min。反应板置于潮湿环境内，有可能导致抗体的点滴浓度和稳定性下降，因此应在使用前开封和提取适量使用。打开银箔纸，将工具放置于平坦台面，在工具上记录患病动物的相关信息。如果被检样本为血清或血浆，直接用滴管吸取2～3滴（100μL）滴入被检物仓内；如果样本是眼分泌物（眼泪）或鼻液，则用采样用棉棒采取被检物并在稀释用缓冲液中稀释后，在被检物仓内滴2～3滴。放置被检物后，待被检物在反应板上完全扩散，在10min内进行判断，10min之后的反应视为阴性。

③结果判定：在结果窗中，只有C线显示时，表示被检抗原阴性；在结果窗中，C线和T线同时显示时，表示被检抗原阳性，说明被检动物已经感染该病原体；在结果窗中，C线未显示，表示检测结果无效，应重新检测（图1-1-4）。

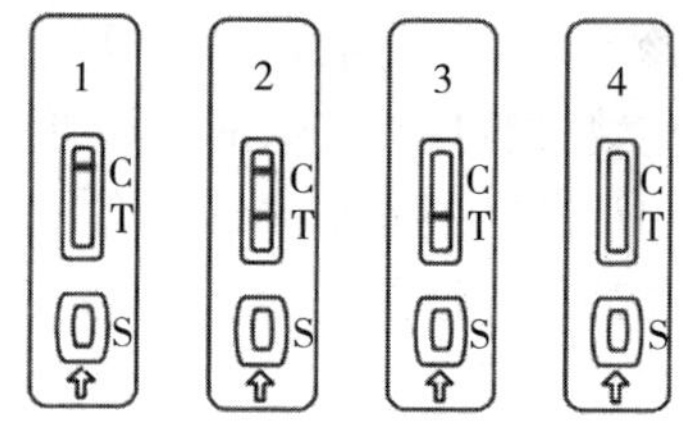

1. 阴性　2. 阳性　3、4. 无效

图1-1-4　快速检测试纸结果

（四）微生物学诊断

1. 病料的采集、包装与送检　正确采集病料是微生物学诊断的重要环节。病料应力求新鲜，最好能在濒死时或死后数小时内采取，一般冬季不超过24h，夏季不超过6h；所有用具器皿应严格消毒，防止杂菌污染。通常可根据所怀疑病的类型和特性来决定采取哪些器官或组织的病料。原则上要求采取病原微生物含量多、病变明显的部位，同时易于采取、保存和运送。例如，发生呼吸道传染病时采取鼻腔、气管拭液；中枢神经系统传染病采取血液和脑脊液；消化系统传染病采取粪便及咽喉头拭液；皮肤传染病采取水疱液、脓疱液及痂皮；泌尿生殖道传染病采取尿液、子宫渗出液等。如果缺乏临诊资料，剖检时又难于分析诊断可能属何种病时，应比较全面地取材，例如，可采集血液、肝、脾、肺、肾、脑和淋巴结等，同时要注意带有病变的部分。此外，应注意病料采集时期，如引起病毒血症的传染病，应采集其发热期的血液。用于病原体检查的材料应越新鲜越好，并尽快进行检查。不能及时检查的，应采取适当的保存措施。细菌学检查材料一般保存在4℃，有时也冻结保存或保存在30%的甘油磷酸盐缓冲液中；病毒学检查材料应保存在－70℃的超低温冰箱中或50%的甘油磷酸盐缓冲液中。

2. 病原体的检验

（1）直接检查。通常用有显著病变的不同组织器官和不同部位涂片，进行染色镜检。此法对于一些形态典型的细菌或特征性病毒（如痘病毒、细小病毒、轮状病毒、冠状病毒、腺病毒及一些疱疹病毒），如从病料中检出，结合临诊症状可直接做出诊断；但对大多数传染病来说，只能提供进一步检查的依据或参考。

（2）分离培养和鉴定。用人工培养方法将病原体从病料中分离出来。细菌、真菌、螺旋体等可选择适当的人工培养基，病毒等可选用禽胚、各种实验动物或组织培养等方法分离培养，多数病毒初代即可出现细胞病变效应（CPE），有些需盲传几代。对已分离出来的病原，还需要做形态学、理化特性、毒力和免疫学等方面的鉴定，以确定病原体的种属和血清型等。

(3) 动物接种试验。通常选择对该种传染病病原体最敏感的动物进行人工感染试验。将病料用适当的方法进行人工接种，然后根据对不同动物的致病力、症状和病理变化特点来帮助诊断。当实验动物死亡或经一定时间杀死后，观察体内变化，并采取病料进行涂片检查和分离鉴定。进行动物试验时应注意隔离消毒，防止传染人。

(五) 免疫学诊断

免疫学诊断是传染病诊断和检疫中常用的重要方法，包括血清学试验和变态反应两类，可根据需要和可能进行某些项目的试验。

根据抗原与抗体的特异性反应的原理可以用已知的抗原检测未知的抗体，也可用已知的抗体检测未知的抗原。因抗体主要存在于血清中，故称为血清学试验。在人类医学和兽医学领域已广泛应用血清学试验，可直接或间接自传染病、寄生虫病、肿瘤、自身免疫性疾病和变态反应性疾病的感染组织、患病组织或血清、体液中检出相应抗原，从而做出确诊。对传染病来说，几乎没有不能用血清学试验确诊的。血清学试验有中和试验（毒素抗毒素中和试验、病毒中和试验等）；凝集试验（直接凝集试验、间接凝集试验、间接血凝试验、SPA协同凝集试验和血细胞凝集抑制试验）；沉淀试验（环状沉淀试验、琼脂扩散试验和免疫电泳技术等）；溶细胞试验（溶菌试验、溶血试验）；补体结合试验以及免疫荧光技术、免疫酶技术、放射免疫测定、单克隆抗体和核酸探针等。近年来由于与现代科学技术相结合，血清学试验在方法上日新月异，发展很快，其应用也越来越广，已成为传染病快速诊断的重要手段。

(六) 分子生物学诊断

分子生物学诊断又称基因诊断，主要是针对不同病原微生物所具有的特异性核酸序列和结构进行测定。自1976年以来，基因诊断方法取得巨大进展。建立了DNA限制性内切酶图谱分析，核酸电泳图谱分析，限制性核酸片段长度多态性分析，寡核苷酸指纹图分析，核酸序列分析，聚合酶链反应（PCR），核酸探针（原位杂交、斑点印迹杂交、Southern印迹杂交、Northern印迹杂交），免疫印迹［又称Western印迹（Western blot，WB）］及近几年发展起来的DNA芯片技术等诊断技术。具有代表性的技术主要有PCR技术、核酸探针和DNA芯片技术。

PCR技术可用于传染病的早期诊断和不完整病原检疫，能快速、准确、安全地检测病原体；PCR可为核酸杂交提供探针和标记探针；可准确鉴别某些比较近似的病原体，在精确区分病毒不同型、不同株、不同分离物的相关性方面具有独特的优势，可从分子水平上区分不同的毒株并解释它们之间的差异。此外，PCR技术还广泛应用于分子克隆、基因突变、核酸序列分析、癌基因和抗癌基因以及抗病毒药物等的研究。

(七) 病理检查

患传染病而死亡的宠物尸体，多有一定特征性的病理变化，可作为诊断的重要依据，如新城疫、巴氏杆菌病等都有特征性的病理变化，常有很大的诊断价值。有些病例，特别是最急性死亡的病例，有时特征性的病变尚未出现，因此进行病理剖检诊断时尽可能多检查几个病例，并选择症状较典型的病例进行剖检。有些传染病除肉眼检查外，还需进行组织病理学观察。有些病，还需检查特定的组织器官，如疑为狂犬病时应取脑海马角组织进行包含体检查。

进行病理剖检时，应首先观察尸体外表，注意观察其营养状况、被毛、可视黏膜及天然孔等情况，然后再按剖检程序，进行系统的观察，包括皮下、胸腔和腹腔的各器官，各部淋巴结，脑、脊髓等病理变化，做好记录，找出主要的、特征性的病理变化，最后做出初步诊断。对一些需要作病理组织学检查的组织，可采取组织材料做显微切片，取材的刀剪要锋利，用镊子镊住一块组织器官的一角，用锋利的剪刀剪下一小块，浸入固定液中固定，最常用的组织固定液是10%福尔马林，然后按需要进行切片染色和镜检。

二、宠物传染病的治疗

1. 宠物传染病治疗意义 宠物传染病的治疗，一方面是为了挽救患病宠物生命，减轻动物的痛苦，提高动物福利；另一方面也是为了消除传染源，减少疫病在动物之间，或（和）动物与人之间的流行，减少人兽共患病，保护人类自身。同时，宠物不同于其他动物，宠物饲养过程中主人投入了感情，宠物传染病的治疗，也是消除宠物主人焦虑的一个过程，是提高养宠爱宠人士幸福感的一个重要途径。

2. 宠物传染病治疗原则 作为伴侣动物的宠物，不同于传统养殖的畜禽动物，在传染病的治疗上更多地会考虑情感价值。因此，宠物传染病的治疗原则：①普通传染病，应当采取多种手段，积极救治，减轻宠物的痛苦，提高动物福利；②传染病的治疗过程中要做好封锁或隔离，但对于烈性传染病，特别是严重的人兽共患病，应说服主人，在严密消毒的情况下施行安乐死，并及时上报；③最后，传染病的治疗过程中，要根据患病宠物的情况，选择合适的、经济的治疗方案。

3. 传染病治疗方法

（1）针对病原体的治疗。即采取能够抑制病原体繁殖或杀灭病原体的药物进行治疗，一般可分为特异性疗法、抗生素疗法和化学疗法等。

①特异性疗法。应用针对某种传染病的高免血清、痊愈血清（或全血）等特异性生物制品进行治疗，因为这些制品只对某种特定的传染病有疗效，而对他种病无效，故称为特异性疗法。主要用于某些急性传染病的治疗。一般在诊断确实的基础上，在病的早期注射足够剂量的高免血清，常能取得良好的疗效。如缺乏高免血清，可用耐过宠物或人工免疫宠物的血清或血液代替，也可起到一定的作用。

②抗生素疗法。抗生素为细菌性急性传染病的主要治疗药物。使用时一般要注意掌握抗生素的适应证，最好以分离的病原菌进行药物敏感性试验，选择对此菌敏感的药物用于治疗。要考虑用量、疗程、给药途径、不良反应、经济价值等问题。开始剂量宜大，以便集中优势药力给病原体以决定性打击，以后再根据病情酌减用量；疗程应根据疾病的类型、患病宠物的具体情况确定，一般急性感染的疗程不必过长，可于感染控制后3d左右停药。防止滥用，滥用抗生素不仅对患病宠物无益，反而会产生种种危害。例如，常用的抗生素对大部分病毒性传染病无效，一般不宜应用，即使在某种情况下应用于控制继发感染，但在病毒性感染继续加剧的情况下，对患病宠物也是无益而有害的。抗生素的联合应用应结合临诊经验控制使用。

③化学疗法。使用有效的化学药物帮助宠物机体消灭或抑制病原体的治疗方法，称为化学疗法。治疗宠物传染病最常用的化学药物有：磺胺类药物，是一类化学合成的抗菌药物，可抑制大多数革兰氏阳性和部分革兰氏阴性细菌，对放线菌和一些大型病毒也有一定的作用，个别磺胺类药物还能选择性地抑制某些原虫（如球虫等）。抗菌增效剂，是一类新型广

谱抗菌药物，与磺胺类药并用，能显著增加疗效。国内已大量生产供临诊使用的抗菌增效剂有甲氧苄啶（TMP）和二甲氧苄啶（DVD，又称敌菌净）等。硝基呋喃类药，是广谱抗菌药，可对抗多种革兰氏阴性及革兰氏阳性细菌，低浓度（5～10μg/mL）呈抑菌作用，高浓度（20～50μg/mL）有杀菌作用，亦有抗球虫作用。抗病毒感染的药物近年来有所发展，但仍远较抗菌药物为少，毒性一般也较大。目前在人类及宠物病毒感染的预防和治疗中应用的药物有甲红硫脲，用于痘病毒感染；利巴韦林（病毒唑），用于流感和疱疹病毒感染；吗琳双胍（病毒灵），用于流感等；无环尿苷、膦甲酸盐，用于疱疹病毒感染；干扰素，用于各种病毒感染、肿瘤等疾病。

（2）针对宠物机体的治疗。在宠物传染病的治疗工作中，除针对病原体进行治疗外，还要帮助宠物机体增强一般的抵抗力和调整、恢复生理功能。

①加强护理。对患病宠物护理工作的好坏，直接关系到医疗效果的好坏，是治疗工作的基础。传染患病宠物的治疗应在严格隔离条件下进行，冬季注意防寒保暖，夏季注意防暑降温。供给患病宠物充分的饮水，给予新鲜而易消化的高质量饲料，少喂勤添，必要时可人工灌服。根据病情的需要，亦可用注射葡萄糖、维生素或其他营养性物质。此外，应根据当时当地的具体情况、疾病的性质和患病宠物的临诊特点进行适当的护理工作。

②对症治疗。在传染病治疗中，为了减缓或消除某些严重的症状、调节和恢复机体的生理功能而进行的内外科疗法，均称为对症疗法。如使用退热、止痛、止血、镇静、兴奋、强心、利尿、止泻、防止酸中毒和碱中毒、调节电解质平衡等药物以及某些急救手术和局部治疗等，都属于对症疗法的范畴。

课后思考题

一、名词解释

免疫学诊断　　分子生物学诊断　　特异性疗法　　化学疗法　　对症治疗

二、填空题

1. 在进行临诊诊断时，应注意对整个发病宠物群所表现的__________加以分析判断，不要单凭个别或少数病例的__________轻易下结论，以防止误诊。

2. 流行病学资料包括__________、__________、__________、__________、__________。

3. 对宠物传染病的治疗，应采取能够__________或杀灭病原体的药物进行治疗，一般可分为________、________和________等。

4. 在宠物传染病的治疗工作中，除针对病原体进行治疗外，还要帮助宠物机体增强一般的____________和____________、____________生理功能，恢复健康。

三、简答题

1. 简述胶体金快速检测试纸的检测过程。
2. 简述病原体的检验过程。
3. 简述宠物传染病的治疗意义。
4. 简述宠物传染病的治疗原则。

模块 2　宠物疫病的防疫措施

工作任务 1　防疫工作概述

1. 传染病防疫工作的基本原则

（1）建立健全各级防疫机构，保证宠物传染病防疫措施的贯彻落实。

（2）贯彻“预防为主”的方针：搞好防疫卫生、饲养驯化、预防接种、检疫、隔离、封锁、消毒等综合性防疫措施，以提高宠物健康水平和抗病能力，控制和杜绝传染病的传播蔓延，降低发病率和死亡率。

（3）贯彻执行兽医法规。如《中华人民共和国进出境动植物检疫法》《动物防疫法》。

2. 防疫工作的基本内容　传染源、传播途径、易感动物三个基本环节的相互联系导致了传染病的流行，因此，采取适当的防疫措施来消除或切断三个基本环节的联系，可以使传染病不再流行，必须采取综合防疫措施，可分为预防措施和扑灭措施。

（1）预防措施包括：①加强饲养管理；②宠物养殖场贯彻自繁自养原则；③加强免疫接种；④做好卫生消毒，定期杀虫、灭鼠，对宠物尸体、粪便进行无害化处理；⑤认真贯彻执行防疫、检疫工作制度；⑥调查研究本地疫情分布，普及防疫知识。

（2）扑灭措施包括：①及时发现、诊断和上报疫情并通知毗邻地区；②隔离发病宠物，消毒污染地；③根据当地疫情，紧急免疫接种；④无害化处理死亡宠物和淘汰严重患病宠物。

3. 防疫技术

（1）隔离。隔离的目的是为了控制传染源，便于管理、消毒，切断传播途径，防止健康宠物继续受到传染，以便将疫情控制在最小范围内就地扑灭。根据检疫的结果，将全部受检宠物分为发病宠物、可疑感染宠物和假定健康宠物。发病宠物选择不易散播病原体、消毒方便的房舍进行隔离。可疑感染宠物应消毒后另选地方隔离，出现症状的按发病动物处理，经过一个最长潜伏期无症状的取消隔离。

（2）封锁。当发生某些重要传染病时，在隔离的基础上，针对疫源地采取封闭措施，防止疫病由疫区向安全区扩散称为封锁。原则上由县级以上地方人民政府发布和解除封锁令。根据疫病的流行规律确定疫点、疫区和受威胁区。封锁应执行“早、快、严、小”的原则。疫区内最后一头发病动物死亡或痊愈后，经过一个最长的潜伏期，无新病例出现，经终末消毒，由农牧部门检查合格后，经原发布封锁令的人民政府宣布解除封锁，并通报毗邻地区有关部门。

（3）消毒。消毒的种类分为预防消毒、随时消毒和终末消毒。消毒的方法主要有：机械清除；阳光、紫外线和干燥；高温消毒，如火焰烧灼、煮沸消毒、蒸汽消毒、高压蒸汽灭菌法、巴氏消毒法及生物热消毒。生物热消毒主要用于污染粪便的无害化处理。利用嗜热杆菌繁殖产热可达 70℃，能消灭病毒、细菌和寄生虫卵，但不能消灭芽孢；化学消毒法，常用的消毒剂有碱类消毒剂、酸类消毒剂、醇类消毒剂、酚类消毒剂、氧化剂类消毒剂。

课后思考题

一、名词解释

隔离　　封锁

二、填空题

1. 使传染病不再流行，必须采取综合防疫措施，可分为________和________。

2. 消毒的种类分为________、________和________。

三、简答题

1. 简述防疫工作的基本原则。

2. 简述防疫工作的主要预防措施。

工作任务2　宠物的免疫接种

免疫接种是激发宠物机体产生特异性抵抗力，使易感宠物转化为不易感宠物的一种手段。有组织、有计划地进行免疫接种，是预防和控制宠物传染病的重要措施之一，某些传染病（如狂犬病、犬瘟热、犬传染性肝炎等病毒性疾病）没有特效药，一旦感染只能给予支持疗法，但仍然有相当高的死亡率，即使治愈，仍有可能有后遗症。在这些疾病的防控措施中，免疫接种更具有关键性的作用。根据免疫接种进行的时机不同，可分为预防接种和紧急接种两类。

成年犬免疫后保护周期示意

1. 预防接种计划　为了有效地控制宠物传染病的发生，应对当地各种宠物传染病的发生和流行情况进行调查了解。弄清楚在过去曾经常发生过哪些传染病，在什么季节流行。根据流行病学调查材料，拟订每年的预防接种计划，从而做到有的放矢。有时也进行计划外的预防接种。例如，输入或输出宠物时，为了避免在运输途中或到达目的地后暴发某些传染病而进行的预防接种。如果在某一地区过去从未发生过某种传染病，也没有从他处传进来的可能时，就没有必要进行该传染病的预防接种。

成年犬首免疫苗保护周期示意

预防接种前，应对被接种的宠物进行体检，体检时一般要进行血检，以便检查是否有寄生虫和健康状况。因为只有身体健康者，才能接受疫苗接种。身体健康是指处于非疾病状态，犬、猫鼻镜湿而凉，体温、呼吸和心功能正常。临诊上无体温升高、咳嗽、打喷嚏、呕吐、腹泻、鼻镜干、脚垫厚等症状；否则，在非健康状态下，宠物可能处于传染病的潜伏期，接种疫苗会引发疾病。如发现异常，则要在病愈后，再进行接种。

宠物在新的环境下，如乘坐汽车（尤其是夏天）或来到气味复杂的宠物医院，体温会因紧张而略有上升。一般情况下，在来宠物医院接种疫苗前，应在家里为宠物测量体温，以获得宠物体温的真实值，排除病理性体温升高。正常幼犬的体温为38.5～39℃，成年犬为37.5～38.5℃；幼猫的体温为38～38.5℃，成年猫为38.0℃左右。

疫苗的接种方法很多，有气雾、口服、刺种、滴鼻和注射等，不同疫苗应选用不同的接种方法。目前，宠物犬、猫的疫苗接种方法主要是皮下注射。疫苗的接种应严格按照说明书规定的途径和剂量进行，否则将会影响防疫效果或引起免疫失败。

2. 预防接种反应 预防接种发生反应的原因较为复杂，是由多方面因素造成的。生物制品对机体来说都是异物，经接种后反应的性质和强度有所不同。在预防接种中应防止发生不良反应或剧烈反应。所谓不良反应，一般认为就是经预防接种后引起了持久或不可逆的组织器官损害或功能障碍而致的后遗症。

一般情况下，接种疫苗对大部分犬、猫而言并没有副作用，极少出现不良反应，反应主要是疼痛反应，不会出现大的身体变化。个别宠物在接种疫苗后的第二天有不愿动、食欲差等暂时现象，很快会恢复正常。接种疫苗后，宠物应先暂留观察 30min，观察有无呼吸、心搏数的异常变化甚至休克现象，无异常现象后再离开宠物医院。如注射疫苗后 10～20min 内起皮疹，甚至浑身无力，则属于过敏现象，应立即皮下注射 0.1%盐酸肾上腺素 0.1～0.5mL、地塞米松 2～6mg 进行抢救。如果宠物接种疫苗后 7d 左右发生传染病，可能是接种时已处于传染病的潜伏期，或者在此期间感染了疾病，应该立即接受相应的治疗。宠物接种疫苗 1 周内，应避免宠物剧烈运动，不要为宠物洗澡，以防过冷过热引发感冒影响免疫效果，或者注射接种部位被污染后引起感染。

3. 疫苗的联合使用 同时给宠物接种两种以上疫苗时，可能彼此无关，也可能彼此发生影响。影响的结果，可能是彼此相互促进，有利于抗体的产生，也可能相互干扰，使抗体的产生受到阻碍。在宠物的免疫预防工作中不能认为疫苗联用越多，免疫效果就越好。同时，还应考虑宠物机体对疫苗刺激的反应是有一定限度的。同时注入种类过多，机体不能忍受过多刺激时，不仅可能引起较剧烈的注射反应，而且还可能减弱机体产生抗体的功能，从而降低预防接种的效果。2 月龄左右的幼年宠物，其免疫器官处于发育阶段，功能尚不健全，如果用多联苗对其进行免疫，免疫系统不能产生相应的免疫应答。另外，如果某地区根本不可能发生某种传染病，那么在联合疫苗中含有的针对这种传染病的疫苗，就是一种浪费；如果是弱毒疫苗，则有向该地区引入一种新病原体的危险，从而给传染病的流行埋下隐患。

联合疫苗使用方便，但联合疫苗不是几种疫苗的简单混合，而是需要进行大量细致的试验。国内外经过大量试验研究，已试制成功狂犬病、犬瘟热、犬传染性肝炎、副流感、犬细小病毒病、钩端螺旋体病的二联、三联、四联、五联、六联等联合疫苗。实践证明，这些联苗一针可防多病，大大提高防疫工作效率和效果。

4. 免疫程序 免疫程序是根据宠物传染病的流行季节和宠物的免疫状态，结合当地具体情况而制订的预防接种计划，包括对宠物计划接种疫苗的种类、接种时间、接种次数及间隔时间等内容（表 1-2-1）。制订科学合理的免疫程序，并严格执行，是免疫成败的关键。制订宠物免疫程序的主要依据包括：当地疫情、疾病的性质、宠物的用途、母源抗体的高低以及疫苗免疫期的长短等，其中以母源抗体的高低最为重要。经免疫的雌性宠物的后代在一定时间内有母源抗体存在，这对宠物幼仔早期抗感染是有益的，但对幼仔建立自动免疫力有一定影响，甚至会引起免疫失败。一般幼犬 42 日龄以上，幼猫 60 日龄以上进行疫苗注射。小于以上日龄的犬、猫，体内从母乳获得的抗体还没消失，此时注射疫苗，疫苗和抗体发生作用，影响免疫效果。例如，母犬于配种前后接种犬瘟热疫苗，所产仔犬可从初乳中获得母源抗体，一般情况下，在 6 周龄以前对犬瘟热具有坚强的免疫力，7 周龄以后母源抗体急剧衰减，至 8 周龄以后几乎完全消失。对这批仔犬在 6～8 周龄首次免疫、2～3 周后第二次免疫较为合适；如果在生后不久即接种犬瘟热疫苗，不但不能产生自动免疫，还能消耗母源抗

体，增加对犬瘟热病毒的易感性。

母源抗体90%是通过初乳获得的，但由于宠物摄取初乳的量不同，个体获得的母源抗体量也有所不同，所以对那些母源抗体不高甚至没有母源抗体的个体则不可推迟首免日期，否则一旦接触病原体，极易酿成传染病暴发。因此，必须监测母源抗体，掌握抗体消长规律，并根据抗体消长规律对不同免疫状态的宠物使用相应的免疫程序。目前国际上还没有一个可供统一使用的免疫程序，各国都在实践中总结经验，不断研究改进，制订出合乎本地区具体情况的免疫程序。

犬母源抗体作用周期和免疫时间示意

表1-2-1 犬的一般免疫程序

<table>
<tr><th>动物类型</th><th>首免</th><th>二免</th><th>三免</th><th>狂犬病免疫</th><th>备注</th></tr>
<tr><td rowspan="3">幼龄犬
（4月龄以下）</td><td>45～60日龄</td><td>间隔2～3周</td><td>间隔2～3周</td><td>间隔2～3周/
与三免同时</td><td rowspan="16">1. 免疫前7～10d做体内驱虫
2. 根据当地的疫情选择合适的疫苗
3. 宠物每次免疫前，临床体格检查必须合格
4. 间隔周期可根据宠物的情况适当调整
5. 一年后加强免疫
6. 每次免疫后，观察30min方可离开
二联苗：犬瘟热、犬细小病毒病
六联苗：犬瘟热、犬细小病毒病、犬钩端螺旋体病、犬传染性肝炎、传染性支气管炎和犬副流感
八联苗：犬瘟热、犬细小病毒病、犬副流感、犬腺病毒Ⅰ型引起的传染性肝炎、犬腺病毒Ⅱ型引起的呼吸道疾病、犬冠状病毒感染、犬钩端螺旋体病、黄疸出血型钩端螺旋体病
猫三联苗：猫疱疹病毒感染、猫杯状病毒病、猫细小病毒病（俗称猫瘟）</td></tr>
<tr><td>二联苗</td><td>六联苗</td><td>六联苗</td><td rowspan="2">狂犬病疫苗（单苗）</td></tr>
<tr><td>八联苗</td><td>八联苗</td><td>八联苗</td></tr>
<tr><td rowspan="3">幼龄犬
（4月龄与成年之间）</td><td>体检合格</td><td>间隔2～3周</td><td></td><td>间隔2～3周/
与二免同时</td></tr>
<tr><td>六联苗</td><td>六联苗</td><td></td><td rowspan="2">狂犬病疫苗（单苗）</td></tr>
<tr><td>八联苗</td><td>八联苗</td><td></td></tr>
<tr><td rowspan="3">成年犬</td><td>（体检合格，且加强）免疫到期</td><td></td><td></td><td>间隔2～3周</td></tr>
<tr><td>六联苗</td><td></td><td></td><td rowspan="2">狂犬病疫苗（单苗）</td></tr>
<tr><td>八联苗</td><td></td><td></td></tr>
<tr><td rowspan="2">幼龄猫</td><td>50～60日龄</td><td>间隔2～3周</td><td>间隔2～3周</td><td>间隔2～3周/
与三免同时</td></tr>
<tr><td>猫三联苗</td><td>猫三联苗</td><td>猫三联苗</td><td>狂犬病疫苗（单苗）</td></tr>
<tr><td rowspan="2">成年猫</td><td>（体检合格，且加强）免疫到期</td><td></td><td></td><td>间隔2～3周</td></tr>
<tr><td>猫三联苗</td><td></td><td></td><td>狂犬病疫苗（单苗）</td></tr>
</table>

课后思考题

一、名词解释

免疫接种　　免疫程序

二、填空题

1. 根据免疫接种进行的时机不同，可分为__________和__________两类。

2. 宠物疫苗的接种方法很多，有__________、__________、__________、__________等方法。

三、简答题

1. 预防接种前，被接种的宠物做体检包括哪些方面？

2. 简述疫苗的联合使用对宠物的影响。

3. 给你的犬（猫）制订一个合理的免疫程序。

模块3 宠物犬、猫病毒性传染病防控

工作任务1 狂犬病

狂犬病是由狂犬病病毒（rabies virus）引起的人兽共患的急性传染病。主要侵害中枢神经系统，临床特征是狂躁不安、意识紊乱、流涎，最后发生麻痹而死，俗称疯狗病、恐水症。

【病原】狂犬病病毒属弹状病毒科，狂犬病病毒属。血清型分为5个：Ⅰ型（狂犬病毒原型株）、Ⅱ型（Lagos蝙蝠病毒原型株）、Ⅲ型（从人体内分离得到的）、Ⅳ型（从南非人体内分离到的）、Ⅴ型（自然界中分离到的，称“街毒”）。不同血清型抗原性不同，其交叉保护力不同。如Ⅰ型与Ⅲ型之间完全无交叉保护性。

狂犬病病毒不稳定，反复冻融可使病毒灭活，日光、紫外线、热、超声波、酸、碱、乙醚、甲醛、升汞和季铵盐类化合物可迅速破坏病毒活力。但能抵抗组织自溶及腐烂，在自溶的脑组织中可以保持活力7～10d，冷冻或冻干条件下可长期保存。

【流行病学】

1. 传染源 患病和带毒的动物是本病主要的传染来源。据统计，全国的狂犬病病例中，有93%为犬咬伤所致，有6%为猫抓伤所致，还有鼠伤、獾伤引起发病的病例报道。

2. 传播途径 多数患病动物的唾液中带有病毒，通常是通过患病动物咬伤或皮肤黏膜接触病毒而发生感染。非咬伤性的传播途径，人和动物都有经由呼吸道、消化道和胎盘感染的病例。人被患病动物咬伤后并不全部发病，不使用狂犬病疫苗的发病率为30%～50%，而咬伤后及时接种疫苗的发病率可降至0.2%～0.3%，以青少年及儿童患者较多。

3. 易感动物 有报道称，所有温血动物对狂犬病都易感。

4. 流行特征 本病一年四季均可发生，春夏发病率稍高。本病流行的连锁性特别明显，多数以疯犬咬伤引起，以一个接着一个的顺序呈散发形式出现。伤口越靠近头部或伤口越深，其发病率越高。

【症状】本病潜伏期长短不一，这与感染病毒的量、感染部位及宠物的易感性相关。一般14～56d，最短8d，最长数月至数年。犬、猫、猪一般为10～60d，人为30～90d。犬的病型分为狂暴型和麻痹型。狂暴型是以剧烈震颤和攻击行为为主要临床症状，麻痹型患犬可能完全缺乏攻击行为。

狂暴型狂犬病分为3期，即前驱期、兴奋期、麻痹期。前驱期为1～2d，患犬精神沉郁，常躲暗处，喜吃异物，瞳孔散大，唾液增多，吞咽困难，后躯软弱；兴奋期为2～4d，病犬狂暴不安，攻击性强，出现斜视和惶恐表情，消瘦，意识障碍，对水、光、风、声等刺激敏感（图1-3-1）；麻痹期为1～2d，表现为狂暴与抑郁交替出现，病犬消瘦，张口垂舌，流涎显著，颌下垂，四肢麻痹、卧地不起，最后全身麻痹而死（图1-3-2）。

麻痹型狂犬病兴奋期短，病犬经过短暂的兴奋期后即进入麻痹期。表现为喉头、下颌、后躯麻痹，流涎，张口，吞咽困难。一般经过2～4d后死亡。

猫多表现为狂暴型，症状与犬相似。前驱期通常不到1d，其特点是低热和明显的行为改变；兴奋期通常持续1～4d，病猫常躲于暗处，当人接近时，突然攻击，行为迅速，不易

图 1-3-1 狂犬病症状 1（兴奋期患犬对光、声极度敏感，表现惊恐、烦躁）

图 1-3-2 狂犬病症状 2（麻痹期患犬呼吸麻痹而死亡）

被察觉，常攻击头部，危险性比犬大。表现为肌肉震颤，瞳孔散大，流涎，弓背，爪伸出，呈攻击性；麻痹期通常持续 1～4d，表现运动失调，后肢明显，头、颈部肌肉麻痹时叫声嘶哑，随后惊厥、昏迷而死。约 25%的病猫表现为麻痹型，在发病后数小时或1～2d 死亡。

狂犬病

【病理变化】剖解无特征性变化，尸体消瘦，体表一般可见伤口，常见口腔和咽喉黏膜充血和糜烂，胃内空虚或充满异物，胃肠黏膜充血或出血。中枢神经实质及脑膜肿胀、充血和出血。病理组织学检查可见非化脓性脑炎病变，以及在大脑海马角、小脑和延髓肿胀或变性的神经细胞的细胞质中可见到 1 至数个圆形或卵圆形、直径 3～10μm 的嗜酸性包含体，即内氏小体（图 1-3-3）。内氏小体为病毒集落，是本病特异且具有诊断价值的病变。

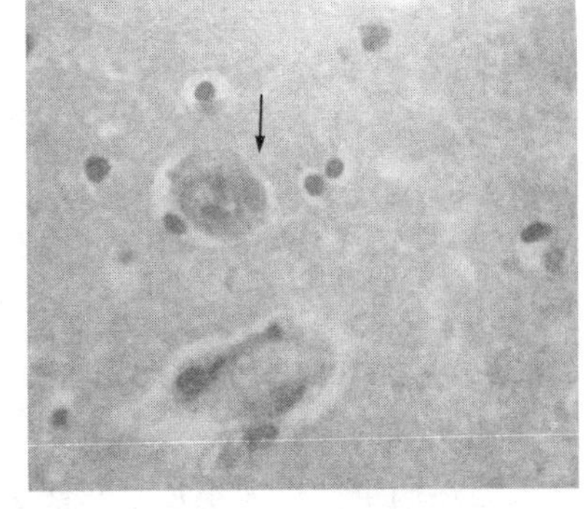

图 1-3-3 狂犬病病理变化（狂犬病病毒感染细胞中的内氏小体）

【诊断】

1. 临床诊断 典型病例可根据临床症状，结合咬伤病史进行初步的诊断，确诊需进行进一步实验室诊断。对可疑病犬应隔离观察或扑杀。

2. 实验室诊断

（1）病原学检验。对怀疑为狂犬病的动物，取其脑组织、唾液腺或皮肤等标本，直接检测其中的狂犬病毒或进行病毒分离。

（2）血清学检查。常用的方法有 ELISA 荧光抗体法、血清中和试验等。在狂犬病的预防工作中，检测血清中的狂犬病毒抗体是评价疫苗效果的一个重要指标。检测和观察感染者血清中抗体情况，对狂犬病的诊断和预后也有重要价值。

（3）动物接种。取脑病料制成乳剂，经脑内接种 30 日龄小鼠，观察 3 周。若在 1～2 周出现麻痹症状和脑膜炎变化即可确诊。

【防控】对宠物来说，注射疫苗是控制狂犬病的最佳方法。

因为狂犬病威胁到公众安全，患狂犬病的动物应被实施安乐死，并向有关部门报告疫情，对房舍和周围环境彻底消毒，避免疫情扩散。当人被可疑犬咬伤时，应尽量挤出伤口中的血液，用肥皂水彻底清洗，并用 3%碘酊处理，尽快到当地防疫站接种狂犬病疫苗。最好同时在伤口周围浸润处注射免疫球蛋白或抗血清，可降低发病率。

课后思考题

选择题

1. 一只9月龄犬，雄性，病初精神沉郁，不愿和人接近。食欲反常，喜欢吃异物。后期尾巴下垂，流涎，恐水。该犬最可能患（ ）。

A. 犬瘟热　B. 犬流感　C. 狂犬病　D. 犬传染性肝炎

E. 犬细小病毒病

2. 家猫，雌性，未免疫，近日喜躲在暗处，并发出刺耳、粗粝的叫声。受刺激后狂暴，曾凶猛攻击主人和其他动物。患猫大量流涎，下颌、尾巴下垂。该病初步判断为（ ）。

A. 口炎　B. 齿龈炎　C. 唾液腺炎　D. 咽炎　E. 狂犬病

工作任务2　犬瘟热

犬瘟热是由犬瘟热病毒（canine distemper virus，CDV）引起的一种急性、高度接触性、致死性传染病，传染性极强，死亡率可高达80%以上。该病毒可感染肉食动物中的犬科动物（野犬、狐、狼等，尤其是幼犬），鼬科动物（雪貂、貂、臭鼬、黄鼠狼、水獭等）及一部分浣熊科动物（浣熊等）。病犬以呈现双相热型、鼻炎、严重的消化道障碍和呼吸道炎症等为特征，少数病例可发生非化脓性脑炎。此病后期部分病例可出现鼻翼皮肤和足垫高度角质化（硬脚垫病）。雪橇犬等适合于寒性地带生活的犬种患此病后死亡率较高。

【病原】犬瘟热病毒是副黏病毒科、麻疹病毒属的成员，与该属的麻疹病毒和牛瘟病毒有着密切的抗原关系。核酸型为单股负链RNA，只有一个血清型。

犬瘟热病毒抵抗力不强，对热、干燥、紫外线和有机溶剂敏感，易被紫外线、乙醚、甲醛、来苏儿所杀死；2～4℃可存活数周，室温下存活数天，50～60℃经30min可使该病毒灭活。pH4.5以下和9.0以上的酸性或碱性环境可使其迅速灭活，但低温冷冻可以保存数月，冷冻干燥可保存数年。

【流行病学】犬瘟热的自然宿主为犬科动物、鼬科动物及浣熊科动物。病犬是本病最主要的传染源，并经分泌物排到体外，尤其是呼吸道分泌物，恢复期的犬可持续数周排毒，痊愈后不再排毒。主要传播途径是病犬与健康犬直接接触，通过空气飞沫经呼吸道感染。

本病一年四季均可发生，以春冬季节多发。不同年龄、性别和品种的犬均可感染，尤以3～6月龄最为易感，犬群中自发性犬瘟热发生的年龄与幼犬断乳后母源抗体消失有关。纯种犬和警犬比土种犬的易感性高，且病情严重，死亡率高。

【症状】体温升高至40℃以上，呈双相热型。第二次体温升高时（少数病例此时死亡）出现呼吸道症状。病犬咳嗽，打喷嚏，流浆液性至脓性鼻液，鼻镜干燥（图1-3-4）；眼睑肿胀，发生化脓性结膜炎，有脓性眼眵（图1-3-5），后期常可发生角膜溃疡；下腹部和股内侧、耳壳等处皮肤上有米粒大红点、水肿和化脓性丘疹；常发生呕吐，呕吐物为白色黏液

（图 1-3-6）；初便秘，不久腹泻，粪便恶臭，有时混有血液和气泡。少数病例可见足掌和鼻翼皮肤角化过渡性病变（图 1-3-7）。10%～30%的病犬在病的末期出现神经症状，如转圈、运动失调、后肢麻痹、抽搐等（图 1-3-8、图 1-3-9）。本病的致死率可高达 30%～80%。如与犬传染性肝炎等病混合感染时，致死率更高。

图 1-3-4 犬瘟热症状 1（鼻部干燥，流黏脓性鼻液）

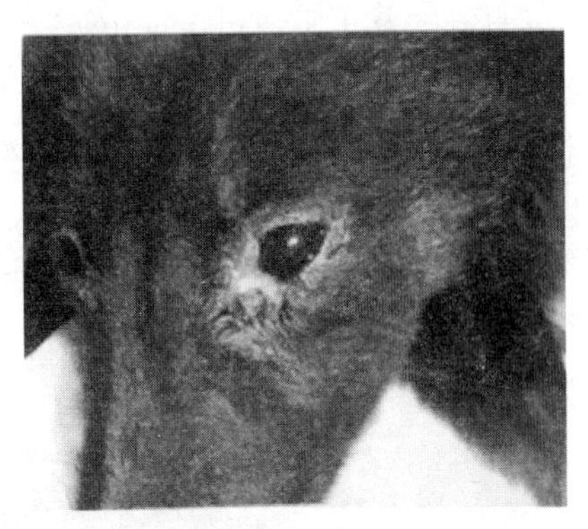

图 1-3-5 犬瘟热症状 2（出现黏液性和脓性眼屎）

图 1-3-6 犬瘟热症状 3（精神委顿、呕吐，呕吐物为白色黏液）

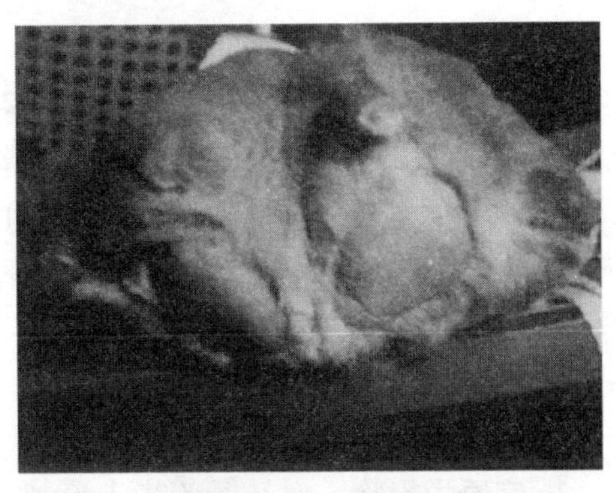

图 1-3-7 犬瘟热症状 4（足垫过度角质化、变硬甚至龟裂）

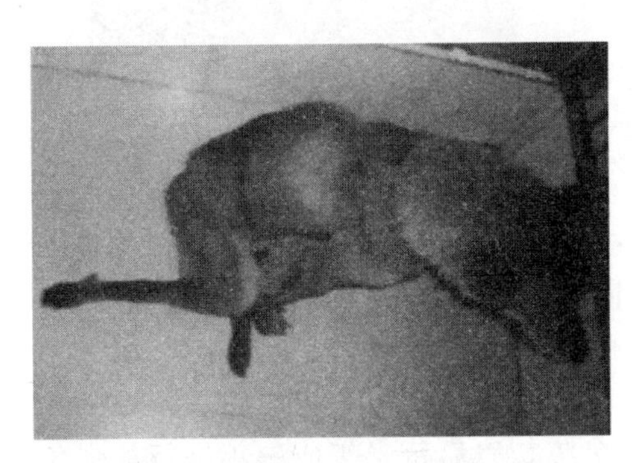

图 1-3-8 犬瘟热症状 5（后肢麻痹）

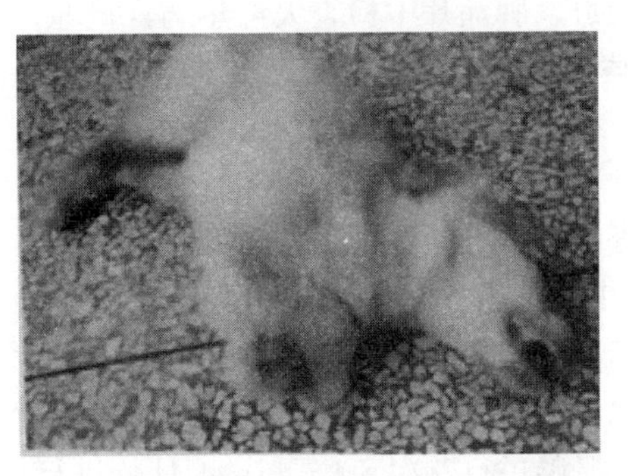

图 1-3-9 犬瘟热症状 6（出现四肢反复有节律抽搐、周期性发作的神经症状）

犬瘟热症状和症理变化

仔犬于7d内感染时常出现心肌炎，双目失明。幼犬在永久齿长出之前感染本病，则牙釉质严重损害，表现牙齿生长不规则。警犬、军犬发生本病后，常因嗅觉细胞萎缩而导致嗅觉缺损。妊娠母犬感染本病可发生流产、死胎和仔犬成活率下降等现象。

【病理变化】犬瘟热病毒为泛嗜性病毒，对上皮细胞有特殊的亲和力，因此，病变非常广泛。急性死亡的患犬以出血性胃炎、肠炎、脾红色梗死及肺部严重出血变化为主，有时因肠蠕动过强而出现肠套叠。慢性死亡患犬以肺部发生实变，心包大量积液、肝肿大、胆囊充盈为主要特征。中枢神经系统的大体病变包括脑膜充血、脑室扩张和因脑水肿所致的脑脊液增加。

该病特征性的组织学变化是在患病犬的组织细胞可观察到嗜酸性包含体，特别是在呼吸器官、泌尿道、膀胱、肠黏膜上皮细胞细胞质内观察到1～2μm的椭圆形或圆形包含体（图1-3-10）。

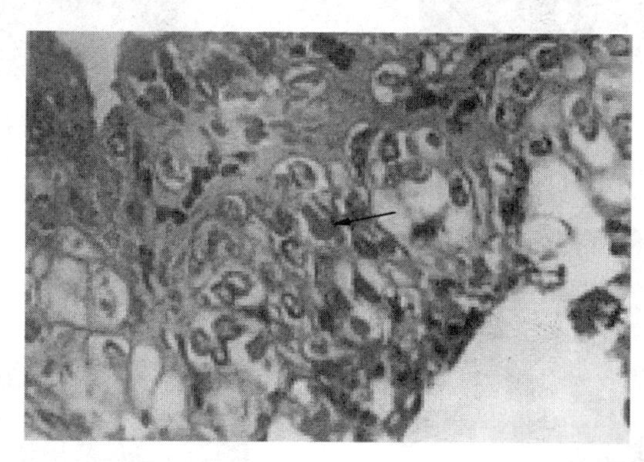

图1-3-10 犬瘟热病理变化（膀胱上皮细胞的细胞质内有嗜酸性包含体）

【诊断】该病病型复杂多样，又常与其他多种疾病混合感染，所以根据临床症状、病理剖解结果和流行病学资料只能做出初步诊断，确诊需通过下列方法进行。

1. 病理组织学诊断 刮取患病犬鼻（舌、结膜等）黏膜或者死亡犬膀胱（肾盂、胆囊和胆管等）黏膜，做成涂片进行包含体检查，于细胞质内观察到红色包含体，有较好的诊断价值。

2. 病原学检验 对怀疑为患犬瘟热的犬，取肝、脾、粪便等病料，用电子显微镜观察其中的病毒粒子；或采用免疫荧光试验从血液白细胞、结膜、瞬膜以及肝、脾涂片中检查犬瘟热病毒抗原。

犬瘟热病毒的抗原检测

3. 血清学诊断 包括中和试验、补体结合试验、酶联免疫吸附试验等方法。

【预防】

（1）在繁殖前进行免疫，以提高母体的抗体水平，对于多数吃到初乳的幼犬，母源抗体可以保护9～12周，而没有吃到初乳的幼犬，母源抗体仅能保护1～2周。不要给妊娠的动物注射弱毒活疫苗。

（2）在母源抗体降低之前进行的被动免疫无效。

①一般2月龄进行首次免疫，3～4月龄进行加强免疫，以后每半年或一年进行加强免疫一次。

②为了突破抗犬瘟热病毒母源抗体，第一次可给幼犬注射包含犬瘟热病毒和疱疹病毒的

疫苗。

【治疗】

1. 支持疗法

（1）给动物提供一个干净、温暖、通风良好的环境，保持眼睛和鼻部的清洁。

（2）给予广谱抗生素，防止继发感染。开始时可选用氨苄西林、阿莫西林和磺胺嘧啶。

（3）如果出现呕吐、腹泻，要禁食禁水，同时为了维持需要的水分，应给动物补充多电解质平衡液。

（4）通过吸入疗法，使用支气管扩张剂和黏液溶解剂帮助清除呼吸道内的分泌物。

2. 对中枢神经系统病变的控制

（1）抗惊厥药有一定控制抽搐作用，建议在出现中枢神经系统症状的初期（出现抽搐之前）使用。

（2）肌阵挛无法治疗，不可逆。

（3）糖皮质激素可能对由神经炎引起失明的病例有帮助。

3. 单克隆抗体的应用 应用犬瘟热单克隆抗体，有良好的治疗效果。

课后思考题

一、选择题（单选题）

1. 出现双相热、肠道急性卡他性炎和神经症状的犬传染病是（ ）。

A. 狂犬病 B. 犬瘟热 C. 犬细小病毒病
D. 犬流感 E. 犬传染性肝炎

2. 以下不是犬瘟热病理变化的有（ ）。

A. 水疱性或脓疱性皮疹 B. 鼻端和脚底表皮角质增生而呈角化增厚
C. 上呼吸道、眼结膜呈卡他性或化脓性炎
D. 卡他性或出血性肠炎 E. 心肌出血

3. 犬瘟热简便和特异的诊断方法是（ ）。

A. 病理组织学检查 B. 免疫学试验 C. 临诊症状
D. 流行病学调查 E. 病毒分离鉴定

4. 犬瘟热最易感的年龄是（ ）。

A. 3～6月龄 B. 6月龄至1岁 C. 2～3岁
D. 5～8岁 E. 10岁以上

5. 治疗犬瘟热最有效的方法为（ ）。

A. 弱毒疫苗 B. 灭活疫苗 C. 抗生素
D. 抗犬瘟热高免血清 E. 干扰素

6. 犬瘟热病毒的血清型有（ ）个。

A. 1 B. 2 C. 3 D. 4 E. 5

二、简答题

1. 犬瘟热的诊断要点和鉴别要点是什么？

2. 简述犬瘟热的防治方法。

3. 犬瘟热的传播途径是什么？

工作任务3　犬细小病毒病

犬细小病毒病是由犬细小病毒（canine parvovirus，CPV）引起的一种急性、高度接触性传染病，多发生在幼犬。病死率在10%～50%。临床症状以急性出血性肠炎和非化脓性心肌炎为主。

【病原】CPV属细小病毒科，细小病毒属。病毒无囊膜，基因组为单股线状DNA。

CPV对多种理化因素和常用消毒剂具有较强的抵抗力，在4～10℃可存活6个月，37℃存活2周，56℃存活24h，80℃存活15min，在室温下保存3个月感染性仅轻度下降，在粪便中可存活数月至数年。该病毒对乙醚、氯仿、醇类有抵抗力，对紫外线、福尔马林、次氯酸钠、氧化剂敏感。

犬细小病毒和犬冠状病毒的抗原检测

【流行病学】犬是主要的自然宿主，其他犬科动物，如郊狼、吃蟹狐、长毛狼、浣熊等也可感染。

犬感染后发病急，死亡率高，常呈暴发性流行。不同年龄、性别、品种的犬均可感染，但以刚断乳（30日龄左右）至4月龄的犬多发，病情也较严重。纯种犬比杂种犬和土种犬易感性高。病犬和康复带毒犬是本病的传染源。病犬经粪便、尿液、唾液和呕吐物向外界排毒；康复带毒犬可能从粪尿中长期排毒，污染饲料、饮水、食具及周边环境。而病犬通常在感染后7～8d通过粪便排毒达到高峰，10～11d时急剧降低。

有证据表明，人、虱、苍蝇和蟑螂等皆可成为CPV的机械携带者。健康犬通过与病犬或带毒犬直接接触感染，或经污染的饲料和饮水通过消化道感染。

本病一年四季均可发生，以冬、春多发。饲养管理条件骤变、长途运输、寒冷、拥挤均可促使本病发生。

【症状】该病潜伏期7～14d，多发生在环境发生变化后（如新买的幼犬），洗澡、过食是诱因。该病多数呈现肠炎综合征，少数呈现心肌炎综合征。

肠炎型发病率极高，多见于3～4月龄幼犬。主要表现为出血性腹泻和呕吐。呕吐物多为食物及无色或淡黄色黏液，或混有少量血丝（图1-3-11）。剧烈腹泻呈喷射状，病初粪便呈黄色或灰黄色，或有大量白色黏液和黏膜，中期粪便呈煤焦油样，随后粪便呈番茄汁样，有特殊的腥臭味（图1-3-12至图1-3-15）。病犬迅速脱水，消瘦，眼窝深陷，被毛凌乱，皮肤弹性降低（图1-3-16至图1-3-17）。病犬精神沉郁，昏睡不愿站立，喜卧阴凉处，被毛粗乱、无光泽，机体瘦弱，肋骨突出，厌食，喜饮水，饮后即吐。体温39.6～41℃。

心肌炎型多见于4～6周龄幼犬，常无先兆性症状，或仅表现轻微腹泻，继而突然衰弱，呻吟，黏膜发绀，呼吸极度困难，脉搏快而弱，心脏听诊出现杂音，常在数小时内死亡。

【病理变化】

1. 肠炎型　病犬消瘦，腹部卷缩，眼球下陷，可视黏膜苍白，眼角常有灰白色黏稠分泌物。肛门周围附有血样粪便或从肛门流出血便。小肠以空肠和回肠病变最为严重且具有特征性，表现肠壁呈程度不同的增厚，肠管增粗，肠腔狭窄，充满血粥样内容物或混有紫黑色血凝块，有恶臭味；黏膜潮红、肿胀，散布斑点状或弥漫性出血，并形成厚的黏膜皱褶，集

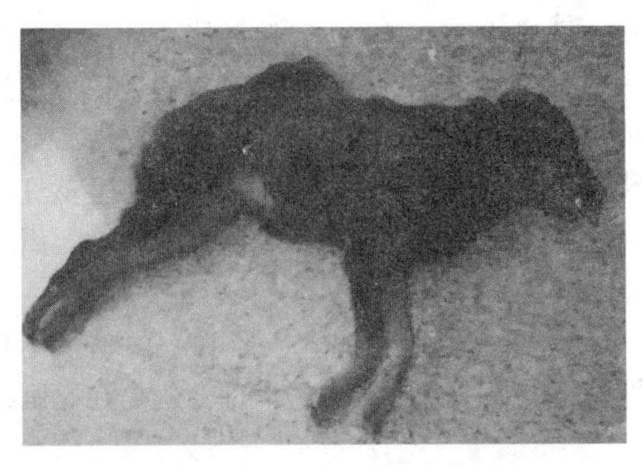

图 1-3-11 犬细小病毒病症状 1（发病后期大量呕吐物为淡黄色液体）

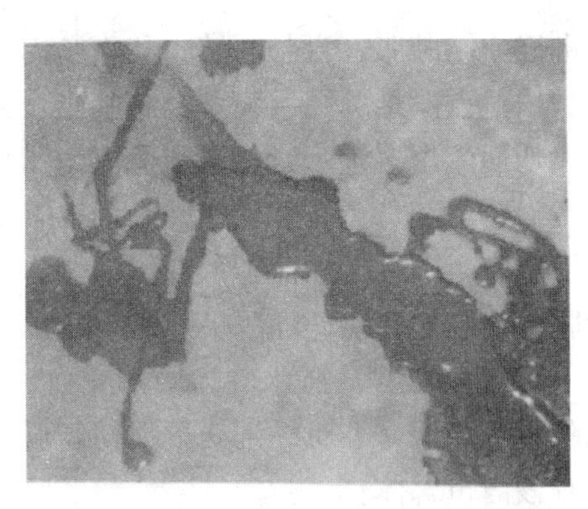

图 1-3-12 犬细小病毒病症状 2（病初灌肠，可见粪便呈黄色，带有大量肠黏膜）

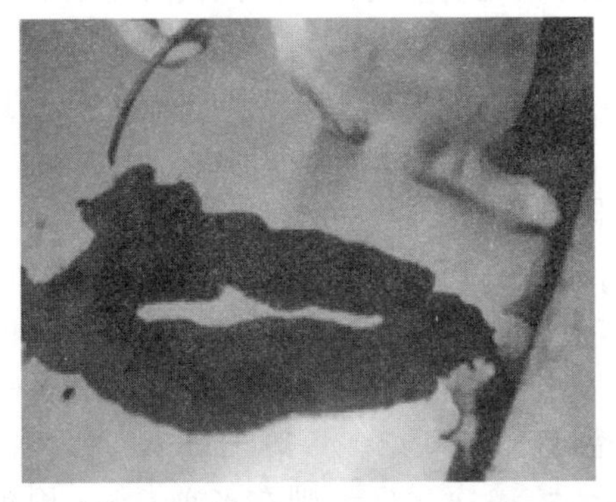

图 1-3-13 犬细小病毒病症状 3（中期灌肠，可见粪便呈煤焦油样，稀释后呈酱油色）

图 1-3-14 犬细小病毒病症状 4（中后期排出番茄酱样恶臭稀粪）

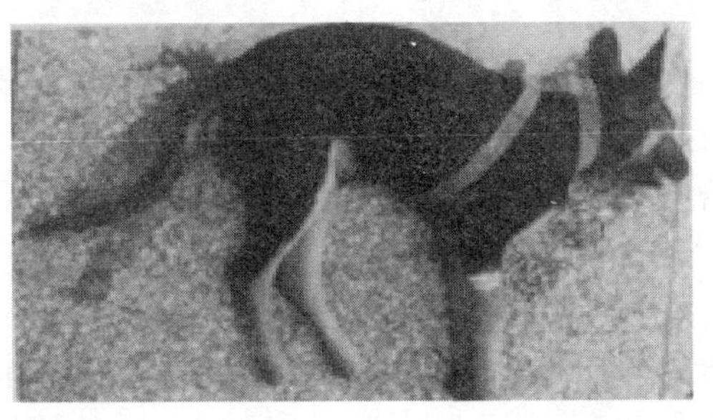

图 1-3-15 犬细小病毒病症状 5（后期排出腥臭带血水样稀粪）

犬细小病毒病

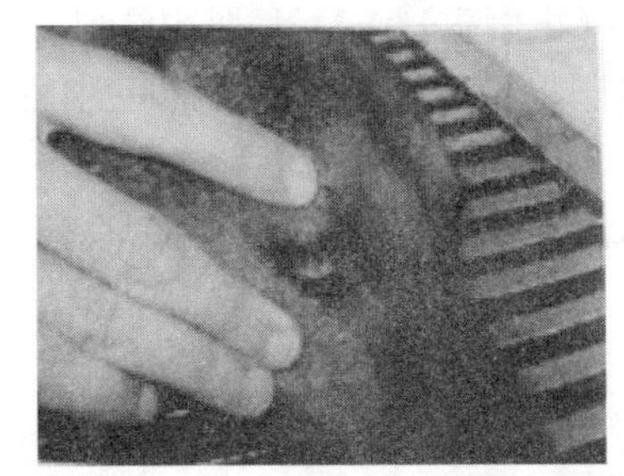

图 1-3-16 犬细小病毒病症状 6（严重脱水，眼球凹陷）

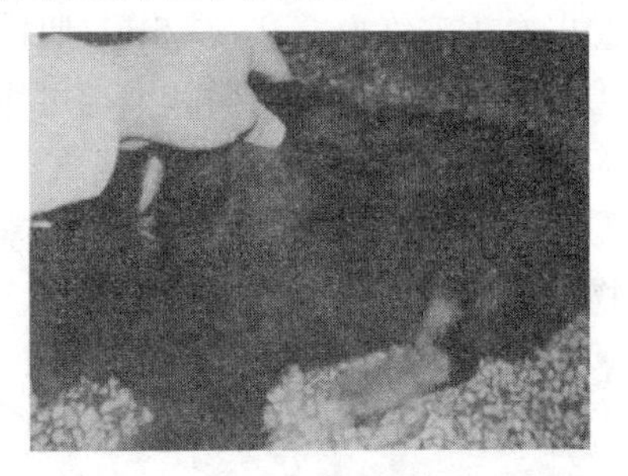

图 1-3-17 犬细小病毒病症状 7（腹泻脱水，皮肤弹性明显降低）

合淋巴小结肿胀，盲肠、结肠和直肠内容物稀软，呈酱油色，腥臭，黏膜肿胀，表面散在针尖状出血点。结肠肠系膜淋巴结肿胀、充血。肝肿大，色泽红紫，散在淡黄色病灶，质地脆弱，切面流出多量暗紫色不凝血液。胆囊高度扩张，充盈大量黄绿色胆汁，黏膜光滑。肾多不肿大，呈灰黄色。脾轻度肿大，被膜下有黑紫色出血性梗死灶。心包积液，心肌呈黄红色变性状态。肺呈局灶性肺水肿。咽背、下颌和纵隔淋巴结肿胀、充血。胸腺实质缩小，周围脂肪组织胶样萎缩。膈肌呈现斑点状出血。

2. 心肌炎型 肺水肿，局部充血、出血，呈斑驳状。心脏扩张，心肌和心内膜可见非化脓性坏死灶，心肌纤维严重损伤，可见出血性斑纹。最具诊断意义的病理变化是在心肌纤维有核内包含体。

【诊断】根据流行病学、临床症状和病理变化等可做出初步判断。确诊需进行实验室检查。如用病毒分离和血清学诊断。血清学反应多用酶联免疫吸附试验，国内外都有其试剂盒，该手段技术成熟，检出率高。

【预防】CPV 对外界的抵抗力强，存活时间长，故其传染性极强。一旦发病，应迅速隔离病犬，对污染的犬舍、饲具、用具、运输工具进行严格的消毒，消毒剂可采用氢氧化钠、漂白粉、次氯酸钾等。对饲养员应该严格消毒，并限制流动，避免间接感染。

疫苗免疫是预防该病的根本措施。但有可能出现免疫失败的情况，这和疫苗品质及免疫干扰有关。主要是疫苗毒株选取不当和母源抗体的干扰。疫苗应选用品质可靠的疫苗。国产苗有犬细小病毒病-传染性肝炎二联苗、犬细小病毒病-犬瘟热-传染性肝炎三联苗、犬细小病毒病-犬瘟热-传染性肝炎-狂犬病-犬副流感五联苗。一般于 2～3 月龄首免，间隔 2 周再加强免疫接种一次，以后每半年加强免疫一次。母犬则在产前 3～4 周免疫接种。

【治疗】

（1）心肌炎型往往来不及治疗就发生死亡，即使治疗，其效果往往不佳，常以死亡告终。

（2）肠炎型主要是对症治疗配合高免血清、单克隆抗体、干扰素、免疫球蛋白等特异性生物制品治疗。成年犬治愈率高，幼犬预后谨慎。

（3）对症治疗。

①呕吐。爱茂尔（溴米那普鲁卡因）0.5～1mL 肌内注射。

②腹泻。止泻用鞣酸蛋白或十六角蒙脱石（思密达）灌肠，补液应用 0.9%氯化钠、林格氏液、5%葡萄糖溶液。

③出血。安络血 0.2～0.5mL 肌内注射；酚磺乙胺（止血敏）0.5mL 肌内注射。

④调整酸碱平衡。初期碱中毒可用醋 10～20mL 内服；中后期腹泻为主（酸中毒），可用 5%碳酸氢钠 10mL 静脉注射。

⑤防止继发感染。可使用庆大霉素、红霉素、卡那霉素等抗菌药物，也可配合使用抗病毒药物。

课后思考题

一、选择题（单选）

1. 一犬突然出现呕吐，继而腹泻，粪便开始为灰黄色，接着排番茄汁样粪便，恶臭难

闻，血常规检查，可见白细胞总数明显减少，粪便检查未见虫卵。进一步确定病原应进行（ ）。

A. B超检查　B. 病理剖检　C. 生化试验　D. 血清学试验

E. 尿常规检查

2. 犬细小病毒感染的临诊表现有（ ）。

A. 肠炎型和脑炎型　B. 肠炎型和心肌炎型

C. 肠炎型和呼吸型　D. 肠炎型和皮肤型

E. 肠炎型和关节炎型

3. 犬细小病毒病疫苗首次免疫时间一般在（ ）。

A. 2～3月龄　B. 4～5月龄　C. 6～7月龄　D. 8～9月龄

E. 10月龄以上

4. 犬细小病毒病的临诊分型有（ ）种。

A. 1　B. 2　C. 3　D. 4　E. 5

5. 肠炎型细小病毒病的合理治疗方案可选用（ ）。

A. 多种抗生素联合应用　B. 大量使用抗病毒药物　C. 大量补液

D. 高免血清，对症治疗和控制继发感染　E. 饥饿疗法

6. 肠炎型犬细小病毒病的临床特征不包括（ ）。

A. 剧烈呕吐　B. 血水样腹泻　C. 脱水、消瘦

D. 白细胞显著减少　E. 大肠出血性坏死性肠炎

7. 肠炎型细小病毒病的潜伏期为（ ）。

A. 3～5d　B. 4～6d　C. 7～14d　D. 21d　E. 28d

二、简答题

1. 犬细小病毒感染主要诊断依据是什么？

2. 犬细小病毒感染主要传播途径是什么？如何控制其感染？

工作任务4　犬传染性肝炎

犬传染性肝炎（ICH）是由犬传染性肝炎病毒（犬腺病毒Ⅰ型，CAV-1）引起犬的一种急性、高度接触性、败血性传染病。临床上主要表现为循环障碍、肝小叶中心坏死以及肝实质和内皮细胞出现核内包含体、“马鞍”型高热、肝炎、血凝不良和角膜混浊（即蓝眼病）症状。

【病原】犬传染性肝炎病毒属腺病毒科，哺乳动物腺病属成员。犬的腺病毒分为犬腺病毒Ⅰ型（CAV-1）和犬腺病毒Ⅱ型病毒（CAV-2），两者具有70%的基因亲缘关系，所以在免疫上有交叉保护作用。犬腺病毒Ⅰ型（CAV-1）是引起犬传染性肝炎的病原，有衣壳，无囊膜。衣壳内由双股DNA组成病毒核心。犬腺病毒Ⅱ型（CAV-2）是引起犬传染性喉气管炎的病原。

该病毒对外界环境的抵抗力相当强大，在污染物上能存活10～14d，在冰箱中保存9个月仍具有传染性，冻干条件下可长期保存。37℃可存活2～9d，60℃经3～5min可灭活。对

乙醚和氯仿没有耐受性，污染的注射器和针头仅用酒精棉球消毒仍可传播本病。苯酚、碘酊及氢氧化钠是常用的有效消毒剂。

【流行病学】本病可发生于任何季节，无年龄和品种差异，但主要侵害1岁以内的幼犬，刚断乳的幼犬最易发生。幼犬的死亡率高达25%～40%。成年犬很少发生且多为隐性感染，即使发病也多能耐过。

在急性阶段，病毒分布于病犬的全身组织，通过分泌物和排泄物排出体外，污染周围环境。病愈犬仍带毒并可从尿中排毒6～9个月。病犬及带毒犬是主要传染源，通过直接和间接接触，通过消化道传染易感动物，也可经胎盘感染胎儿。呼吸型病例可经呼吸道感染。此外，体外寄生虫也有传播本病的可能性。

【症状】

1. 特急性型 多见于初生仔犬至1岁内的犬。病犬突然出现严重腹痛和体温明显升高，有时呕血或发生出血性腹泻（图1-3-18）。发病后12～24h死亡。临床病理呈重症肝炎变化。

2. 急性（重病）型 此型病犬可出现本病的典型症状，多能耐过而康复。病初，精神轻度沉郁，流水样鼻液，畏光流泪，体温高达41℃，持续2～6d，体温曲线呈“马鞍”型。随后出现腹痛、食欲不振、口渴喜喝水、腹泻、呕吐、腹下水肿等症状。

3. 亚急性型 亚急性病例的症状同急性（重病）型，但较轻，此外还可见贫血、黄疸、咽炎、扁桃体炎、淋巴结肿大（图1-3-19）。特征性症状是在眼睛上，出现角膜水肿、混浊、角膜变蓝。临床上也称“蓝眼病”（图1-3-20）。眼睛半闭，畏光流泪，有大量浆液性分泌物流出，角膜混浊特征是由角膜中心向四周扩展，重者可导致角膜穿孔（图1-3-21）。恢复期时，混浊的角膜由四周向中心缓慢消退，混浊消退的犬大多可自愈，可视黏膜有不同程度的黄疸。

犬传染性肝炎

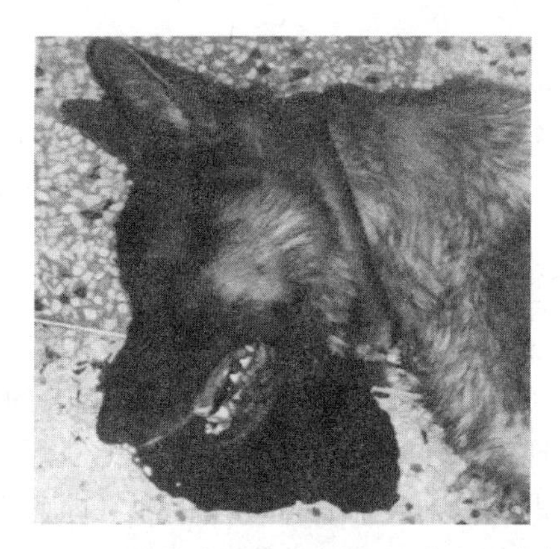

图1-3-18 犬传染性肝炎症状1（特急性病例，呕血，数小时后死亡）

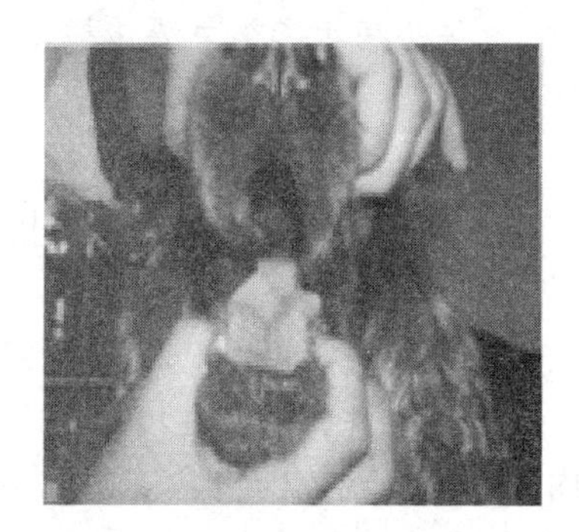

图1-3-19 犬传染性肝炎症状2（亚急性病例，口腔黏膜黄染，咽炎，扁桃体炎）

犬传染性肝炎在临床上一般分为肝炎型和呼吸型两种：

1. 肝炎型 初生犬及1岁以内的犬发病多为最急性型。体温升高达41℃，腹痛、呕吐、腹泻，粪便中带血，多在24h内死亡。病程稍长的病例，除上述症状外还可见精神沉郁，流水样鼻液，结膜发炎，畏光流泪。口腔及齿龈出血或有出血点。比较特殊的症状是头、颈、眼睑及腹部皮下水肿，可视黏膜轻度黄染。较轻的病例仅见食欲不振、体温稍高、流鼻液等

图 1-3-20 犬传染性肝炎症状 3（亚急性病例，角膜混浊变蓝，典型“肝性蓝眼病”）

图 1-3-21 犬传染性肝炎症状 4（亚急性病例，眼睛半闭，畏光，流出浆液性分泌物，结膜黄染）

症状，一般持续 2～3d。

2. 呼吸型 病犬体温升高，呼吸加快，心跳快，节律不齐。咳嗽。流浆液性或脓性鼻液。有的病犬呕吐或排稀便。有的病犬扁桃体肿大伴有咽炎。

【病理变化】在实质器官、浆膜、黏膜上可见大小、数量不等的出血点。浅表淋巴结和颈部皮下组织水肿、出血。腹腔内充满清亮、浅红色液体，接触空气容易凝固。肝肿大，呈斑驳状，表面有纤维素附着。胆囊壁水肿增厚，胆汁浓缩、呈黑红色为特征性病变（图 1-3-22、图 1-3-23）。腹腔脂肪、肌肉黄染。脾肿大、充血。肾出血，皮质区坏死。肺实变。肠系膜淋巴结肿大，充血。中脑和脑干后部可见出血，常呈两侧对称性。

特征性的组织学变化是肝、脾、淋巴结、肾等切片或抹片染色镜检可见内皮细胞有圆形或椭圆形核内包含体（图 1-3-24）。

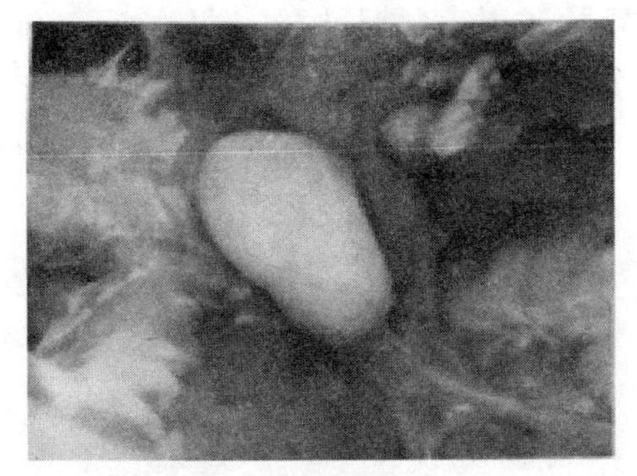

图 1-3-22 犬传染性肝炎病理变化 1（亚急性病例，胆囊肿大充盈）

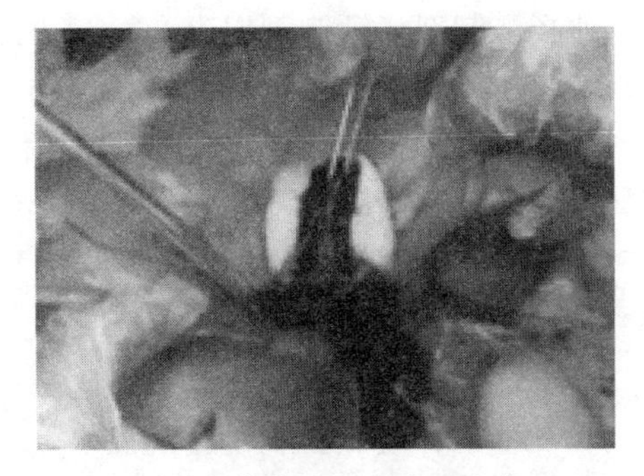

图 1-3-23 犬传染性肝炎病理变化 2（亚急性病例，特征性胆囊壁增厚，胆汁浓缩，呈黑红色）

【诊断】根据临床症状（角膜变蓝、黄疸、贫血等）、血象变化、红细胞数、血色素、血细胞比容下降，白细胞或淋巴细胞减少。血液生化检查结果［丙氨酸转氨酶（ALT）升高、天冬氨酸转氨酶（AST）升高］，出现胆红素尿和蛋白尿等可做出初步判断。该病最后确诊还应依赖于特异性诊断，如病理组织学诊断、病毒分离及血凝抑制试验、荧光抗体技术、PCR 等。

【预防】平时应加强饲养管理，严格兽医卫生综合预防措施。在母犬生育前对其进行免疫，以提高母源抗体的水平；幼犬通过初乳获得母源抗体，但 5～7 周龄后抗体水平降低，此时进行主动免疫接种，常用的疫苗有犬传染性肝炎弱毒疫苗，每只犬皮下注射1.5mL，间隔3～4周再注射2 mL。以后每半年注射1次，每次2mL。免疫期为6个月。

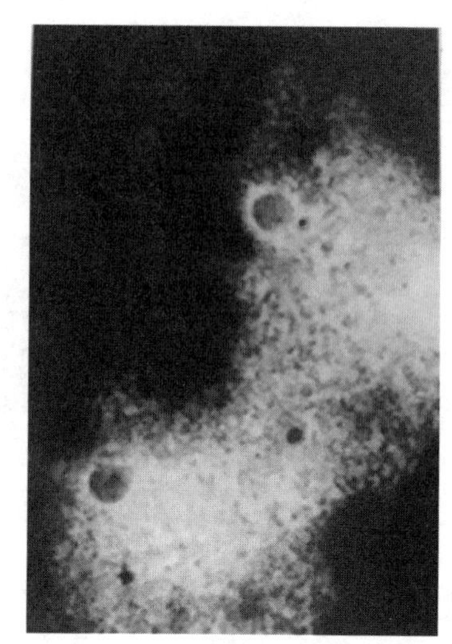

图1-3-24 犬传染性肝炎病理变化3（电镜观察，可见传染性肝炎病毒核内包含体）

【治疗】本病幼犬的死亡率高，目前尚无特效药物治疗，通常采用综合性治疗。在病的早期用高免血清或康复犬的全血、血清或血浆或γ球蛋白治疗，皮下注射，隔日一次，连用2～3次，可抑制病毒繁殖和扩散。

（1）对症治疗。静脉补充葡萄糖、补液及三磷酸腺苷（ATP），辅酶A对本病康复有一定作用。

①用5%葡萄糖生理盐水150mL，加维生素C 250mg、维生素B_{12} 150～200mg、辅酶A 1支（200IU/支）、ATP 1支（2mL：20mg）、肌苷1支（2mL：50mg），静脉注射，每日一次，纠正水和电解质紊乱。

②输血疗法。选择健康、免疫过的犬血和病犬进行“三滴法”配血实验或交叉配型实验，找出合适的血型，进行输血。

（2）控制并发和继发感染，保肝护胆。

①用30%氟苯尼考1 mL，复方黄芪多糖2mL，肌内注射，每日一次。

②肝泰乐（葡醛内酯）2～3片口服，每日3次。

（3）出现角膜混浊或病变发展到前眼房出血时，用3%～5%碘制剂（碘化钾、碘化钠）、水杨酸制剂和钙制剂以3∶3∶1的比例混合静脉注射，每日1次，每次5～10mL，3～7d为1个疗程，或肌内注射水杨酸钠，并用抗生素点眼液。

抗角膜炎或结膜炎治疗，可以眼底封闭或结膜下封闭治疗，同时结合点眼治疗。也可用0.5%利多卡因和氯霉素眼药水交替点眼治疗。

课后思考题

一、选择题

1. 病犬在康复期出现角膜混浊的常见传染病是（ ）。
   A. 犬瘟热　B. 犬传染性肝炎　C. 犬细小病毒病　D. 犬冠状病毒性腹泻　E. 犬副流感病毒感染
2. 引起犬传染性肝炎的病毒属于腺病毒（ ）。
   A. Ⅰ型　B. Ⅱ型　C. 混合型　D. 呼吸型　E. Ⅲ型
3. 不属于肝炎病毒传播途径的是（ ）。
   A. 消化道　B. 呼吸道　C. 胎盘　D. 血液　E. 皮肤、黏膜

二、简答题

犬传染性肝炎的传播途径、主要症状、特异诊断方法是什么？

工作任务5 犬冠状病毒病

该病是由犬冠状病毒（CCV）引起的犬的一种急性肠道性传染病，以呕吐、腹泻、脱水及厌食为特征。此病发病急、传染快、病程短、死亡率高。如与犬细小病毒或轮状病毒混合感染，病情加剧。

【病原】犬冠状病毒属冠状病毒科、冠状病毒属，核酸型为单股RNA。该病毒呈圆形或椭圆形，有囊膜，表面有花瓣状纤突。

该病毒对氯仿、乙醚等敏感，对热敏感。用甲醛或紫外线能灭活。对胰蛋白酶和酸有抵抗力，经胃后仍有感染活性，存在于感染犬的粪便、肠内容物和肠上皮细胞内。病毒在粪便中可存活6～9d。

【流行病学】本病可感染犬、貂和狐狸等犬科动物，不同品种、性别和年龄的犬都可感染，但6周龄至6月龄的幼犬最易感染，发病率几乎为100%，病死率为50%。病犬和带毒犬是主要传染源。病毒通过直接接触和间接接触，经呼吸道和消化道传染给健康犬及其他易感动物。本病一年四季均可发生，但多发于冬季。气候突变、卫生条件差、犬群密度大、断乳转舍及长途运输等可诱发本病。

【症状】该病潜伏期1～5d，临床症状轻重不一。主要表现为呕吐和腹泻，严重病犬精神不振，嗜睡，食欲减少或废绝，多数无体温变化。口渴、鼻镜干燥，呕吐，持续数天出现腹泻。粪便呈粥样或水样，呈红色、暗褐色或黄绿色，有恶臭，混有黏液或少量血液。白细胞数正常，病程7～10d。有些病犬（尤其是幼犬）发病后1～2d死亡，成年犬很少死亡。临床上很难与犬细小病毒病区别，只是CCV感染时间更长，且具有间歇性，可反复发作。

【病理变化】病变主要是胃肠炎。尸体严重脱水，腹部增大，腹壁松弛，胃及肠管扩张；肠壁菲薄、肠管内充满白色或黄绿色、紫红色血样液体，胃肠黏膜充血、出血和脱落，胃内有黏液。肠系膜淋巴结肿大，胆囊肿大。胃肠黏膜脱落是该病较典型的特征。病犬易发生肠套叠。

【诊断】根据流行病学、临床症状和血清学反应，可做出诊断。该病发病迅速，传染性强，往往呈局部暴发性，临床表现为呕吐、腹泻、脱水等肠炎综合征，死亡率高。血清学检查多用酶联免疫吸附试验，国内外都有其试剂盒，该方法技术成熟，检出率高。

【预防】目前主要通过疫苗（国产苗和进口苗都可以）接种进行预防，首免后每年进行加强免疫。此外还应将患犬进行严格隔离，并对犬舍进行消毒。

【治疗】主要采取对症治疗，如止吐、止泻、补液，用抗生素防止继发感染等。治疗类似犬细小病毒病。

课后思考题

一、名词解释

犬冠状病毒

二、填空题

1. 犬冠状病毒（CCV）属______科，______属。核酸型为单股______。病毒呈圆形或椭圆形，______囊膜，表面有花瓣状纤突。

2. 犬冠状病毒经____________和____________传染给健康犬及其他易感动物。

三、简答题

简述犬冠状病毒病的临床症状和防治方法。

工作任务6　犬副流感

犬副流感是由犬副流感病毒（canine parainfluenza virus，CPIV）引起的犬的一种以发病急、卡他性鼻炎和支气管炎为特征的传染病。临床表现发热、咳嗽、流鼻液等症状。病理变化以卡他性鼻炎和支气管炎为特征。有研究表明，犬副流感病毒也可引起急性脑髓炎和脑内积水，临床表现后躯麻痹和运动失调等症状。

【病原】CPIV在分类上属副黏病毒科，副黏病毒属。核酸型为单股RNA。病毒粒子呈多形性，一般呈球形，外有囊膜，内含螺旋对称的核衣壳。CPIV粒子表面含有H抗原（血凝素）和N抗原（神经氨酸酶），在4℃和24℃条件下可凝集人O型、鸡、豚鼠、大鼠、兔、犬、猫和羊的红细胞。只有一个血清型。

该病毒存在于患犬的鼻黏膜、气管黏膜和肺中，咽、扁桃体含病毒量较少。血液、食道、唾液腺、脾、肝和肾不含病毒。

该病毒对热不稳定，4℃和室温条件下保存，感染性很快下降。在酸性、碱性溶液中易被破坏，在中性溶液中较稳定，对脂溶剂、非离子去污剂、甲醛和氧化因子均敏感。−70℃条件下5个月内稳定。

【流行病学】犬副流感病毒可感染各种年龄和品种的犬，但以幼犬、体弱及处于应激状态的犬易感。自然感染途径主要是呼吸道，呼吸道分泌液通过空气尘埃感染其他犬，也可通过直接接触传染。该病多发生于气候多变的季节。感染期间犬因抵抗力降低可继发其他细菌感染。

【症状】本病是犬主要的呼吸道传染病，潜伏期3～6d。自然感染病例常突然发病，出现频率和程度不同的咳嗽，以及不同程度的食欲降低和发热，随后出现浆液性、黏液性甚至脓性鼻液，结膜发炎，病犬疲软无力。

【病理变化】可见鼻孔周围有浆液性或黏液脓性分泌物，结膜炎，扁桃体炎，气管、支气管炎和肺炎病变，有时肺部有点状出血。神经型主要表现为急性脑脊髓炎和脑内积水，整个中枢神经系统和脊髓均有病变，前叶灰质最为严重。组织学检查鼻上皮细胞变性，纤毛消失，黏膜和黏膜下层、肺、气管及支气管有大量单核细胞和中性粒细胞浸润。神经型可见脑周围有大量淋巴细胞浸润及非化脓性脑膜炎。

【诊断】本病与其他的犬呼吸道传染病的临床表现非常相似，不易区别。细胞培养是分离和鉴定犬副流感病毒的最好方法。另外，利用血清中和试验和血凝抑制试验检查血清的抗体效价是否上升也可进行回顾性诊断，国内外都有其试剂盒，该手段技术成熟，检出率高。

【预防】定期预防接种，如使用六联弱毒疫苗和五联弱毒疫苗进行预防接种。加强饲养管理，彻底消毒犬舍及运动场，保持犬舍空气清新，防止忽冷忽热。

【治疗】对发病犬可注射高免血清或免疫球蛋白，以提高犬的抵抗力。可静脉滴注广谱抗病毒药。体温升高的犬，可口服退热药物。对咳嗽严重的，可以使用化痰止咳冲剂，以缓

减症状。中药可用抗病毒口服液、双黄连、板蓝根等。当犬感染犬副流感病毒时，常常继发感染支气管败血波氏杆菌、支原体等。因此，应用抗生素类药物防止继发感染，减轻病情，促使病犬早日恢复。

课后思考题

一、填空题

1. 犬副流感病毒主要存在于______、______、______，而______、______、脾、肝等不含病毒。

2. 犬副流感病毒主要经__________传播。

3. 犬副流感病毒核酸为______，______囊膜，病毒粒子表面含有______和______。

二、简答题

1. 犬副流感与犬传染性喉气管炎的鉴别诊断要点是什么？

2. 犬副流感的流行病学、临诊表现和病理变化特征是什么？如何防控？

工作任务7 伪狂犬病

伪狂犬病病毒（PRV）又称猪疱疹病毒Ⅰ型、传染性延髓麻痹病毒、奇痒症病毒、奥叶兹基氏病病毒，是引起牛、羊、猪、犬和猫等多种动物和野生动物发热、奇痒（猪除外）及脑脊髓炎为主要症状的疱疹病毒。由于本病的临床症状类似狂犬病，故使用“伪狂犬病”这一病名。

【病原】伪狂犬病病毒（PRV）属疱疹病毒科、水痘病毒属成员。病毒粒子呈球形，完整的病毒粒子由核心、衣壳、外膜和囊膜组成，其基因组为线性双股DNA，二十面体立体对称。只有一个血清型。

本病毒是疱疹病毒中抵抗力较强的一种，在不同的液体中和物体表面至少存活7d。本病毒对乙醚、氯仿等脂溶剂，福尔马林和紫外线照射等敏感；pH 4～9时稳定；对热抵抗力较强。真空冷冻干燥的病毒培养物可保存多年。

【流行病学】多种动物都可感染PRV，其中猪最易感，发病也最严重。猪群暴发本病时，犬常先于猪或与猪同时发病。病猪、带毒猪以及带毒鼠类为本病重要传染源。犬、猫常因吃病死鼠肉、病猪内脏经消化道感染。病犬虽有很高的致死率，但不能向外界排毒。一年四季均可发生，尤以冬、春季节多发。

【症状】感染犬的潜伏期为3～6d。初期，患犬精神不振，对周围事物淡漠，不食，蜷缩而卧。之后逐渐发展到情绪不稳，坐立不安，睡眠不宁，毫无目的地往返运动和乱叫。特征性症状是不断地舔、擦皮肤某处，稍后表现奇痒难忍，有抓、咬、舔、搔等表现（图1-3-25），严重时将该处皮肤抓咬得皮开肉绽，继而皮肤出现红斑和溃疡性损伤，叫声悲凉。这种典型形式多取急性经过，常在2d内死亡。

非典型伪狂犬病的病程较长，缺乏典型的奇痒症状，主要表现精神沉郁，虚弱，不断呻吟，时而呆望身体某处，显示该处疼痛。且有节奏型摇尾，面部肌肉抽搐，瞳孔大小不一等症状。

狂躁型伪狂犬病主要表现为情绪激动，乱咬各种物体，有攻击行为或在室内乱撞，抗拒触摸。因咽部麻痹不能吞咽，不断流涎。两眼瞳孔大小不等。反射性兴奋增高，后期降低。

不论以上哪一种类型，到病程后期都会出现头颈部和唇肌肉痉挛，最后出现呼吸困难、痉挛死亡，病程常为1～2d，病死率高达100%。

图1-3-25 伪狂犬病症状（患犬奇痒难忍，狂躁不安，撕咬患部）

感染猫的潜伏期为1～9d。初期表现嗜睡、精神沉郁、不安、有攻击行为、抗拒触摸，之后病情迅速发展，表现为过分吞食，唾液增多、呕吐、无目的地乱叫，病后期表现较严重的神经症状，感觉过敏、摩擦脸部。奇痒并导致自咬。这种典型伪狂犬病多取急性经过，患病动物常在3d内死亡。非典型伪狂犬病占感染猫的40%，病程较长，缺乏典型的奇痒症状。主要表现为沉郁、虚弱、吞食等症状。但节奏性摇尾、面部肌肉抽搐、瞳孔不均等现象在两种形式的病程中均可能见到。

【病理变化】脑膜明显充血，脑脊髓液增多。表现为弥散性非化脓性脑膜脑炎及神经节炎。肺水肿。脑神经细胞和星状细胞内可见到核内包含体。

【诊断】根据流行病学和临床症状，结合用荧光抗体的方法或血清学方法及PCR技术确诊。

【预防】防止与患病动物接触，尤其要避免给犬和猫饲喂生猪肉，更不能喂病死猪肉。除非在疫区，通常不进行免疫。疫区可试用“伪狂犬病弱毒疫苗”对4月龄以上的犬肌内注射0.2mL；大于1岁的犬为0.5 mL，3周后再接种1次，剂量为1 mL。

【治疗】本病尚无特效疗法。对无治疗价值的患犬应及早扑杀，作无害化处理。对名贵种犬，早期应用抗伪狂犬病高免血清治疗，可取得一定疗效。防止继发感染，可用磺胺类药物。人对PRV不易感，仅有个别人感染后会出现皮肤剧痒现象，通常不引起死亡。

课后思考题

一、填空题

1. 伪狂犬病可感染多种动物，但________最易感，犬、猫主要是经________感染。

2. 犬、猫感染伪狂犬病后，在脑神经细胞和星状细胞内可见到________。

二、简答题

伪狂犬病的主要临床表现有哪些？

工作任务8 猫泛白细胞减少症

猫泛白细胞减少症（FP），又称猫瘟热或猫传染性肠炎，是由猫细小病毒引起的猫的一种急性、高度接触性、致死性传染病。主要发生于1岁以内的幼猫，特别是2～5月龄的猫

最易感。主要表现为双相高热、呕吐、腹泻、高度脱水、白细胞数显著减少和出血性肠炎。是家猫最常见的传染病之一，幼猫感染后死亡率极高。

【病原】猫细小病毒，属细小病毒科、细小病毒属成员。核酸类型为单股 RNA，病毒在细胞核内增殖，可在猫肾、肺原代细胞中良好生长，且产生细胞病变及伴有核内包含体。

病毒对外界因素具有极强的抵抗力，能耐受 56℃、30min 的加热处理，对 pH3～9 的条件具有一定的耐受力。有机物内的病毒，在室温可存活 1 年。对 70%乙醇、有机碘化物、酚制剂和季铵盐溶液也具有较高的抵抗力。本病毒仅有 1 个血清型，血凝性较弱，只能在 4℃和 37℃条件下凝集猴和猪的红细胞。

【流行病学】

(1) 各种年龄的猫都可感染，1 岁以内的猫发病率高达 83.5%，2～5 月龄的猫最易感。随年龄的增长，发病率降低。3 岁以上的猫发病率仅为 2%。

(2) 自然条件下本病为散发，在养猫集中的地方呈暴发流行，而且传播速度快，多数呈急性经过，病死率极高。

(3) 本病多发生于冬末、春初，据报道，12 月至翌年 3 月的发病率占全年的 55.8% 以上。

(4) 本病主要通过与感染猫或其带毒的分泌物、排泄物接触而传染。康复猫粪、尿内仍带毒可达 6 周之久，成为传染源。本病也可通过呼吸道、消化道传染，也可经胎盘垂直传播。蚤、虱、螨等节肢昆虫也可成为主要的传播媒介。

(5) 若猫经长途运输、饲养条件骤变以及与来源不明的猫混杂饲养，常引起急性暴发。病死率可达 90%以上。

【症状】该病潜伏期 2～9d，临床症状与年龄及病毒毒力有关。几个月的幼猫多呈急性发病，体温升高，达 40℃以上，呕吐，很多猫不出现任何症状，突然死亡，常被误判为中毒。6 月龄以上的猫大多呈亚急性临床经过，首先体温升高至 40℃左右，1～2d 后降到常温，3～4d 后体温再次升高，即双相热型。病猫精神不振，厌食，顽固性呕吐，呕吐物初为无色黏液，后期为含泡沫的黄绿色黏液，口腔及眼、鼻有黏性分泌物，第三眼睑突出（图 1-3-26），排血水样便，严重脱水，贫血。妊娠猫常发生流产、早产、死胎。

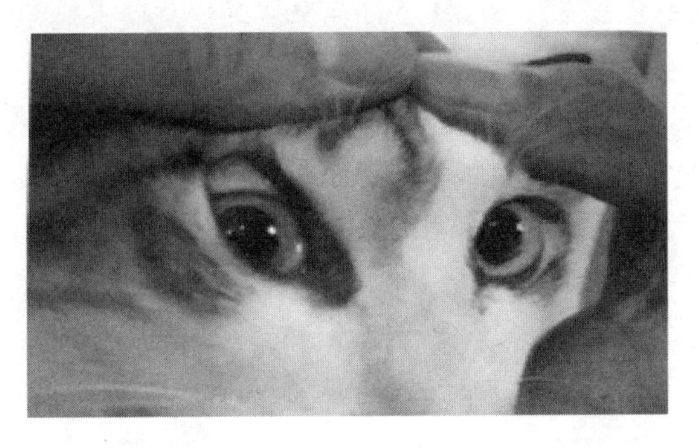

猫泛白细胞减少症

图 1-3-26 猫泛白细胞减少症症状（眼球下陷，结膜苍白，第三眼睑突出）

【病理变化】病死猫可见尸体明显脱水和消瘦；主要病变在肠，尤其是小肠，呈出血性肠炎病变，小肠黏膜水肿，个别肠黏膜上附有假膜；小肠内容物恶臭，呈水样；肠系膜淋巴结充血肿胀；另一特征性变化是长骨髓呈红色胶冻样变化。肝肿大，呈红褐色；脾出血；肺充血、出血和水肿。

【诊断】根据患猫双相热型、频繁呕吐及异常姿势，可怀疑本病。实验室检验猫白细胞数对本病有重要诊断意义。血液中白细胞数可减少到 2.0×10⁹ 个/L [正常猫为（15～20）×10⁹ 个/L]。一般减少到 5.0×10⁹ 个/L 以下为重症，2.0×10⁹ 个/L 以下多预后不良。该病毒具有凝集猪红细胞的特性，可采用血凝抑制试验进行血清学诊断。

猫细小病毒的抗原检测

【预防】搞好猫舍环境卫生和免疫接种。可采用猫瘟-猫病毒性鼻气管炎-猫杯状病毒病三联苗，可预防本病的发生。免疫方法为：9 周龄时首免，12 周龄时复免，以后每年加免 1 次。

【治疗】目前对本病尚无特效药物，亦缺乏有效疗法。一般多采取以下综合措施。

（1）特异疗法。通常在病初注射大剂量抗病毒血清、干扰素、免疫球蛋白等生物制剂，多可获一定疗效。

（2）抗菌疗法。注射庆大霉素、卡那霉素等广谱抗生素，以控制混合感染或继发感染。

（3）对症疗法。①脱水：静脉注射加有 B 族维生素和维生素 C 的 5%葡萄糖生理盐水 50～100mL，分 2 次注射。②呕吐不止：按猫每千克体重 0.5mL 的剂量，肌内注射溴米那普鲁卡因注射液（爱茂尔）、维生素 B_1 各 0.5mL，每日分 2 次注射。

课后思考题

一、选择题

1. 猫细小病毒血清型有（　）个。

A. 1　　B. 2　　C. 3　　D. 4　　E. 5

2. 猫细小病毒最易感的年龄阶段是（　）。

A. 断乳前的幼龄猫　　B. 断乳前后的幼猫　　C. 2～5 月龄幼猫

D. 1～2 岁的青年猫　　E. 5 岁以后的成年猫

3. 预防猫泛白细胞减少症最有效的方法是（　）。

A. 注射猫细小病毒高免血清　　B. 接种猫细小病毒弱毒疫苗

C. 严格环境消毒　　D. 高免血清与疫苗联合应用

E. 注射免疫球蛋白

4. 一只 5 月龄猫，食欲废绝，呕吐，体温 40.5℃，24h 后降至正常，经 2d 后体温再次上升，同时临床症状加剧。血常规检查白细胞总数减少，最可能诊断是（　）。

A. 猫胃炎　　B. 猫瘟热　　C. 猫肠炎　　D. 猫胰腺炎　　E. 猫免疫缺陷症

二、简答题

猫泛白细胞减少症的临床症状是什么？如何诊断和防控？

工作任务9　猫传染性鼻气管炎

猫传染性鼻气管炎是由猫疱疹病毒 1 型（FHV-1）引起的猫的一种急性、高度接触性上呼吸道疾病，以角膜（结膜）炎、发热、频繁打喷嚏，精神沉郁和鼻、眼流出分泌物为特征。主要

侵害仔猫，发病率可达100%，死亡率约50%，成年猫不发生死亡。一般以接触或飞沫传染为主，分泌物具有传染性；妊娠母猫若感染此病，则病毒会经胎盘感染胎儿，甚至造成流产。

【病原】猫传染性鼻气管炎病毒（FHV-1）在分类上属于疱疹病毒科，甲型疱疹病毒亚科，具有疱疹病毒的一般特征，为双股DNA病毒。病毒能在猫的鼻、咽、喉、气管、黏膜、舌的上皮细胞内增殖，从而引起急性的上呼吸道炎症。

猫传染性鼻气管炎病毒可吸附和凝集猫红细胞，可用红细胞凝集试验及红细胞凝集抑制试验检测病毒抗原和抗体，为临床诊断提供依据。猫传染性鼻气管炎病毒仅有1个血清型。它与猫泛白细胞减少症病毒、传染性牛鼻气管炎病毒、伪狂犬病病毒、猫杯状病毒及人单纯疱疹病毒均无交叉反应。

FHV-1对外界环境抵抗力弱，对酸、热和脂溶剂敏感，甲醛和酚可将其灭活。在干燥条件下12h可灭活，在−60℃条件下可存活3个月，在56℃经4～5min可灭活。

【流行病学】本病主要感染猫，尤其侵害仔猫。病猫和带毒的猫是主要的传染源。猫传染性鼻气管炎病毒主要通过接触传染，病毒经鼻、眼、咽的分泌物排出，易感猫通过鼻与鼻的直接接触及吸入含病毒的飞沫经呼吸道感染。据报道，在静止的空气中，即使距离1m远也能传播感染。自然康复或人工接种的耐过猫，能长期带毒和排毒，成为危险的传染源，而且是目前此病能够大面积流行且越演越烈的主要原因。

【症状】本病的潜伏期为2～6d。幼猫比成年猫易感且症状严重。患猫突然发病，体温升高至40℃左右，并且呈稽留热，数天不退，上呼吸道症状明显，阵发性咳嗽和打喷嚏，鼻部有浆液性和脓性分泌物，结膜炎症状明显，畏光、流泪。精神沉郁、食欲减退或不食、进行性消瘦。鼻液和泪液的特点，初期为透明液体，随病程发展，变为黏脓性的分泌物。部分患猫可见角膜树枝状充血，结膜水肿。舌、硬腭及软腭、口唇可见溃疡，溃疡初期表现为水疱，2～3d后破溃，上皮变黄、脱落，出现典型的溃疡灶。慢性病例可见慢性鼻窦炎、溃疡性结膜炎和全眼球炎症状，严重者可失明。血象变化：发病初期可见白细胞数量低于正常值，淋巴细胞数量降低。

生殖器官感染FHV-1时，可导致阴道炎和子宫颈炎，并发生短期内不孕。妊娠猫感染后常不出现典型的上呼吸道症状，但能造成死胎或流产，即便顺产，所产幼猫多伴有呼吸道症状，体质衰弱，易出现死亡。

【病理变化】该病主要病变在上呼吸道。病初鼻腔、鼻甲骨、喉头和气管黏膜呈弥漫性充血。较严重病例，鼻腔、鼻甲骨黏膜坏死，眼结膜、扁桃体、会厌软骨、喉头、气管、支气管甚至细支气管的部分黏膜上皮也发生局灶性坏死。坏死区上皮细胞中可见大量的嗜酸性核内包含体。慢性病例可见鼻窦炎病变。

【诊断】根据流行病学特点和临床症状，可做出初步判断。如需确诊，必须进行实验室检查，如病毒分离鉴定、包含体检查和血清学诊断。

（1）包含体检查。采病猫上呼吸道黏膜上皮细胞，进行包含体染色，可见典型的嗜酸性核内包含体。

（2）血清学诊断。取病猫结膜和上呼吸道黏膜做成涂片，进行特异荧光抗体染色镜检。

（3）最可靠的诊断是分离病毒。在急性发热期，以灭菌棉拭子在鼻、咽、喉头和结膜部取样，接种于原代猫肾细胞，逐日观察有无细胞病变，对新分离病毒，可用已知FHV-1免疫血清进行中和试验鉴定。

【预防】目前美国已有猫传染性鼻气管炎病毒弱毒苗可供应用。猫 60～84 日龄时首免，肌内注射，以后每隔半年免疫 1 次。患有此病的猫，即使痊愈也可能终身带毒。带毒猫不能留作种用，因为分娩常是促进带毒母猫排出病毒的应激因素之一，进而造成新生仔猫的感染。平时加强饲养管理，减少猫群的数量和密度，尽量减少应激因素，是预防本病的根本措施。

【治疗】该病目前尚无特效药，主要采用对症疗法和支持疗法。注射猫用抗多病球蛋白有一定疗效。

（1）给猫补充营养。每天灌食营养膏，补充维生素等，提供适口性好的食物，提高食欲。

（2）鼻腔炎症治疗。适量使用抗生素，猫较少发病，可采用最普通的抗生素。服用剂量按照体重比例计算，症状减弱后减少药量至 1/2 原剂量，维持 1 周后可以停药。

（3）鼻气管炎病毒治疗。可选用广谱抗病毒药，特别是人工合成的核苷类药物。三氟胸苷，第一天每小时 1 次，点眼，之后 4h 点眼一次；泛昔洛韦，每千克体重 90mg，口服，每日 3 次，连用 21d；或选用猫干扰素。

（4）辅助抗病毒治疗。左旋赖氨酸，每只猫 250mg，口服，每日 2 次，或每只猫 400mg，口服，每日 1 次，可减少潜伏期感染猫眼睛的自发性病毒排放。

（5）治疗期间注意保暖通风，家里勤消毒，但注意避免猫消毒剂中毒。

课后思考题

简答题

1. 猫传染性鼻气管炎的流行病学特点是什么？如何诊断和防控该病？
2. 猫传染性鼻气管炎的临床症状和病理变化是什么？

工作任务 10　猫杯状病毒病

猫杯状病毒病又称为猫传染性鼻-结膜炎，是猫的一种病毒性上呼吸道传染病，主要表现为上呼吸道症状，即精神沉郁、浆液性和黏液性鼻漏、结膜炎、口腔炎、气管炎、支气管炎，伴有双相热。猫杯状病毒感染是猫的多发病，发病率高，死亡率低。

【病原】猫杯状病毒（FCV）属杯状病毒科、杯状病毒属成员。核酸型为单股 RNA，病毒无囊膜，病毒在细胞质内增殖，有时呈结晶状或串珠状排列。

FCV 对脂溶剂（乙醚、氯仿和脱氧胆碱盐）具有抵抗力；pH 3 时失去活性，pH 4～5 时稳定；50℃经 30min 可灭活。FCV 无血凝性，只有 1 个血清型。

【流行病学】自然条件下，仅猫科动物对此病毒易感，常发生于 56～84 日龄。主要传染源为病猫和带毒猫。患猫在急性期可随分泌物和排泄物排出大量病毒，直接传染易感猫。带毒猫经治疗，症状可消失，但长期排毒，是最危险的传染源。

【症状】感染后的潜伏期为 1～7d，初期发热，体温可达 39.5～40.5℃。

症状的轻重依感染病毒毒力的强弱不同而不同。口腔溃疡是最显著的特征，口腔溃疡以舌和硬腭、腭中裂周围明显，出现大面积的溃疡和肉芽增生，病猫进食困难。病猫精神欠佳、打喷嚏，口腔及鼻腔分泌物增多，流涎，眼鼻分泌物开始为浆液性、4～5d 后为脓性，

角膜发炎、畏光。有的病猫出现鼻镜干燥，龟裂。

病毒毒力较强时，可发生肺炎，表现为呼吸困难，肺部有干性或湿性啰音，3月龄以下幼猫可因肺炎致死。

杯状病毒感染如不继发其他病毒（传染性鼻气管炎病毒）、细菌性感染，大多数能耐过，7～10d后可恢复，往往成为带毒猫。

【病理变化】表现为上呼吸道症状的病猫，可见结膜炎、鼻炎、舌炎及气管炎。舌、腭病变部初为水疱，后期水疱破溃形成溃疡。溃疡的边缘及基底有大量中性粒细胞浸润。肺部可见纤维素性肺炎（仅表现肺炎症状的病猫）及间质性肺炎，后者可见肺泡内蛋白质性渗出物及肺泡巨噬细胞积聚，肺泡及间隔可见单核细胞浸润。

支气管及细支气管内常有单核细胞、脱落的上皮细胞和大量蛋白质性渗出物。继发细菌感染时，则可呈现典型的化脓性支气管肺炎的变化。严重病例，其大脑和小脑的石蜡切片可见中等程度的局灶性神经胶质细胞增生及血管周围套。

【诊断】猫的呼吸道症状可由于多种病原引起，此病的确诊较为困难。当出现特征性口腔溃疡而怀疑本病时，可刮取眼结膜组织或采取扁桃体活组织进行荧光抗体染色，以检测抗原的存在。

【预防】FHV-1、FCV、FPV猫三联疫苗能预防此病。

【治疗】该病无特异性疗法。可应用广谱抗生素防止继发感染和对症治疗。

注意环境的保温与保湿，因患本病时会有口腔炎与舌炎的症状，会使猫疼痛而无法吞食物，因此要注意以输液疗法补充营养与水分，必要时必须强迫饮用牛乳与蛋黄，牙膏状营养剂，甚至采用胃导管补充其所需养分。可在溃疡部涂擦碘甘油或龙胆紫。鼻炎症状明显时可用麻黄碱、氢化可的松和庆大霉素混合滴鼻。出现结膜炎时用5%硼酸溶液洗眼，再用吗啉胍与氯霉素眼药水交替滴眼。

课后思考题

一、填空题

猫杯状病毒感染常发生于__________日龄猫，感染后的潜伏期为__________d，显著特征是______________。

二、简答题

猫杯状病毒感染的临床症状是什么？如何诊断和预防？

工作任务11 猫白血病

猫白血病主要引起家猫自然形成肿瘤，并抑制骨髓和免疫系统的作用。在猫所有的传染病中，该病是传染性最高的一种，健康猫与患猫仅接触一次即可感染此症。

猫白血病是猫常见的非创伤性致死性疾病。主要分为两种：一种表现为淋巴瘤、红细胞性或成髓细胞性白血病；另一种是免疫缺陷性疾病，与前一种细胞异常增殖相反，主要以细胞损害和细胞发育障碍为主，表现胸腺萎缩、淋巴细胞减少、中性粒细胞减少、骨髓红细胞发育障碍而引起贫血。

【病原】猫白血病病毒（FeLV）和猫肉瘤病毒（FeSV）均属反转录病毒科，正反转录病毒亚科，哺乳动物C型反转录病毒属成员。两种病毒结构和形态极其相似，病毒粒子呈圆形或椭圆形，直径为90～110nm，病毒核酸型为单股RNA，含有反转录酶，有囊膜。

猫白血病病毒为完全病毒，遗传信息存在于病毒RNA上，可不依赖于其他病毒完成自身的复制过程。该病毒对乙醚和胆盐敏感，加热56℃、30min可灭活。常用消毒剂及酸性环境（pH<4.5）也可使其灭活。对紫外线有一定的抵抗力。

【流行病学】本病仅发生于猫，幼猫较成年猫易感，尤以4月龄以内的猫易感性最强，无品种、性别差异。病毒主要通过呼吸道、消化道传播。潜伏期的猫可通过唾液排出高浓度的病毒，进入猫体内的病毒可在气管、鼻腔、口腔上皮细胞和唾液腺上皮细胞内复制。一般认为，在自然条件下，消化道比呼吸道传播更易进行。除水平传播外，也可垂直传播，妊娠母猫可经子宫感染胎儿。吸血昆虫也可起到传播媒介的作用。本病病程短，致死率高，约有半数病猫，在发病后4周死亡。

【症状】本病潜伏期较长，症状各异，所以在临床诊断上有一定的困难。常见主要症状如下：

1. 与FeLV相关的肿瘤性疾病

（1）消化道淋巴瘤型。主要以肠道淋巴组织或肠系膜淋巴结出现B细胞淋巴瘤组织为特征。腹外触压内脏可感觉到有不同形状的肿块，肝、肾、脾肿大。临床上可见可视黏膜苍白、贫血、体重减轻、食欲减退，有时有呕吐、腹泻。此型约占全部病例的30%。

（2）多发淋巴瘤型。全身多处淋巴结肿大，体表淋巴结均可触及到（颌下、肩前、膝前及腹股沟等）肿大的硬块。患猫表现消瘦、贫血、减食、精神沉郁等症状。此型约占全部病例的20%。

（3）胸腺淋巴瘤型。瘤细胞常具有T细胞特征，严重的整个胸腺组织被肿瘤组织所代替。有的波及纵隔前部和膈淋巴结，由于纵隔膜及膈淋巴形成肿瘤，压迫胸腔形成胸水，可造成严重呼吸困难，使患猫张口呼吸，致循环障碍，表现十分痛苦。进行X线检查可见胸腔有肿物的存在。临床解剖可见猫纵隔淋巴肿瘤达300～500g。该类型多见于青年猫。

（4）淋巴白血病。该类型常有典型临床症状。初期表现为骨髓细胞异常增生。由于大量白细胞和红细胞引起脾红髓扩张会导致恶性变细胞的扩散及脾肿大、肝肿大、淋巴结轻度至中度肿大。临床上常出现间歇热、食欲下降、机体消瘦、黏膜苍白、黏膜及皮肤上出现出血点，血液检查可见白细胞总数增多。

2. 免疫抑制 由于FeLV所致的免疫抑制引起的感染、贫血和白细胞减少是FeLV阳性猫死亡的主要原因。

【病理变化】本病病理变化复杂。淋巴结肿瘤为主的病猫，常可在病理切片中看到正常淋巴组织被大量含有核仁的淋巴细胞替代。骨髓也可见到大量成淋巴细胞浸润。胸腺淋巴瘤时，剖检可见胸腔有大量积液，涂片检查，可见大量未成熟的淋巴细胞。

【诊断】若病猫持续性腹泻，触诊全身淋巴结肿大，X线或B超检查胸腺出现病理性萎缩，血液及淋巴组织中淋巴细胞减少，经淋巴细胞转化实验证明其细胞免疫功能降低即可做出初步诊断。确诊需进行血清学和病毒学检验。

酶联免疫吸附试验、免疫荧光技术、中和试验、放射免疫测定等方法可检测病猫组织中的 FeLV 抗原及血清中抗体水平，进行 FeLV 的诊断和分型。

【预防】目前已有灭活疫苗可供使用（但国内还没有正式的审批的疫苗），但接种前必须确保猫未被感染，因为疫苗的接种无法清除先前的感染。因此，本病的预防主要依靠加强检疫，隔离和淘汰阳性猫，培养无白血病的健康猫群，加强饲养管理，搞好环境卫生。

【治疗】血清学疗法可治疗 FeLV 引起的肿瘤。放射性疗法可抑制胸腺淋巴肉瘤的生长，对于全身淋巴肉瘤也具有一定疗效。但不管采用何种方法，治疗均不易彻底，且患猫在治疗期及症状消失后均能散毒，而且多数预后不良，因此也有学者不赞成治疗，建议施行安乐死。

课后思考题

一、选择题

猫白血病最易感年龄阶段是（　）。

A. 4 月龄以内　B. 4～6 月龄　C. 6 月龄至 1 岁　D. 1～2 岁青年猫　E. 5 岁以上成年猫

二、简答题

1. 猫白血病有哪些疾病类型？

2. 猫白血病的传播途径有哪些？应怎样预防？

工作任务 12　猫传染性腹膜炎

猫传染性腹膜炎是由猫传染性腹膜炎病毒（FIPV）引起猫的一种慢性、进行性、高度致死性传染病。本病有渗出型（湿型）和非渗出型（干型）两种形式，前者以体腔（尤其是腹腔）内体液蓄积为特征，后者以各种脏器出现肉芽肿病变为主要特征。

【病原】猫传染性腹膜炎病毒为冠状病毒科、冠状病毒属的成员，是有囊膜的 RNA 病毒。可能和猪的传染性胃肠炎病毒、犬冠状病毒（CCV）等来源于同一病毒，是种间交叉传染的变异株。

一般认为猫传染性腹膜炎病毒有 2 个血清型，血清Ⅰ型感染在临床上较多见。病毒不能被 CCV 抗血清中和，在细胞上生长也不好。血清Ⅱ型可能是血清Ⅰ型与 CCV 重组产生的病毒。猫传染性腹膜炎病毒抵抗力较弱，一般常用消毒药均可将其灭活，但在外环境物体表面可保持感染性达 7 周以上。

【流行病学】所有年龄猫均易感，以老龄猫和 2 岁以内的猫多见，6 月龄至 2 岁幼猫最易感。家猫死亡率很低，约为 1/5 000。有些国家病猫死亡率较高，在纯种猫死亡率约达 5%。感染初期猫场中的病猫死亡率甚至可达 4%。青年猫在妊娠、断乳、移入新环境等应激条件下以及感染猫的自身疾病和猫免疫缺陷病等都是促进该病发生的重要因素。

本病可通过接触病猫传播，临床健康带毒者也是重要的传染源之一。以消化道感染为主，也可经媒介传播和垂直传播，昆虫是主要传播媒介。

【症状】该病主要症状是呕吐，倦怠，体温升高至 40℃以上，持续 24h 左右后下降至常温，但经 2～3d 又可上升。在疾病发生初期，渗出型和干燥型症状相似，包括发热、沉郁、食欲不振、嗜睡、有时腹泻，随后出现典型的症状。

1. 渗出型 患猫多于发病 2 个月内死亡。胸腹腔有高蛋白的渗出液，依胸水多少而出现从无症状到气喘或呼吸困难。无痛性腹部膨大用无菌注射器吸出腹水检查时，可见腹水透明、呈淡黄色，有的呈蛋清状，接触空气则很快凝固（图 1-3-27）。雄猫可能会阴囊肿大，出现呕吐或腹泻，中度至重度贫血，临床检查可见脊椎两旁的肌肉进行性、消耗性消瘦，且腹部呈现进行性膨大。

2. 干燥型 该型主要是会造成器官的脓肉芽肿病变，猫会呈现进行性消瘦，眼睛混浊、眼前房蓄脓、缩瞳、视力障碍等症状。少数伴随多发性、进行性神经症状，包括后躯麻痹、痉挛发抖、眼球震颤和个性改变等症状。肝、肾、脾、肺、网膜及淋巴结出现结节病变；腹部触诊可摸到肠系膜淋巴的结节。有的出现贫血、黄疸。

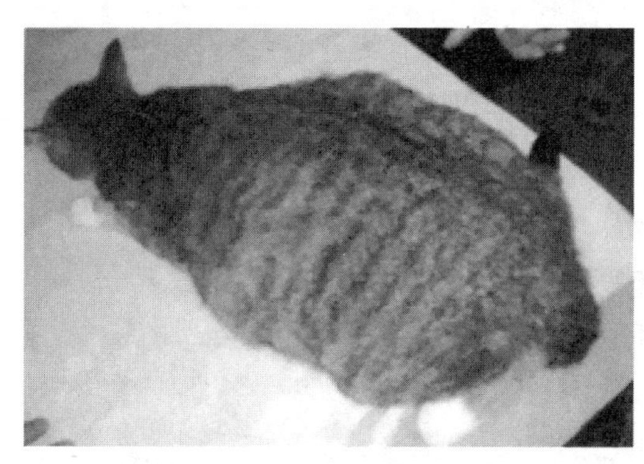

图 1-3-27 猫传染性腹膜炎症状（老龄猫腹腔积液，下腹部两侧对称性膨大）

【病理变化】渗出型主要病理变化是腹水增多，呈淡黄色透明液体，接触空气后即发生凝固。腹膜表面覆有纤维素渗出物，肝、脾、肾表面也附有纤维蛋白。肝表面常有直径为 1～3mm 的坏死灶，并向内深入肝实质中。有的伴有胸腔积液和心包积液。

干燥型病例眼部病变为坏死性和脓性肉芽性眼色素层炎；角膜炎性沉淀和眼前房出血；视网膜出血，血管炎，局部脉络膜视网膜炎。常见到脑水肿，肾表面凹凸不平，有肉芽肿样变化，肝坏死。

【诊断】根据流行病学特点、临床症状和病理变化特点以及血液学检查（发现白细胞减少），可做出初步诊断。确诊需要做病毒分离鉴定和血清学检查。

【预防】

（1）降低环境中粪便感染的机会。一个沙盆只能供给 1～2 只猫用，沙盘和外围环境需每天清洗，沙盆清掉猫沙后，需用 1∶32 的漂白粉溶液或使用热肥皂水清洗消毒。沙盆与食盆应尽量隔开，并置于易清理的地方。

（2）注意饲养密度，每区 8～10 只猫，维持每群 3～4 只猫，以降低粪便的交互感染。尽量饲养于屋内以便能做好控制。

（3）定期做 FIPV 的血清学抗体检测。

①因 FECV 可经由基因重组或变异转成 FIPV，因此控制 FECV 和控制 FIPV 一样重要。

②FIPV 的抗体检测不能被用来诊断 FIP，FIPV 血清学检测结果不能作为环境 FIPV 是

否已被完全根除的指标。

③新成员加入猫群前最好将FIPV阳性与阴性的猫加以区隔。种母猫在分娩前应做血清学检测，阳性母猫于仔猫5～6周龄时就要将其隔离。

④FIPV阳性的猫虽然处于发展成FIP的高危险群中，但通过降低紧迫因子和减少粪便的接触感染，能够降低FIP的发病率。

(4) FIP疫区的繁殖场应将幼猫早期离乳和隔离。幼猫隔离房应于一周内出清并彻底清理与清毒。母猫分娩前1～2周就应搬到隔离产房。幼猫隔离房应有专属的食盆、水盆和沙盆，并应彻底清洁与清毒。

保持干净为此区的首要任务，为避免人为的机械性传播，工作人员进入前应换专属的衣物和鞋子。

【治疗】目前尚无可靠治疗措施，对症治疗和支持治疗可以短期缓解症状，但很快就会恶化，很多病例最终选择安乐死。

病初可用糖皮质激素治疗（泼尼松龙每千克体重1～2mg，口服，每日2～3次），给非再生性贫血的猫输血；对于干燥型病例，可以尝试采用聚异戊二烯免疫刺激剂（每千克体重3mg，口服，每周2～3次）进行控制。

课后思考题

一、填空题

1. 猫传染性腹膜炎有__________和__________两种形式。

2. 猫传染性腹膜炎可经__________、__________或经吸血昆虫叮咬传播，也可经胎盘垂直感染胎儿。

二、简答题

猫传染性腹膜炎的病因是什么？主要临床症状有哪些？

模块4 宠物犬、猫细菌性传染病防控

工作任务1 沙门氏菌病

沙门氏菌病又名副伤寒，是各种动物由沙门氏菌属细菌引起的疾病的总称。临诊上多表现为败血症和肠炎，也可使妊娠母畜发生流产。

【病原】沙门氏菌属是一大类血清学相关的革兰氏阴性杆菌。据新近的分类研究，本属细菌包括肠道沙门氏菌（又称猪霍乱沙门氏菌）和邦戈尔沙门氏菌两个种，前者又分为6个亚种。

沙门氏菌属依据不同的O（菌体）抗原、Vi（荚膜）抗原和H（鞭毛）抗原分为许多血清型。迄今，沙门氏菌共有42个O群，58个Vi抗原，63个H抗原，已有2 500种以上血清型，除了不到10个罕见的血清型属于邦戈尔沙门氏菌外，其余血清型都属于肠道沙门氏菌。

沙门氏菌属的细菌依据其对宿主的感染范围，可分为宿主适应血清型和非宿主适应血清

型两大类。

本属细菌对干燥、腐败、日光等因素具有一定的抵抗力，在外界条件下可以生存数周或数月。对于化学消毒剂的抵抗力不强，一般常用消毒剂和消毒方法均能达到消毒目的。

【症状和病理变化】自然感染的潜伏期为8～20d，平均14d；人工感染的潜伏期为2～5d。

急性经过的患病犬、猫，表现拒食，先兴奋后沉郁，体温升高到41～42℃，轻微波动于整个病期，只有在死前体温才有所下降。大多数患病动物躺卧，走动时多拱腰，两眼流泪。发生腹泻、呕吐，在昏迷状态下死亡。一般需5～10h或延长至2～3d死亡。

亚急性经过后患病犬、猫，主要表现胃肠功能高度紊乱，体温升高至40～41℃，精神沉郁，呼吸浅表频数，食欲丧失。被毛蓬乱无光，眼窝下陷无神，有时出现化脓性结膜炎。少数病例有黏液鼻漏或咳嗽。很快消瘦，腹泻，个别的有呕吐。粪便变为液状或水样，混有大量胶状黏液，个别混有血液，四肢软弱无力，特别是后肢常呈海豹式拖地，起立时后肢不支，时停时蹲，似睡状。病的后期出现后肢不全麻痹。在高度衰竭的情况下，7～14d死亡。常出现黏膜和皮肤黄疸，特别是猪霍乱沙门氏菌感染时更为明显。

慢性经过的病倒，消化功能紊乱，食欲减退，腹泻，粪便混有黏液，逐渐消瘦，贫血，眼睛塌陷，有时出现化脓性结膜炎。患病犬、猫多喜卧，很少运动，走动时步履不稳，行动缓慢。在高度衰竭的情况下，经3～4周死亡。

【流行特点】沙门氏菌属中的许多类型对犬、猫有致病性。各种年龄犬、猫均可感染，但幼年犬、猫较成年者易感。患病犬、猫和带菌者是本病的主要传染源。它们可由粪便、尿、乳汁以及流产的胎儿、胎衣和羊水排出病菌，污染水源和饲料等，经消化道感染健康动物。患病犬、猫与健康犬、猫交配或用患病雄性的精液人工授精可发生感染。此外，子宫内感染也有可能。有人认为鼠类可传播本病。人类感染本病，一般是由于与感染的动物及动物性食品直接或间接接触，人类带菌者也可成为传染源。据观察，临诊上健康的畜禽的带菌现象（特别是鼠伤寒沙门氏菌）相当普遍。病菌可潜藏于消化道、淋巴组织和胆囊内。当外界不良因素使动物抵抗力降低时，病菌可变为活动化而发生内源感染，病菌连续通过若干易感动物，毒力增强而扩大传染。

沙门氏菌病常形成相当复杂的传播循环。患病犬、猫是主要的传染源。有多种传播途径，最常见的是通过胎盘而传播。被感染的幼犬、猫若不加治疗，则会死亡，耐过本病的犬、猫长期带菌，成年后也能产仔，子代又带菌。

【诊断方法】根据流行病学、临诊症状和病理变化，只能做出初步诊断，确诊需从患病犬、猫的血液、内脏器官、粪便，或流产胎儿胃内容物、肝、脾取材，做沙门氏菌的分离和鉴定。近年来，单克隆抗体技术和酶联免疫吸附试验（ELISA）已被用于进行本病的快速诊断。

犬、猫感染沙门氏菌后的隐性带菌和慢性无症状经过较为多见，检出这部分患病犬、猫，是防控本病的重要一环。目前实践中常用血清学方法采取犬、猫的血清做试管凝集试验。

【防治方法】

1. 治疗方法 本病的治疗，可选用经药敏试验有效的抗生素，如土霉素等，并辅以对症治疗。

2. 预防措施

（1）用药期间笼舍每日消毒。

（2）幼犬、猫发病时，可提高室内温度，尽量减少各种应激，改善通风及饲养密度保持室内干燥，切勿潮湿。

（3）若肾尿酸盐结晶严重，可在饲料中添加玉米，以降低饲料蛋白含量。

课后思考题

一、名词解释

沙门氏菌病

二、填空题

1. 沙门氏菌属的细菌依据其对宿主的感染范围，可分为__________和__________两大类。

2. 沙门氏菌病自然感染的潜伏期为__________，人工感染的潜伏期为__________。

三、简答题

1. 沙门氏菌病的主要临床症状有哪些?

2. 简述沙门氏菌病的防治措施。

工作任务2 布鲁氏菌病

布鲁氏菌病是由布鲁氏菌引起的急性或慢性的人兽共患病。其特征是生殖器官或胎膜发炎，引起流产、不育和各种组织的局部病灶。本病广泛分布于世界各地，为自然疫源性疾病。

【病原】布鲁氏菌是属于布鲁氏菌属的革兰氏阴性小杆菌。布鲁氏菌属分为马耳他布鲁氏菌（羊布鲁氏菌）、流产布鲁氏菌（牛布鲁氏菌）、猪布鲁氏菌、绵羊布鲁氏菌、沙林鼠布鲁氏菌、犬布鲁氏菌、海豚布鲁氏菌及海豹布鲁氏菌。在自然条件下引起犬、猫布鲁氏菌病的病原主要是犬布鲁氏菌、马耳他布鲁菌、流产布鲁氏菌和猪布鲁氏菌。

本菌呈球形、球杆状或短杆状，大小为（0.5～0.7）μm×（0.6～1.5）μm。不形成芽孢和荚膜，无鞭毛，无运动性，经柯兹罗夫斯基和改良 Ziehl-Neelsen 染色，可染成红色，背景及杂菌染成蓝色或绿色，是专性需氧菌，对培养基的营养要求比较高，初代分离培养时需要5%～10%的二氧化碳，加血液、血清、组织提取物等，而且生长缓慢，经数代培养后才能在普通培养基、大气环境中生长，且生长良好。在固体培养基上，光滑型菌落无色透明、表面光滑湿润，直径一般为0.5～1.0mm，在光照下，菌落表面有淡黄色的光泽；粗糙型菌落不太透明，呈多颗粒状，有时还出现混浊不透明、黏胶状的黏液型菌落；在培养中还会出现这些菌落的过渡类型。

本菌对自然因素的抵抗力较强，在适当的环境条件下，布鲁氏菌在污染的水和土壤中可存活1～4个月，在皮毛上存活2～4个月，在乳、肉中可存活60d，在粪中存活120d，在流产胎儿中存活至少75d，在子宫渗出物中存活200d。本菌对热敏感，巴氏消毒法可以将其杀死，煮沸立即死亡。直射日光下0.5～4h死亡，0.1%升汞数分钟死亡，3%～5%来苏儿、

2%福尔马林、5%生石灰浆均能在15min内将其杀死。

【症状和病理变化】本病潜伏期长短不一，2周至6个月不等。犬、猫多呈隐性感染，临床症状不典型。流产、不孕不育和睾丸炎是主要临床症状，妊娠后期流产前表现分娩预兆，阴唇和阴道黏膜红肿，流出淡褐色或灰绿色分泌物，流产胎儿可能会发生部分组织自溶、皮下水肿；不发生流产的，妊娠早期胚胎可能死亡，并被母体吸收，进而母犬、猫出现慢性子宫内膜炎，导致屡配不孕；公犬、猫主要表现为睾丸炎、附睾炎、前列腺炎和精子异常等。

除了生殖系统疾病外，犬、猫还可能出现嗜睡、消瘦、眼色素层炎、关节炎和腱鞘炎。

【流行特点】本病的易感动物范围很广，如羊、牛、猪、水牛、野牛、马、犬、猫、狐、狼、野兔、猴、鸡、鸭以及一些啮齿动物等，但主要是羊、牛、猪。犬是犬布鲁氏菌的主要宿主，牛、羊、猪对犬布鲁氏菌的感受性低，但是可传播其他布鲁氏菌给犬。

感染犬、猫是主要的传染源。受感染的母犬在分娩或流产时将大量布鲁氏菌随羊水、胎儿和胎衣排出，流产后的阴道分泌物和乳汁中也含有布鲁氏菌；感染的公犬、猫可自精液及尿液中排菌，在发情季节会成为重要的传染源。排出的病原菌不仅可以通过污染的饲粮、饮水经消化道传播，还可以通过损伤的黏膜、皮肤、呼吸道、眼结膜等途径传播。另外本病还可以通过交配传播、通过胎盘垂直传播，通过蜱的叮咬传播。

人的传染源主要是患病动物，一般不由人传染于人。在我国，人布鲁氏菌病最多的地区是羊布鲁氏菌病严重流行的地区，从人体分离的布鲁氏菌大多数是羊布鲁氏菌。一般牧区人的感染率要高于农区。患者有明显的职业特征。

【诊断方法】根据流行病学资料，流产、胎儿胎衣的病理损害、胎衣滞留以及不育等症状可以做出初步诊断。

患病动物血清中抗体的检查是布鲁氏菌诊断和检疫的主要手段，目前国内以平板凝集试验用于本病的筛选，以试管凝集试验和补体结合试验进行实验室确诊。临床从患病动物的坏死灶、分泌物或流产胎儿胎衣的涂片或触片镜检发现病原菌也可以确诊，条件允许的话，还可以做病原微生物的培养。

为了提高宠物临床诊断的时效性和安全性，目前宠物临床上开始采用胶体金试剂盒和聚合酶链反应（PCR）等新的技术手段对该病进行确诊。

布鲁氏菌病的明显的症状是流产，必须与相同症状的其他疾病鉴别诊断，如弯曲菌病、胎毛滴虫病、钩端螺旋体病、衣原体病、沙门氏菌病以及弓形虫病等都可能导致流产，鉴别的主要关键是病原体的检出及特异抗体的证明。

【防控】犬、猫的布鲁氏菌病目前尚无商品化的疫苗可供使用，主要的预防措施是加强检疫，防止引入患病种犬、猫；提高诊断水平，及时淘汰阳性犬、猫；减少犬、猫与患病动物的接触，特别是患病的牛、羊和猪等动物；发现患病犬、猫，及时隔离，并对污染物及污染场所彻底消毒，并做好相关工作人员的防护工作。

人类布鲁氏菌病的预防，首先要注意职业性感染，凡饲养员、检验化验员和兽医等相关人员，必须严守防护制度（即穿着防护服装，做好消毒工作），特别是在接触出现流产病例时。如有密切接触史的工作人员出现间歇热、全身不适、头疼乏力和关节炎等相关症状时，应当及时就诊。建议高危职业者进行定期的布鲁氏菌病抗体检查。

课后思考题

一、名词解释

布鲁氏菌病

二、填空题

1. 布鲁氏菌病是由__________引起的急性或慢性人兽共患病。
2. 布鲁氏菌病的传染源是__________和__________。

三、简答题

1. 布鲁氏菌病的传播途径是什么？
2. 布鲁氏菌病的主要症状是什么？

工作任务3　钩端螺旋体病

钩端螺旋体病（简称钩体病）是由钩端螺旋体引起的一种重要而复杂的人兽共患病和自然疫源性传染病。临诊表现形式多样，主要有发热、黄疸、血红蛋白尿、出血性素质、流产、皮肤和黏膜坏死、水肿等。

本病在世界各地流行，热带、亚热带地区多发。我国许多省份都有本病的发生和流行，并以盛产水稻的中南、西南、华东等地区发病较多。

【病原】该病病原为钩端螺旋体科、细螺旋体属的似问号钩端螺旋体（图1-4-1）。细螺旋体属共有6个种，其中似问号钩端螺旋体对人和动物有致病性。

根据抗原结构成分可分为23个血清群、200个血清型。我国至今分离出来的致病性钩端螺旋体共有19个血清群，75个血清型。

钩端螺旋体很纤细，中央有一根轴丝，螺旋丝从一端盘绕至另一端，整齐而细密，在暗视野检查时，常似细小的珠链状。革兰氏染色阴性，但常不易着色，常用姬姆萨染色和镀银法染色，以后者较好。

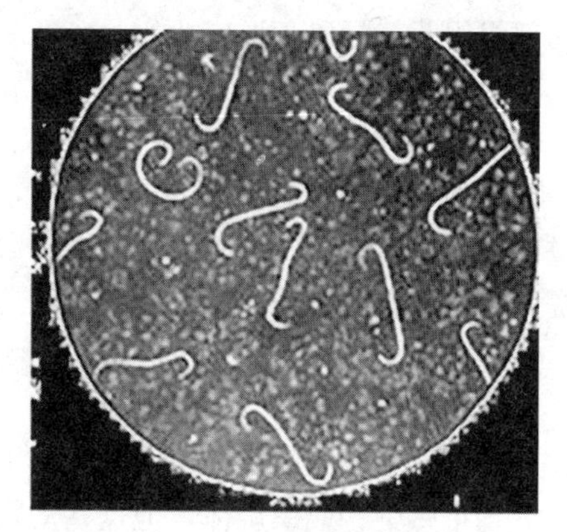
图1-4-1　钩端螺旋体

钩端螺旋体在一般的水田、池塘、沼泽及淤泥中可以生存数月或更长时间，这在本病的传播上有重要意义。适宜的酸碱度为pH 7.0～7.6，对此范围以外的酸和碱均甚敏感，故在水呈酸性或过碱的地区，其危害亦大受限制。一般常用消毒剂的常用浓度均易将其杀死。

【症状和病理变化】不同血清型的钩端螺旋体对各种动物的致病性有差异，动物机体对各种血清型的钩端螺旋体的特异性和非特异性抵抗力又有不同。因此，各种动物感染钩端螺旋体后的临诊表现是多种多样的。总的来说，该病感染率高，发病率低；临诊症状轻的多，临诊症状重的少；多为隐性感染；潜伏期2～20d。

犬表现为发热、嗜睡、呕吐、便血、黄疸、急性肝肾功能损伤及血红蛋白尿等，严重者导致死亡。各种年龄的犬均可感染，以幼犬发病较多，成犬常呈隐性感染，发病率雄犬高于雌犬，潜伏期 5～15d。

急性病例可突然发生，机体衰弱，不食、呕吐、体温升高（39.5～40℃）、精神沉郁、后躯肌肉僵硬和疼痛、不愿起立走动、呼吸困难、可视黏膜出现不同程度的黄疸或出血。一般 2d 内机体衰竭，体温下降死亡。

亚急性病例以发热、呕吐、厌食、脱水黄疸及黏膜坏死为特征，病犬口黏膜可见有不规则的出血斑和黄疸；眼部可见有结膜炎症状，眼角可见有黏液性分泌物；同时可见有咳嗽气喘及呼吸困难。患犬有的表现烦渴多尿等症状，亚急性感染的犬可在 2～3 周后恢复。

慢性病例多以急性或亚急性转归而来。常以慢性肝、肾及胃肠道症状出现，通过对症治疗，大多均可恢复。少数因尿毒症、肝硬化腹水、机体衰竭死亡。

犬剖检可见全身黄染，黏膜、浆膜有点状出血。肝、脾肿大、充血。肾肿大，皮质部点状出血，其内侧有粟粒大乃至米粒大坚硬的病灶，致使肾表面凹凸不平。

【流行特点】钩端螺旋体侵入机体后 12h 即可在肝发现大量菌体，在体温升高以前，菌体主要积聚于肝，心肌和肺中很少见，偶见于肾和肾上腺。菌体侵入血液并进行增殖时，患病动物体温升高，血糖含量降低，红细胞大量崩解，血液中血红蛋白增多，引起溶血性黄疸。

在发热期，菌体在肝和肾中数量增加，使肝变性、坏死，由于肝组织受到破坏，胆红素直接进入血液和组织内，引起实质性黄疸。因此，本病引起的黄疸，属混合性黄疸。随着黄疸的出现，菌体逐渐自血液、肺、心肌、肝内消失，但在肾内数量增加。

此时，体温下降，肾发生变性、坏死和出血，同时随尿不断向外排菌和血红蛋白。在菌体毒素作用下，毛细血管（特别是皮肤和口腔黏膜）发生血栓和周围细胞浸润，血管狭窄，局部组织营养障碍，形成坏死。

致病性钩端螺旋体几乎遍布于世界各地，尤其是气候温暖、雨量较多的热带、亚热带地区的河流两岸、湖泊、沼泽、池塘和水田地带。

钩端螺旋体的动物宿主非常广泛，几乎所有温血动物都可感染，其中啮齿目的鼠类是最重要的贮存宿主。鼠类感染后，大多数呈健康带菌状态，尤以黄胸鼠、沟鼠、黑线姬鼠、罗赛鼠、园鼠等分布较广，带菌率也较高。鼠类带菌时间长达 1～2 年，甚至终生，是本病自然疫源地的主体。

现已证明爬行动物、两栖动物、节肢动物、软体动物和蠕虫等亦可自然感染钩端螺旋体。其中受人注意的是蛙类，蛙类感染后可持续 1 个多月从尿排出钩端螺旋体。蛇、蜥蜴、龟等均可感染钩端螺旋体，但这些动物在流行病学中的作用被认为不如温血动物。

钩端螺旋体侵入动物机体后，进入血液循环，最后定位于肾小管，生长繁殖，间歇地或连续地从尿中排出，污染周围环境（如水源、土壤、饲料、栏圈和用具等），使动物和人感染。鼠类、其他哺乳动物和人的钩端螺旋体感染常常相互交叉传染，构成错综复杂的传染锁链。

低洼湿草地、死水塘、水田、淤泥沼泽等呈中性和微碱性有水的地方，带菌的鼠类、动物的尿污染后成为危险的疫源地。本病主要通过皮肤、黏膜和消化道传染，也可通过交配、人工授精和在菌血症期间通过吸血昆虫等传播。

本病发生于各种年龄的动物，但以幼龄动物发病较多。本病通过直接或间接方式传播，

有明显的流行季节，每年以 7—10 月为流行的高峰期，其他月份常散发。

【诊断方法】本病易感动物种类繁多，钩端螺旋体的血清群和血清型又十分复杂，临诊和病理变化也是多种多样，单靠临诊症状和病理剖检难于确诊，只有结合微生物学和血清学诊断进行综合分析才能确诊。

1. 微生物学检查 在急性病例的高热期，血液及所有的脏器中都有数量不等的菌体存在，当患病动物机体产生一定数量的抗体时，大多数菌体被破坏，只有在抗体难以到达的地方，如肾小管中可以存活下来。体液材料中菌体数量常常很少，检出机会不多，要注意浓缩集菌。生前检查早期用血液，中、后期用脊髓液和尿液。死后检查在 1h 内进行，最迟不得超过 3h，否则组织中的菌体大多数发生溶解。一般采取肝、肾、脾、脑等组织。病料采集后应立即处理，并进行暗视野直接镜检或用荧光抗体法检查，病理组织中的菌体应用姬姆萨染色或镀银染色后检查。有条件时可进行分离培养和动物接种。

2. 血清学诊断

（1）凝集溶解试验。钩端螺旋体可与相应的抗体产生凝集溶解反应。抗体浓度高时发生溶菌现象（在暗视野检查时见不到菌体），抗体浓度低时发生凝集现象（菌体凝集成菊花样）。一般先以被检血清做低倍稀释与各个血清群的标准菌株抗原做初筛试验（或称定性试验），查明被检血清是否有抗体存在及是否具群别。若有反应，再做进一步稀释与已查出的群别各型抗原做定量试验，测定其型别的抗体效价，以判定属于何种血清型的抗体。反过来，用已知抗血清测定从患病动物中分离的菌株属何种血清型，其方法也是一样。

（2）补体结合试验。补体结合试验在钩端螺旋体病的诊断上只有群的特异性，不能用来鉴定血清型。虽然准备试验比较复杂，但本试验一次可以完成大批的血清样本检查，常用于流行病学调查或普查。

（3）酶联免疫吸附（ELISA）试验。国内已用此方法检查钩端螺旋体病患者抗体，证明本法特异性及敏感性高，具有早期诊断意义。有人曾用本法与显微凝集试验做比较，发现本法检出率较高，因此成为一种很有前途的诊断方法。

（4）炭凝集试验。即以活性炭颗粒作为载体的间接凝集试验。既可将已知的钩端螺旋体抗原吸附在炭颗粒上作为炭抗原，以检查未知血清中的抗体；也可将已知的血清抗体吸附在炭颗粒上制成免疫炭血清，以检测未知抗原。炭抗原的抗原性稳定，4℃可保存 8 个月以上，由福尔马林灭活菌体制成，具有群特异性，已广泛用于本病的检疫。

（5）间接血凝试验。本试验具有属特异性，比凝集溶解试验更敏感，能检出血清中微量抗体，可作为本病的早期诊断法。

（6）间接荧光抗体技术。本法只有属特异性而无型特异性。其阳性率较凝集溶解试验要高，但可出现一定比例的非特异性反应。

3. DNA 探针技术 本法从 1984 年开始用于本病的检测。国外有人曾用^{32}P 标记 DNA 探针和生物素标记 DNA 探针进行试验，证明对钩端螺旋体 DNA 的最小识别量分别是 15pg 和 5pg。

4. 聚合酶链式反应（PCR） 较血清学方法敏感，且在 3h 内即可获得结果。

5. 鉴别诊断 本病应注意与附红细胞体病、衣原体病相区别，在肝与肾的急性损伤方面需要与（除草剂）中毒性疾病和腺病毒感染相区别。

【防治方法】治疗钩端螺旋体感染有两种情况，一种是无临诊症状带菌者的治疗，另一种是急性、亚急性患病动物的抢救。

带菌者治疗：一般认为链霉素和四环素类抗生素有一定疗效。群体动物应全群治疗。应用青霉素治疗则必须大剂量才有疗效。

急性、亚急性患病动物的治疗：单纯用大剂量青霉素、链霉素和土霉素等抗生素也往往收不到显著效果。实践证明，在对因治疗的同时结合对症疗法是非常必要的，其中静脉注射葡萄糖、维生素C及应用强心利尿剂对提高治愈率有重要作用。

当动物群发现本病时，及时用钩端螺旋体病多价苗（人用多价疫苗也可应用）进行紧急预防接种，同时实施一般性防疫措施，多数能在两周内控制疫情。

平时防控本病的措施应包括3个部分，即消除带菌、排菌的各种动物（传染源）；消除和清理被污染的水源、场所及用具等以防止传染和散播；实行预防接种和加强饲养管理，提高动物的特异性和非特异性抵抗力。

课后思考题

一、名词解释

钩端螺旋体病

二、填空题

1. 钩端螺旋体病的患病犬表现为发热、嗜睡、呕吐、便血、__________、__________及__________等。

2. 钩端螺旋体病有明显的流行季节，每年以__________月为流行的高峰期。

三、简答题

1. 简述钩端螺旋体病的主要症状。

2. 简述钩端螺旋体病的诊断方法。

工作任务4　莱姆病

莱姆病又称疏螺旋体病，是由疏螺旋体引起人和多种动物的一种由蜱虫传播的自然疫源性传染病。临诊表现以神经系统损害为主要特征。其神经系统损害以脑膜炎、脑炎、颅神经炎、运动和感觉神经炎最为常见。还可见发热、皮肤损伤、关节炎、脑炎、心肌炎等症状。

本病于1974年最先发生于美国康涅狄克州莱姆（Lyme）镇，因而命名为莱姆病。1977年确定为一种独立的疾病，并称为莱姆关节炎。我国于1986年首先在黑龙江省证实有本病存在，迄今已在东北、西北、华北、华东及华中地区的19个省份发生。目前该病分布甚广，已有30多个国家发现有本病存在，对人类健康构成威胁，对畜牧业的发展也有影响，已成为世界性的卫生问题，在国际上受到普遍重视。

【病原】伯氏疏螺旋体是1982年最先从达敏硬蜱中分离到的一种新的疏螺旋体，1984年正式命名。革兰氏染色阴性，用吉姆萨法染色良好。呈弯曲的螺旋状，平均长30μm，直径为0.2～0.4μm，有7个螺旋弯曲，末端尖锐，有多根鞭毛。暗视野下可见菌体做扭曲和翻转运动。本菌微需氧，最适培养温度为33℃。常用BSK培养基进行培养。如在此培养基

内加入1.3%琼脂糖，可形成菌落。菌体生长缓慢，在12～24h内伸长，然后分裂繁殖。

一般从硬蜱体内分离培养菌株较易，从动物体内分离培养则较难。本菌对青霉素、红霉素敏感，而对新霉素、庆大霉素、阿米卡星不敏感，因此可将此类抗生素加入培养基中作为选择培养基，以减少污染，提高分离检出率。

目前的研究表明：在分子水平上的研究证明伯氏疏螺旋体并非是一个同质的菌种。

【症状和病理变化】伯氏疏螺旋体在蜱叮咬动物时，随蜱唾液进入皮肤，也可随蜱粪便污染创口而进人体内，经3～32d潜伏期，病菌在皮肤中扩散，形成皮肤损害，当病菌侵入血液后，引起发热，肢关节肿胀、疼痛，神经系统、心血管系统、肾受损并出现相应的临诊症状。

1. 犬 体温升高，食欲减少，精神沉郁，嗜睡。关节发炎，肿胀。出现急性关节僵硬和跛行，感染早期可能有疼痛表现。急性感染犬一般不出现关节肿大，所以难于确定疼痛部位。跛行常常表现为间歇性，并且从一条腿转移至另一条腿。有的病例出现眼病和神经症状，但更多的病例发生肾功能损伤，如出现蛋白尿、圆柱尿、血尿和脓尿等症状。莱姆病较明显的症状为间歇性非糜烂性关节炎。多数犬反复出现跛行并且多个关节受侵害，腕关节最常见。莱姆病阳性犬可能出现心肌功能障碍，表现为心肌坏死和赘疣状心肌内膜炎。

2. 猫 主要表现发热、厌食、精神沉郁、疲劳、跛行或关节肿胀等临诊症状。

动物常在被蜱叮咬的四肢部位出现脱毛和皮肤剥落现象。在心脏和肾表面可见苍白色斑点，心肌炎、肾小球肾炎及间质性肾炎，腕关节的关节囊显著变厚，含有较多的淡红色浸液，同时有绒毛增生性滑膜炎，有的病例胸腹腔内有大量的液体和纤维素性渗出物，全身淋巴结肿胀。

【流行特点】人和多种动物（牛、马、犬、猫、羊、鹿、白尾鹿、浣熊、兔、狼、狐、多种小型啮齿动物、鸟类和蜥蜴）对本病均有易感性，可成为宿主。已经证明褐家鼠有作为伯氏疏螺旋体储存宿主的能力，其体表的若虫有25%感染了伯氏疏螺旋体。在欧洲，一般认为姬鼠属和鼠平属是主要储存宿主，可终身带菌。

我国血清学调查证实牛、马、羊、犬、鼠等动物存在莱姆病感染，不同地区以及不同种动物感染存在较大的差异。已从棕背鼠、大林姬鼠、小林姬鼠、黑线姬鼠、社鼠、花鼠、白腹巨鼠等7种野鼠和华南兔分离出伯氏疏螺旋体，从种群数量和感染率分析，北方林区姬鼠属和鼠平属可能是主要储存宿主。从黑线姬鼠和白腹巨鼠的胎鼠分离到莱姆病螺旋体，证实其可通过胎盘垂直传播，这对莱姆病自然疫源地的维持和扩大具有重要意义。作为我国北方林区莱姆病螺旋体的主要生物媒介（全沟硬蜱成虫）的主要供血者之一，犬是否是重要的宿主动物，但有待进一步研究证实。

该病病原体主要以蜱类作为传播媒介。本病的流行与硬蜱的生长活动密切相关，因而具有明显的地区性，在硬蜱能大量生长繁衍的山区、林区、牧区此病多发。同时还具有明显的季节性，多发生于温暖季节，一般多见于6—9月，冬、春很少发生。

硬蜱的感染途径主要是通过叮咬宿主动物，但有些硬蜱还可以经卵垂直传播。有人证实直接接触也能发生感染。

【诊断方法】根据流行特点和临诊表现，可以做出初步诊断，确诊需进行实验室检查。由于本病病原体的分离培养或直接镜检比较困难，因而利用血清学方法检测血样中的抗体是实验室检查的主要方法，目前应用最普遍的是免疫荧光抗体技术和酶联免疫吸附试验，以后者较为敏感。但这两种方法对早期感染的检出率都不高，抗体检测阴性并不能排除病原的存在，此时应结合流行病学调查、试验性治疗、病原体的检查以及追踪观察血清抗体分布情况等进行综合判断。对于出现关节炎和神经临诊症状的动物，用免疫荧光抗体技术能从关节滑液及脑脊液中检测出高滴度的抗体。

【防治方法】目前尚未研究出特异性的预防措施，因此防控本病应避免动物进入有蜱隐匿的灌木丛地区；采取保护措施，防止人和动物被蜱叮咬；受本病威胁的地区，要定期进行检疫，发现病例及时治疗；采取有效措施灭蜱。常用治疗药物有青霉素、红霉素、多西环素、先锋霉素等，大剂量使用，并结合对症治疗，可收到良好疗效。

课后思考题

一、名词解释

莱姆病

二、填空题

1. 莱姆病，病原为__________，主要危害机体的____________。

2. 莱姆病病原体主要通过__________传播。

三、简答题

1. 简述犬莱姆病的主要症状。

2. 简述莱姆病的诊断方法。

工作任务5　大肠杆菌病

大肠杆菌病是大肠埃希氏菌的某些致病性菌株引起的一类人兽共患病的总称（图1-4-2），通常会引起动物腹泻和败血症，特别是幼龄动物。在宠物成年犬、猫上往往还是导致子宫蓄脓的病原菌。

【病原】已知大肠杆菌有菌体（O）抗原171种，表面（K）抗原103种，鞭毛（H）抗原60种，因而构成许多血清型。血清型用O：K：H（如O8：K25：H9）、O：K（如O8：K88）、O：H（如O16：H27）表示。菌毛（F）抗原常被用于血清学鉴定，最常见的血清型K88和K99，现被分别命名为F4和F5型。在引起人和动物肠道疾病的血清型中，有肠致病性大肠杆菌（简称EPEC）、肠毒素性大肠杆菌（简称ETEC）、肠侵袭性大肠杆菌（简称EIEC）、肠出血性大肠杆菌（简称EHEC）。EHEC主型为O157：H7。这种病原菌产生志贺氏毒素样细胞毒素。

【症状】该病潜伏期长短不一，新生仔犬、猫一般1～2d。患病犬、猫表现精神沉郁，体温升高，腹泻，粪便黏稠度不均、有消化不良的凝乳块和气泡、有一定的腐臭味，肛门周围可见被粪便污染。随着病程的发展，会出现脱水、黏膜发绀、全身无力、行动摇摆等症状。

大肠杆菌是成年母犬、猫子宫蓄脓病例分离得到的最常见的细菌。母犬、猫主要表现为体温升高、食欲废绝、嗜睡、呕吐、多饮、多尿等症状，开放性的子宫蓄脓还可见外阴有脓

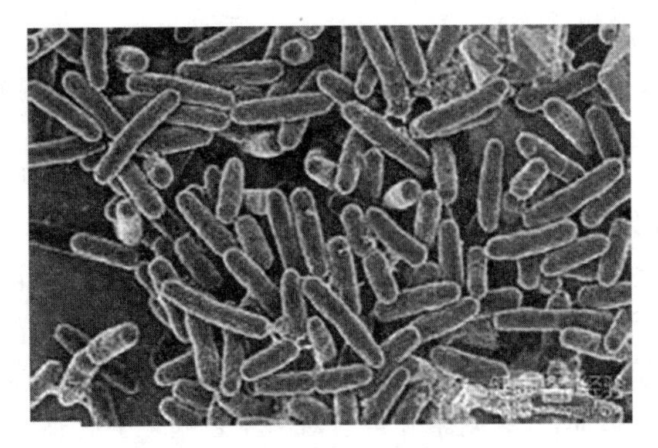

图 1-4-2 电镜下的大肠杆菌

性分泌物。如治疗不及时，可能导致败血症或（和）脓毒血症。

【流行特点】患病动物和带菌者是本病的主要传染源，通过粪便排出病菌，散布于外界，污染水源、饲料等。幼犬、猫相对易感，成年犬、猫发病较少。多数经消化道而感染。本病一年四季均可发生，往往与外界的不良刺激有关，比如寒冷、环境卫生条件差，或继发/伴发于一些消化道疾病。

【诊断方法】根据流行病学特点、临床症状和病理变化可做出初步诊断。确诊需进行细菌学检查。细菌学检查的取材部位：败血型为血液、内脏组织；肠毒血症为小肠前部黏膜；肠型为发炎的肠黏膜。对分离出的大肠杆菌应进行生化反应和血清学鉴定，然后再根据需要，做进一步的检验。

近年来，DNA 探针技术和 PCR 技术已被用来进行大肠杆菌的鉴定。这两种方法被认为是目前最特异、敏感和快速的检测方法。

【预防方法】可使用经药敏试验对分离的大肠杆菌血清型有抑制作用的抗生素和磺胺类药物，如土霉素、磺胺甲基嘧啶等，并辅以对症治疗。控制本病重在预防。妊娠犬、猫应加强产前产后的饲养和护理，幼龄动物应及时吮吸初乳，饲料配比应适当，勿使饥饿或过饱，断乳期饲料不要突然改变。对密闭关养的动物，尤其要防止各种应激因素的不良影响。

课后思考题

一、名词解释

大肠杆菌病

二、填空题

1. 大肠杆菌是一群生物学性状相似的有动力或无动力的革兰氏染色__________无芽孢杆菌，随__________排出体外。

2. 大肠杆菌的抗原构造主要是__________抗原、__________抗原和荚膜（K）抗原。

三、简答题

1. 简述犬、猫大肠杆菌病的主要临床症状。

2. 简述犬、猫大肠杆菌病的防治措施。

工作任务6　支气管败血波氏杆菌病

支气管败血波氏杆菌病是一种地方流行性的细菌性传染病，以呼吸困难、气喘、咳嗽、支气管肺炎为主要特征。本病发病率高，传播迅速，重者可引起死亡。

【病原】支气管败血波氏杆菌是广泛感染多种哺乳动物，能够引起动物呼吸系统疾病的一种病原菌，广泛分布于哺乳动物（包括猪、兔、豚鼠、犬、猫、羊等）。该菌常存在于犬、猫的呼吸道黏膜上，在气候骤变和秋冬之交极易引起发病，有时也感染人，是一种常在病原菌。该菌属于波氏杆菌属，借其黏附素和毒素对宿主致病，引起感染动物的呼吸道疾病，并协同其他病原菌形成严重的肺部混合感染，备受人们的广泛关注。本属细菌成细小的球杆状，单在或成双，很少成链。不产生芽孢，有周鞭毛，需氧。革兰氏染色阴性，常呈两极染色。最适生长温度35～37℃。本菌具有O抗原、K抗原和H抗原。O抗原耐热，为数特异性抗原；K抗原由荚膜抗原和菌毛抗原组成，不耐热，另有少量细胞结合性耐热K抗原。本菌的毒力因子是皮肤坏死毒素（HLT），不耐热，存在于细胞质内，为一种蛋白毒素，在细胞裂解后释放。另外还产生血凝素和脂多糖内毒素，但不产生百日咳毒素。但此菌抵抗力不强，常用消毒剂均对其有效。在液体中，58℃经15min可将其杀死。

【症状和病理变化】患病犬、猫精神萎靡不振，食欲减退，体温升高，呼吸急促，有的呈腹式呼吸，脉搏增数，心音低沉。眼流泪，结膜潮红，眼角有白色分泌物，先流浆液性鼻液然后逐渐变为脓性分泌物。会有时出现剧烈咳嗽，接着是干呕（清除喉中黏液），在运动、采食、夜间时咳嗽尤为明显。

【流行特点】本菌广泛分布于全世界的哺乳动物。本病传播广泛，常呈地方性流行，一般慢性型病例多见，急性败血性死亡病例较少。本病多发于气候易变化的春秋两季，病原是支气管败血波氏杆菌。该菌常存在于动物上呼吸道黏膜上，机体因气候突变、感冒、寄生虫病等因素影响致使抵抗力降低时，或在其他诱因（如灰尘、强烈刺激性气体）的刺激下，使上呼吸道黏膜脆弱等，都易引起发病。

【诊断】根据临床症状和流行病学特点可以做出初步诊断，确诊还要通过实验室诊断方法：

1. 肺组织涂片　革兰氏染色镜检，可见细小呈球杆状的革兰氏阴性杆菌，单在或成对排列。

2. 血清学诊断　可采用凝集试验、免疫扩散试验、免疫荧光抗体技术或酶联免疫吸附试验等进行诊断。

3. 分子生物学技术　进行病原PCR检测。

【治疗】

（1）把患犬安置在安静的环境中，限制其活动，减少兴奋、寒冷等刺激。

（2）抗菌消炎，选用敏感抗生素，如酰胺醇类的氟苯尼考，氨基糖苷类的庆大霉素和四环素类的四环素。

（3）止咳化痰，可以给予氨茶碱雾化给药或口服甘草片等，以缓解咳嗽症状。

（4）对重症者配合静脉输液进行强心补液。

【预防】本病主要以呼吸道感染为主，控制该病要采取综合措施，平时要注意加强饲养

管理，搞好环境卫生，采取疫苗预防接种，发病时及时做出正确诊断，使用敏感药物及时治疗。

课后思考题

一、名词解释

支气管败血波氏杆菌病

二、填空题

1. 支气管败血波氏杆菌病以__________、__________、__________、__________为特征。

2. 支气管败血波氏杆菌病的抗原构造主要是__________抗原、__________抗原和 H 抗原。

三、简答题

1. 简述犬、猫支气管败血波氏杆菌病的主要临床症状。
2. 简述支气管败血波氏杆菌病的诊断方法。

模块5　宠物犬、猫真菌性传染病防控

工作任务1　皮肤癣菌病

皮肤癣菌病（Dermatophytosis）是寄生于犬、猫等多种动物被毛、趾爪角质蛋白组织中的浅部真菌所引起的一种皮肤疾病。主要特征是在皮肤上出现界限明显的脱毛圆斑，潜在性皮肤损伤，具有渗出液、鳞屑或痂、有痒感等。皮肤癣菌病是人兽共患病，简称“癣”。

【病原】目前已报道的浅部真菌的致病菌有 45 种，其中 20 余种能引起人或动物感染，现已发现有 5 种能引起犬、猫感染。猫皮肤癣菌病病原大约 98%是犬小孢子菌，石膏样小孢子菌和须毛癣菌各占 1%。犬皮肤癣菌病 70%由犬小孢子菌引起，石膏样小孢子菌为 20%，须毛癣菌为 10%。

【流行病学】犬、猫皮肤癣菌病的流行和发病受季节、气候、年龄和营养状况等影响较大，炎热潮湿气候发病率比寒冷干燥季节高，但犬小孢子菌能使猫全年感染发病。幼小、年老、体弱及营养差的动物比成年、体质及营养好的动物易发。

皮肤癣菌病的传播途径主要是通过直接接触，或接触被其污染的刷子、梳子、剪刀、铺垫物等媒介物。患病犬、猫能传染给接触它们的其他动物和人，患病人和其他动物也能传染给犬、猫。皮肤癣菌病病原在自然界生存力相当强，如在干燥环境中的犬小孢子菌能存活 13 个月，有些真菌甚至能存活 5～7 年。石膏样小孢子菌是亲土型真菌，不但能在土壤中长期存活，还能繁殖。

皮肤癣菌病痊愈后的动物，对同种和它种病原性真菌具有抵抗力，通常维持几个月到 1.5 年不再被感染。皮肤癣菌病又是一种自限性疾病，患病动物在 1～3 个月内，由于自身状况可不加治疗而自行减轻，直到自愈。

【症状与病变】犬皮肤癣菌病的主要表现是在全身皮肤表面，尤其在面部、耳朵、四肢、趾爪和躯干形成界限明显的圆形脱毛、皮肤渗出和结痂等。石膏样小孢子菌的皮肤损伤比较严重，常引起毛囊破裂、脓性肉芽肿等炎症反应，形成圆形、隆起的结节性病变。病变皮肤伴有鳞屑或痂，继发葡萄球菌感染时，局部会发生渗出性化脓，多见于四肢和颜面部。皮肤癣菌病的全身感染一般正常犬少见，但患免疫缺陷或系统性疾病的成年犬可能发生，主要由石膏样小孢子菌和须毛癣菌引起，表现为大面积的被毛脱落、脂溢性发炎等病变。

猫皮肤癣菌病主要表现为对称性脱毛、瘙痒、毛囊炎等临床症状。犬小孢子菌引起猫肉芽肿性皮炎，须毛癣菌主要引起犬、猫的甲癣，表现为指（趾）甲干燥、开裂、质脆和变形等，常并发细菌感染。

【诊断】根据病史、流行病学特点、临床症状、病理变化可做出初步诊断，确诊需要做实验室检查和真菌培养鉴定等。

1. 伍氏灯检查 用伍氏灯在暗室里照射病变区、脱毛或皮屑，犬小孢子菌感染的毛发可发出苹果绿色荧光，而石膏样小孢子菌感染很少看到荧光，须毛癣菌感染无荧光出现，见图 1-5-1。

2. 直接镜检 采集患病皮肤边缘的被毛或皮屑，放在载玻片上，滴加几滴 10%～20%氢氧化钾溶液，在弱火焰上微热，待其软化透明后，加盖玻片，先用低倍镜（10 倍物镜）观察，找出损伤的毛发，然后高倍镜（40 倍物镜）检查真菌孢子和菌丝。犬小孢子菌感染时，可见许多呈棱状、带刺、壁厚、多分隔的大分生孢子（图 1-5-2）；石膏样小孢子菌感染时，可见呈椭圆形、带刺、壁薄，含有达 6 个分隔的大分生孢子（图 1-5-3）；须毛癣菌感染时，可见毛干外呈链状的分生孢子（图 1-5-4）。

皮肤癣菌病

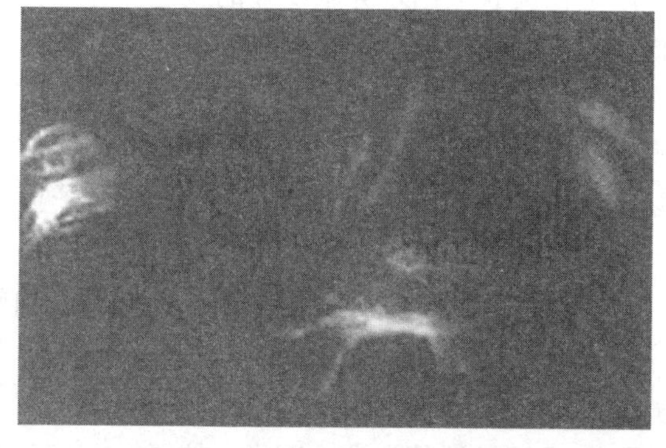

图 1-5-1 犬小孢子菌感染时，在伍氏灯下可见苹果绿荧光
（陈朝礼，2013. 伴侣动物临床皮肤病学）

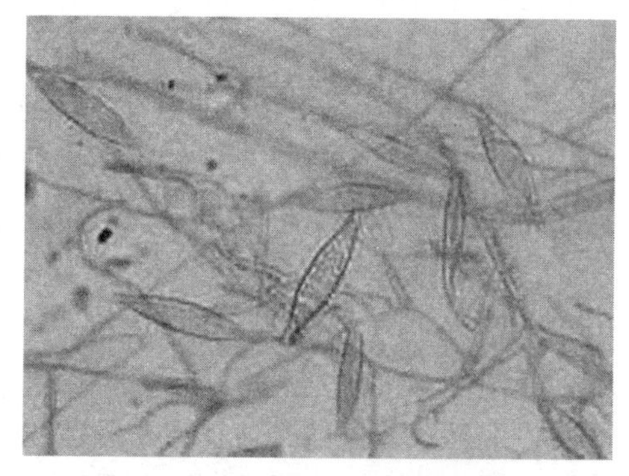

图 1-5-2 犬小孢子菌的大分生孢子
（陈朝礼，2013. 伴侣动物临床皮肤病学）

3. 真菌培养 将被毛、皮屑接种在沙氏葡萄糖琼脂培养基上，在 25℃条件下培养。犬小孢子菌培养 3～4d，有白色到浅黄色菌落生长，1～2 周后有羊毛状菌丝形成，最长需要延长至 3 周才能确定培养结果，表面呈浅黄色绒毛状，中间有粉末状菌丝，背面呈橘黄色为特征，见图 1-5-5。石膏样小孢子菌菌落生长较快，开始为白色菌丝，后成为黄色粉末状菌落，而且边缘不整齐、中央隆起，背面呈红棕色。须毛癣菌菌落有 2 种形态：一种是表面呈奶酪色至浅黄色，背面为浅褐色至黄棕色颗粒状菌落；另一种是长绒毛状的白色菌落，背面为白色、黄色或红棕色的菌落。

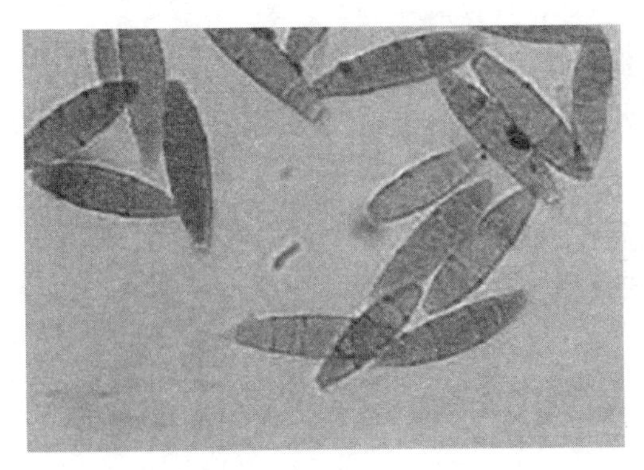

图 1-5-3 石膏样小孢子菌的大分生孢子
（陈朝礼，2013. 伴侣动物临床皮肤病学）

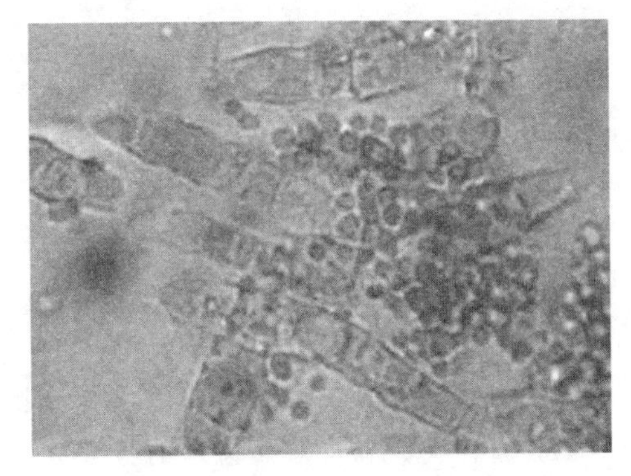

图 1-5-4 须毛癣菌的大分生孢子
（陈朝礼，2013. 伴侣动物临床皮肤病学）

4. 动物接种 选择易感动物，如兔、猫、犬等，先将接种处被毛剃掉、洗净，用细砂纸轻轻擦皮肤（不出血为宜），再取病料或培养菌落抹擦皮肤使之感染。一般几天后就出现阳性反应：发炎、脱毛和结痂等病变。

5. 皮肤癣菌诊断新技术 近几年随着分子生物学的发展，免疫组化、PCR 技术、限制片段长度多态性技术、流式细胞术等已成功地应用于真菌性疾病的诊断。

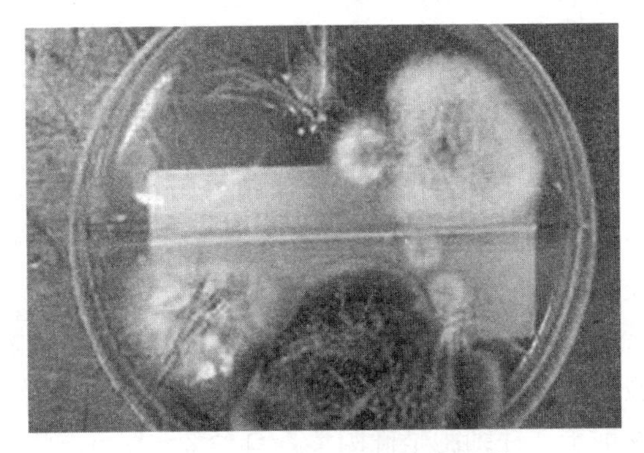

图 1-5-5 犬小孢子菌真菌培养

【防治】目前，皮肤癣菌病的治疗主要是外用药和内服药治疗两种方法。系统性治疗的疗效要优于局部外用药，局部外用药一般在发病早期、局部感染或系统用药受限制时选择使用。

1. 外用药物局部治疗 将患部及周边的被毛剃除，皮屑或结痂等洗净。选择刺激性小，对角质浸透力和抑制真菌作用强的药物。可选用克霉唑软膏、酮康唑软膏、特比萘芬软膏等，也可用 0.5%洗必泰每周洗 2 次。

2. 内服药物系统性治疗 对慢性和严重的皮肤癣菌病，必须内服药物治疗，或内服和外用同时治疗。可选用的治疗药物有：灰黄霉素、酮康唑、伊曲康唑、氟康唑、特比萘芬等。灰黄霉素用量为每千克体重犬 25～100mg，猫每千克体重 20～50mg，与脂肪性食物一起服用，可促进药物的吸收，妊娠动物禁忌使用；酮康唑、氟康唑用量为每千克体重 10mg，口服，每日 1 次；伊曲康唑、特比萘芬用量为每千克体重 10～20mg，混饲，每日 1 次，疗程 2～4 周或更长。

3. 预防 本病感染尚无有效措施，可采取下列几种方式控制传播和降低发病率。

（1）加强营养，饲喂全价日粮，增强动物机体对真菌感染的抵抗力。

（2）发现犬、猫患有皮肤真菌病，应马上隔离，并用洗必泰溶液进行严格消毒杀菌。接触患病动物的人，需要注意防护。

（3）患有皮肤真菌病的人，应及时治疗，以免散播并传染给犬、猫等动物。

（4）动物医院平时要注意卫生，及时消毒，防止发生医源性感染。

课后思考题

一、名词解释

皮肤癣菌病

二、填空题

猫皮肤癣菌病的常见病原是__________；犬皮肤癣菌病的常见病原是__________。

三、简答题

1. 简述犬、猫皮肤癣菌病的主要症状。
2. 简述犬、猫皮肤癣菌病的检查方法。
3. 简述犬、猫皮肤癣菌病的治疗方法。

工作任务2　念珠菌病

念珠菌病是由白色念珠菌（Candida albicans）引起的一种人兽共患的真菌性传染病，俗称“鹅口疮”。主要特征是口腔、咽喉等消化道黏膜上形成黄白色假膜斑，并伴发黏膜炎症。

【病原】念珠菌属种类繁多，以白色念珠菌为主要致人和动物发病的常见病原。本菌为假丝酵母样真菌，在渗出物、病变组织以及培养基上都能产生芽生孢子和假菌丝，不形成有性孢子。芽细胞呈椭圆形，直径2～4μm，革兰氏染色呈阳性。在普通培养基、血琼脂和沙氏琼脂培养基上均可良好生长，25℃培养1～3d，菌落为灰白色或奶油色，随着培养时间的延长，菌落增大、干燥、变硬或有皱褶。此菌在吐温80-玉米琼脂培养基上可长出大而圆的厚膜孢子及芽生孢子，对鉴定白色念珠菌有重要意义。

【流行病学】白色念珠菌为动物体内常在的条件致病菌，其感染发病取决于两个方面：一是通常寄生于动物消化道内的白色念珠菌，当长期使用广谱抗生素、皮质类固醇和免疫抑制剂时较易感染发病，尤其是幼龄和体弱的动物；二是通过与患病犬、猫直接或间接接触感染。本病可侵害皮肤、黏膜和角质，也能侵害内脏并经血液传播。

【症状与病变】发病的犬、猫体温升高1～2℃，精神沉郁，食欲减退，被毛蓬乱且无光泽，眼结膜潮红，多有脓性眼分泌物，鼻镜干燥，口腔有恶臭味，齿龈上覆盖一层黄白色假膜，将假膜剥离后，可见齿根上潜在性溃疡面，患病动物疼痛不安；两颊部有大小不等、隆起的暗红色斑块；胃肠道或泌尿生殖道有时有溃疡，外阴和阴道内有糜烂。有时可转移到支气管和肺，此时会出现咳嗽、胸痛和体温升高等症状。

【诊断】由于犬、猫念珠菌病在临床上缺乏特异性症状，确诊需要根据病原真菌学检查、病史、临床表现等进行综合性诊断。

1. 镜检

（1）直接镜检。无菌刮取患犬口腔黏膜表面的白色干酪样假膜，放在滴有10%氢氧化钾溶液的载玻片上，加盖玻片，在高倍镜下观察，可见卵圆形的出芽菌丝。

（2）染色镜检。将上述标本经革兰氏染色后镜检。可见该菌呈革兰氏染色阳性，着色不均匀。

2. 病原分离培养 无菌采集患犬口腔黏膜表面的白色干酪样假膜，直接画线接种于沙氏琼脂培养基及吐温-玉米琼脂培养基上进行培养。在沙氏琼脂培养基上，经37℃培养48h的菌落为奶油色酵母样、圆形、边缘整齐、中央凸起、光滑、湿润。取该菌落中的培养物经革兰氏染色镜检，可见有成群的芽生孢子及假菌丝。

3. 病理组织学检查 在病变组织切片中可发现真菌孢子、假菌丝以及大量炎性细胞。

4. 血清学检查 琼脂扩散试验、乳胶凝集试验和间接免疫荧光试验对全身性念珠菌感染的诊断有重要意义。

【防治】伊曲康唑可作为治疗念珠菌病的首选药物，每千克体重5～10mg，1～2次/d，疗程2～3周。对口腔或皮肤念珠菌病可应用制霉菌素软膏、两性霉素B或1%碘液等外用；补充维生素A可提高动物机体对念珠菌感染的抵抗力，也可加快疾病的康复速度。同时加强饲养管理，减少应激因素。另外要尽量避免长期使用抗生素、皮质类固醇和免疫抑制剂，以防继发感染念珠菌病。

课后思考题

一、名词解释

鹅口疮

二、填空题

白色念珠菌病可侵害__________、__________和__________，也能侵害__________并经__________传播。

三、简答题

1. 简述犬、猫白色念珠菌病的主要症状。
2. 简述犬、猫白色念珠菌病的检查方法。

工作任务3 隐球菌病

隐球菌病是由新型隐球菌引起的一种真菌性传染病，可感染多种哺乳动物。病原可侵害皮肤、呼吸系统、眼、脑和淋巴结等全身脏器，但以侵害中枢神经系统最常见。

【病原】本病的病原为新型隐球菌，是无菌丝的单芽酵母样细胞。常常以单一芽生方式进行无性繁殖，在病变组织、渗出物和培养基上长成直径5～20μm的圆形、椭圆形菌体，外围包以由多糖荚膜形成的厚壁，形态特征明显。

【流行病学】隐球菌是一种腐物寄生菌，自然界中分布非常广泛，在土壤、腐烂的水果、鸽子的排泄物、健康动物的皮肤和胃肠道中都可以分离到。其中鸽子的排泄物分离率很高，可存活1年以上，因此认为鸽子是本病的重要传播媒介。临床上猫的发病率比犬高，公猫发病率比母猫高，通常为猫白血病的继发病，但无品种和年龄差异。主要是通过呼吸道传播，也可通过皮肤伤口或消化道传播。

【发病机制】理论上，多数病原菌因个体较大不能进入肺内部而停留于鼻腔或咽喉部，而只有对干燥有耐受性的小隐球菌可以进入小支气管和肺泡中引起肺炎症反应。菌体被吸入鼻腔、鼻旁窦，进入肺后刺激机体的细胞免疫反应导致肉芽形成。肉芽性病灶逐渐扩大可压迫周围组织，以后病灶由纤维组织包围或形成纤维疤痕，一般不发生钙化。

【症状与病变】根据新型隐球菌侵害的部位不同，临床症状各异。在猫主要侵害上呼吸道，患猫经常从一侧或两侧鼻孔排出脓性、黏液性或出血性鼻分泌物，并常混有少量颗粒组织。鼻梁肿胀、发硬，有时出现溃疡。偶尔可见口腔或咽喉溃疡。

在犬多侵害中枢神经系统，发病后犬出现精神沉郁，转圈，共济失调，后躯麻痹，瞳孔大小不等，失明以及丧失嗅觉等症状。

隐球菌侵害眼睛可引起前葡萄膜炎、肉芽肿性脉络膜视网膜炎、视神经炎，有时眼前房出血等；侵害皮肤和皮下组织的表现为皮肤丘疹、结节、脓肿和溃疡等，表面可覆盖有渗出性薄膜。

隐球菌病的病变主要是在肺形成肉芽肿，肾、全身淋巴结、甲状腺、肾上腺、胰腺、骨骼、胃肠道、肌肉（心肌）、前列腺、扁桃体等组织器官也有类似的病变。

【诊断】本病的诊断主要是通过实验室检查来确诊。

1. 印度墨汁涂片检测 取脑脊髓液、鼻腔或皮肤渗出液等少许置于玻片上，加一滴印度墨汁混匀后，加盖玻片。镜检观察可见病原具圆形或卵圆形的厚壁孢子，外有一圈肥厚荚膜，边缘清楚完整。

2. PAS（periodic acid-schiff stain）-苏木精染色检测 将样本的组织切片进行 PAS-苏木精染色，镜检观察，可见隐球菌菌体细胞着染，荚膜着色，在细胞周边呈现光环形空白带。

3. 分离培养 将采集到样本接种于沙氏培养基上，于 28～37℃培养，2～4d 开始生长，1 周后，对乳脂状菌落进行分离鉴定。

4. 免疫学检查 可用荧光抗体试验、补体结合试验和乳胶凝集试验进行检验。

【防治】氟康唑是治疗中枢神经系统隐球菌病的首选药物，用量为每天每千克体重 10mg。也可用两性霉素 B 治疗，用量为犬每千克体重 0.5～1mg，猫每千克体重 0.25～0.5mg，加入到 5%葡萄糖中静脉滴注，或与 5-氟胞嘧啶联合应用，联合应用时两性霉素 B 剂量减半，5-氟胞嘧啶用量为每天每千克体重 150mg，分 3～4 次口服。

对于局限性的皮肤隐球菌病可采用手术切除，术后使用全身抗真菌药进行治疗。

课后思考题

一、填空题

隐球菌病可侵害________、________、________、________和________等全身脏器，但以侵害________最常见。

二、简答题

1. 简述犬、猫隐球菌病的主要症状。
2. 简述犬、猫隐球菌病的治疗方法。

工作任务4　曲霉菌病

曲霉菌病是由曲霉菌属的多种真菌引起的人和多种动物共患的传染病。犬主要表现为鼻腔和鼻旁窦组织感染，猫可能导致肺和肠道感染。

【病原】曲霉菌属中病原性真菌种类较多最常见且致病性最强的是烟曲霉菌和土曲霉菌。烟曲霉菌广泛分布于自然界，它们能在植物上、土壤中、人工培养基上和动物体内含有空气的组织中生长繁殖。

烟曲霉菌在沙氏琼脂培养基或血琼脂培养基上37℃培养时生长快。菌落初为白色绒毛状，经24～30h后开始形成孢子，菌落呈面粉状、浅灰色、深绿色、黑蓝色，而菌落周边仍呈白色。曲霉菌为有隔呈分枝状菌丝，菌丝末端生出连锁状分生孢子。

【流行病学】曲霉菌广泛存在于自然界，在动物舍的地面、污水、垫草、用具和空气中都含有大量的烟曲霉孢子。主要是通过空气和呼吸进入鼻腔，偶尔可进入深部呼吸道引起感染发病。特别是在机体免疫力降低，或长期应用皮质类固醇药物时，易诱发本病，如猫曲霉菌病多为继发于猫泛白细胞减少症。犬曲霉菌病多见于长头型品种犬，如苏格兰牧羊长毛犬、德国牧羊犬似乎更易感。目前尚未有动物传染给人的报道。

【症状与病变】犬常常以鼻腔曲霉菌病较多见，主要表现咳嗽、打喷嚏、鼻孔溃疡、单侧或双侧鼻腔有黏液性或带血的脓性分泌物、筛骨损伤以及鼻出血等。临诊上犬在免疫缺陷和免疫抑制时，常引起土曲霉菌感染，导致脊椎骨髓炎、椎间盘炎等，主要表现为精神沉郁、食欲减退、消瘦、脊椎疼痛和进行性瘫痪或跛行，也可引起外用淋巴结炎、肾、脾和肝感染。

猫曲霉菌感染主要引起肺部症状，病猫出现咳嗽、打喷嚏，也可出现肠道、鼻道、尿道等单个器官感染。喉头附近的气管黏膜处有黑色物质附着，双肺布满针尖状小黑点，严重的甚至有淤血、气肿、萎缩、坏死，丧失呼吸功能。肝边缘有乳白色针尖状小点。心脏表面有较多出血点。

【诊断】根据流行病学特点、临诊表现，可做出初步诊断。慢性感染引起的鼻甲骨溶解，可用X线检查，确诊需借助实验室检查。微生物学检查可取鼻腔分泌物、肺部结节或穿刺组织，进行切片或压片，镜检。在高倍镜下观察，可见分隔菌丝、分生孢子结构。琼脂扩散试验也可辅助诊断，国外已有相应的商品化试剂盒，但可能会出现5%～15%的假阳性或假阴性结果。

【防治】对鼻曲霉菌病可局部位用克霉唑滴鼻，但该药物可引起打喷嚏或治疗数天后鼻腔出现带血分泌液，严重时甚至出现神经症状等副作用。为了避免此类副作用，可利用额窦圆锯术将药物直接送入鼻前窦或通过鼻孔给药。此外，氟康唑或伊曲康唑进行全身治疗也有一定的作用，但治疗费用较高，治愈率较低，只有50%左右。

课后思考题

一、填空题

1. 犬曲霉菌病主要表现为__________和__________感染，猫可能导致__________和__________感染。

2. 曲霉菌属中病原性真菌种类较多、最常见且致病性最强的是__________和__________。

二、简答题

简述犬、猫曲霉菌病的主要症状。

模块6　宠物犬、猫其他传染病防控

工作任务1　犬埃立克体病

犬埃立克体病是由严格细胞内寄生的革兰氏阴性球杆菌——埃利希氏体引起的犬急、慢性传染病，由于埃立希氏体主要对白细胞和脾等造成损伤，病犬表现为免疫力低下，极度消瘦。犬埃立克体病也被称为犬的艾滋病。

【病原】本病的病原属于立克次氏体目、立克次氏体科、埃利希氏体属，基本分为三个基因群：犬埃利希氏体、嗜吞噬细胞埃利希氏体和腺热埃利希氏体。革兰氏染色阴性，呈球形或杆状，以单个或多个形式寄生于单核白细胞内和中性粒细胞的细胞质内膜空泡内，在宿主细胞质内以二分裂方式生长繁殖。本菌的繁殖分为原体、始体和桑葚状集落3个阶段。姬姆萨染色呈蓝色，对理化因素抵抗力较弱，氯霉素、金霉素和四环素等广谱抗生素能抑制其繁殖。

【流行病学】犬埃立克体病是全球性疾病，蜱为主要传播媒介，世界上第一例犬埃立克氏体病是在阿尔及利亚发现的，饲养在露天犬舍的实验犬感染了大量血红扇头蜱，然后犬发生了以发热、出血为主的特征的传染病。蜱是埃利希氏体的储存宿主和传播媒介，蜱在被感染后可长期传播此疾病。患病犬在2～3周最易发生犬—蜱传递，从而很快造成局部流行，见图1-6-1。

该病的发生与蜱的活跃程度密切相关，季节性明显，我国主要发生在夏末秋初。各品种犬中均发现该病例；易感性方面，牧羊犬最敏感，比格犬次之；在年龄方面各年龄段都可以感染，幼龄犬死亡率高。

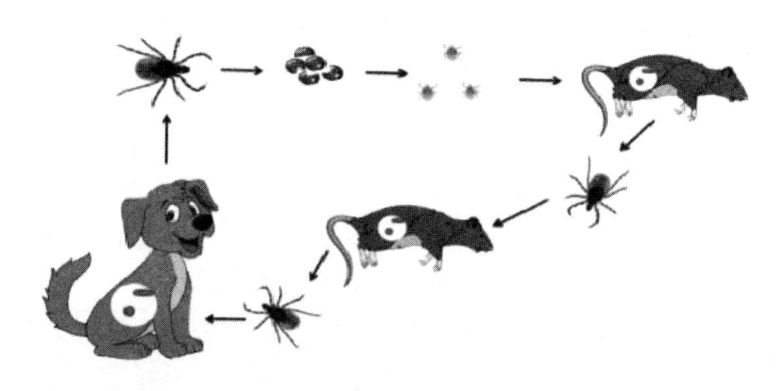

图1-6-1　犬埃立克体病传播途径

【临床症状】犬埃立克体病急性期主要为临床症状表现为发热、出血、淋巴结和脾肿大，在急性期误诊或未得到正确治疗则转为慢性期，个别犬转为亚临床期，亚临床期的犬同样具有传染性，慢性期持续数月，主要以贫血、出血为特征，临床症状为鼻腔出血并伴有精神沉郁、厌食、极度消瘦、眼结膜苍白等，部分犬呕吐，四肢关节肿大。严重的犬呕吐物中带有鲜红色血液。鼻腔出血程度因个体不同而有差异，有的犬鼻腔出血次数少（15～30d一次）但量多，一次出血30～50mL；有的病犬鼻腔出血每日一次但出血量少，每次3～5mL。病情严重的犬最后死于全身广泛性出血或继发生细菌感染。

（一）实验室检查

1. 血清学检查 主要包括间接免疫荧光试验、ELISA、补体结合试验。采用间接免疫荧光试验查到埃立克体抗体阳性可确诊。

2. 细胞涂片 取离心抗凝血的白细胞层涂片，姬姆萨染色，可在细胞质内见到呈蓝紫色的病原集落，见图1-6-2。

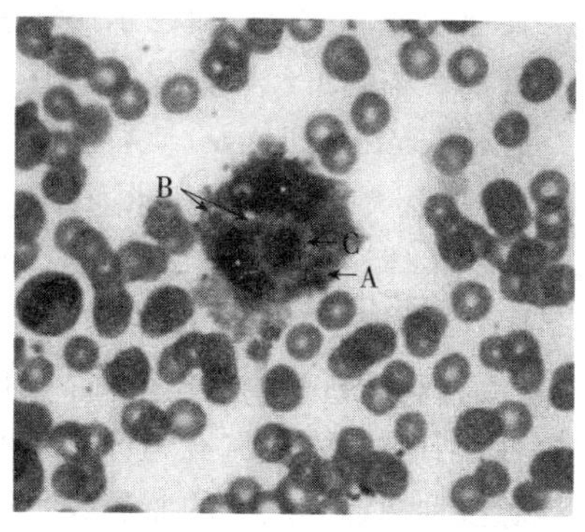

图1-6-2 白细胞涂片
A. 蓝紫色病原集落 B. 内膜空泡 C细胞核

3. 分子生物学检查 用PCR法检测标本中的立克次体DNA，是目前最为快速、敏感及特异性高的实验室检查方法，适宜急性型的早期诊断。

（二）非特异性检查

非特异性检查包括血常规，尿常规，肝、肾功能，血沉（ESR）检查。患病动物白细胞减少，淋巴细胞绝对数降低，血小板减少，肝功能异常，在病程第1周末即可出现丙氨酸转氨酶（ALT）及天冬氨酸转氨酶（AST）升至峰值，在淋巴细胞和单核细胞或中性粒细胞中可见桑葚状包含体。

【治疗】本病对四环素类抗生素敏感，用药1～2d后退热，首选药为盐酸多西环素，用量为犬每千克体重22mg，3次/d，连用14d；猫每千克体重16mg，3次/d，连用21d。如对四环素类药物过敏，可选用利福平替代，研究表明犬服用盐酸多西环素1周后，大多数病犬可以治好，对严重的犬可以采用盐酸多西环素和咪多卡二丙酸盐的联合用药效果更好。

【预防】本病目前并无疫苗。蜱是本病的传播媒介，因此对犬舍进行全面彻底灭蜱，对本病的预防具有重要意义。另外，及时发现患病犬、猫并进行隔离和治疗，也是预防该病的重要措施。

课后思考题

一、名词解释

犬埃立克体病

二、填空题

1. 犬埃立克体病主要是由__________传播的，以损害犬的__________和__________为主的一类疾病。

2. 犬埃立克体病的主要临床症状是__________、__________、__________和脾肿大。

三、判断题

（ ）1. 犬埃立克体病的传播需要中间宿主。

（ ）2. 犬埃立克体病对四环素类药物不敏感。

四、简答题

1. 简述犬埃立克体病的主要临床症状。

2. 简述犬埃立克体病的防治措施。

工作任务2　血巴尔通体病

血巴尔通体病是由血巴尔通体引起的猫和犬以免疫介导性红细胞损伤，贫血和死亡为特征的疾病。本病可经吸血昆虫和医源性输血等途径感染。人感染血巴尔通体常称为“猫抓病”（cat scratch disease）。本病存在于世界各地。

【病原】犬和猫的血巴尔通体病的病原分别为犬血巴尔通体和猫血巴尔通体，属立克次体目、无浆体科、血巴尔通体属。血巴尔通体是附着在红细胞表面的多形性病原，革兰氏染色呈阴性，没有细胞壁。

【流行病学】感染血巴尔通体的猫和犬是本病的主要传染源。将血巴尔通体经静脉、腹腔接种和口服感染性血液均可复制本病，因此本病主要通过血液传播，其传播方式主要是通过静脉接种病猫和病犬的血液或是蚤、蜱类等昆虫进行吸血传播。此外，猫、犬咬伤也可能发生传染。另外，发病的母猫所产幼猫可被感染，因此应考虑有发生子宫内感染的可能。

所有年龄段的猫、犬都可以感染本病，其易感性、症状与年龄、健康状况、感染病原的种类有关。感染猫、犬常不表现明显的临诊症状，但伴发免疫介导性疾病或者反转录病毒感染时会暴发本病。

【临床症状】猫患血巴尔通体病时主要表现慢性贫血、苍白、消瘦、厌食，偶尔发生脾肿大或黄疸，但贫血程度和发病速度有所不同。而许多被感染猫出现库姆斯（Coombs）试验阳性结果，表明感染诱导产生了抗红细胞抗体。

急性感染的猫，可出现持续发热2～3周，同时伴有嗜睡，对外界环境刺激无反应，四肢轻微反射消失等症状。若不进行治疗，约1/3可因发生严重贫血而死亡，自然康复者可能复发立克次体血症，并在数月至数年内保持慢性感染状态。慢性感染带菌猫，外表正常，但可出现轻度再生障碍性贫血、免疫抑制，如猫白血病病毒感染、脾切除或使用皮质类固醇药物等可能加重本病的易感性和疾病的严重程度，并影响血涂片中立克次体的观察。

患犬多为亚临诊感染，一般不出现临诊症状。有的感染犬可出现心内膜炎、肉芽肿淋巴结炎、肉芽肿鼻炎和紫癜肝。有的大型犬感染后，在出现心内膜炎症状数月前，会表现间歇性跛行或无名热。有的不伴有心内膜炎的患犬，虽然在血液涂片中偶见犬血巴尔通体，但其致病作用不强。因此，在感染立克次体的犬中，应注意检查其他并发的传染性和非传染性疾病。

【诊断】采外周血液用光学显微镜镜检是血巴尔通体常用的检测方法（图1-6-3），但该方法往往只适合处于急性发病的严重菌血症时期病原的检测，其他时期通常不易检测到病原。

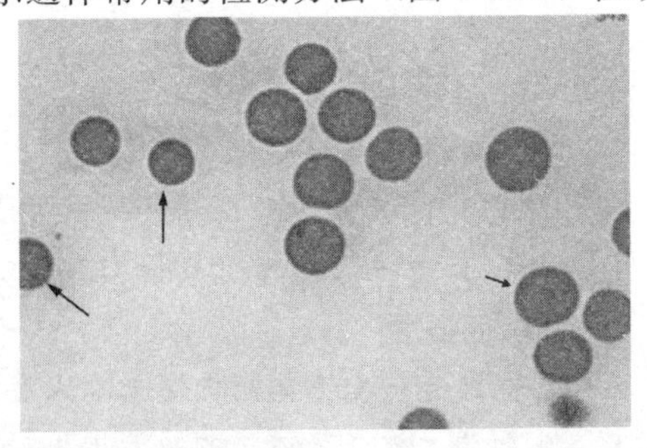

图1-6-3　血巴尔通体病血涂片（箭头所示）

已建立的血清学检测方法包括补体结合试验、间接血凝试验及酶联免疫吸附试验。该病病原体在感染过程中通常会出现抗原变异等现象，并且温和感染的猫体内病原数量较少，产生的抗体数量也较少，因此血清学检测方法适合进行流行病学调查，但不宜用于疾病的确诊。

目前的研究表明，PCR技术是诊断本病的有

效方法。此外，血液的组织培养也是确诊的有效手段。

【防治】在血巴尔通体病的防治方面，消灭吸血昆虫（如蚤和蜱）是控制本病传播的重要方法。对出现严重贫血症状者，可以用输血的方式对其进行治疗，但输血前应对供体血液做本病病原体的检测，以防止该病通过血液传播。

本病的首选治疗药物为四环素类、氯霉素类、土霉素类和喹诺酮类药物，疗程一般为2～4周。但药物并不能将病原从感染动物体内完全清除。在发病过程中可能出现免疫介导性贫血，在用抗生素治疗的同时，也可以配合使用糖皮质激素（如氢化可的松等）或其他免疫抑制性药物终止免疫介导性红细胞损伤。

【公共卫生】人感染时，又称为猫抓病或猫抓热，其临诊表现是多种多样的，因此常造成误诊。一般在被猫或犬抓咬后3～7d，抓咬处局部皮肤出现红斑、丘疹、疱疹、脓疱、结痂或小溃疡，形成并伴有局部淋巴管炎；继而出现淋巴结肿大，常见于颌下、颈部、腋下及腹股沟等处，病变淋巴结呈肉芽肿样炎性改变，中心可有脓液形成，后期可见明显的网状内皮细胞增生。全身表现有低热、头痛、寒战、全身乏力、不适、咳嗽、厌食、恶心或呕吐等。猫抓病属于一种自限性疾病，多数患者无需治疗，在3周至数月内消退。根据猫抓病的主要表现，还可分为许多临诊类型：肝脾型猫抓病主要表现为脾肿大和腹痛；脑病型猫抓病主要表现为癫痫样抽搐、进行性昏迷，数日后意识迅速恢复；以眼部表现为主的猫抓病有视神经视网膜炎、结膜炎或视网膜血管炎等。目前尚未见人与人之间传播的报道。

课后思考题

一、名词解释

血巴尔通体病

二、填空题

血巴尔通体病的主要临床症状是__________、__________、__________、厌食和脾肿大。

三、判断题

（ ）1. 血巴尔通体病的传播需要中间宿主。

（ ）2. 血巴尔通体病对四环素类药物不敏感。

四、简答题

1. 简述犬、猫血巴尔通体病的主要临床症状。
2. 简述犬、猫血巴尔通体病的防治措施。

工作任务3　犬、猫支原体病

犬、猫支原体病是由支原体引起的犬、猫传染病，犬主要表现为肺炎、猫主要表现为结膜炎。

【病原】犬支原体病的病原为支原体科、支原体属中的犬支原体和犬尿道支原体，猫支原体病的病原为猫支原体和犬尿道支原体。支原体无细胞壁，不能维持固定的形态而呈现多形性，革兰氏染色阴性。细胞膜中胆固醇含量较多，约占36%，对保持细胞膜的完整性具有一定作用。凡能作用于胆固醇的物质（如两性霉素 B、皂素等）均可引起支原体膜的破坏而使支原体死亡。支原体对热的抵抗力与细菌相似。对环境渗透压敏感，渗透压的突变可致细胞破裂。对重金属盐、苯酚、来苏儿和一些表面活性剂较细菌敏感，但对醋酸铊、结晶紫和亚锑酸盐的抵抗力比细菌强。对影响细胞壁合成的抗生素（如青霉素等）不敏感。

【临床症状】本菌为犬、猫上呼吸道和外生殖器的正常菌，偶尔引起感染发病。潜伏期较长，可达 2～3 周。

犬支原体主要引起犬肺炎，剖检可见病犬呈典型的间质性支气管肺炎变化。犬尿道支原体主要引起犬生殖器官疾病，主要表现为子宫内膜炎、阴道前庭炎、精子异常等。猫支原体主要引起猫结膜充血，发生结膜炎，关节炎，关节液潴留，纤维素析出，可并发腱鞘炎。

【诊断】诊断本病可进行支原体分离培养，同时注意混合感染。

【治疗】本病没有特殊的预防方法，治疗可使用敏感抗生素，如林可酰胺类、土霉素类和大环内酯类抗生素等。

课后思考题

一、名词解释

支原体病

二、填空题

1. 支原体对________、________、________和一些表面活性剂较细菌敏感，但对________、________和________的抵抗力比细菌强。

2. 支原体感染治疗可使用敏感抗生素，如________、________、________、________、________等。

三、简答题

简述犬、猫支原体感染的主要临床症状。

工作任务 4　衣原体病

衣原体病是由鹦鹉热衣原体引起的人兽共患传染病。鹦鹉热衣原体是引起猫结膜炎的重要病原之一，偶尔可引起上呼吸道感染，与其他细菌或病毒并发感染时可引起角膜溃疡。犬衣原体感染的病例报道较少，但也可能引起结膜炎、肺炎及脑炎综合征。

本病全球分布，如美洲、欧洲、亚洲、中东地区和澳大利亚均有不同程度的发生和流行。

【病原】鹦鹉热衣原体是一类严格的细胞内寄生、具有特殊的发育周期、能通过细菌滤器的原核微生物。革兰氏染色阴性，含有 DNA 和 RNA 两类核酸，衣原体可在细胞胞质内形成包含体，易被碱性染料着染。

衣原体含有 2 种抗原，一种是耐热的，具有属特异性；一种是不耐热的，具有种特异性。鹦鹉热衣原体除含有外膜脂多糖外，还含有一层蛋白质外膜，主要由几种多肽组成，在抗原分类及血清学诊断方面具有非常重要的意义，与其他哺乳动物和禽源分离株明显

不同。

衣原体对季铵化合物和脂溶剂等特别敏感，对蛋白变性剂、酸和碱的敏感性较低，对甲苯基化合物和石灰有抵抗力。碘酊溶液、70%酒精、3%过氧化氢几分钟内便能将其杀死，0.1%甲醛溶液、0.5%石炭酸经24h可使其灭活。在50%甘油中于低温下可生活10～20d，－20℃以下可长期保存，－70℃下可保存数年，液氮中可保存10年以上，冻干状态可保存30年以上。

【流行病学】鹦鹉热衣原体也感染其他脊椎动物，如猫、牛、猪、山羊、绵羊、犬等。因为正常猫样本也可分离出鹦鹉热衣原体，所以该病原体有可能是结膜和呼吸道上皮的栖生菌群。易感猫主要通过接触具有感染性的眼分泌物或污物而发生水平传播，也可能发生由鼻腔分泌物引发的气溶胶传播，但较少见。这是因为鹦鹉热衣原体很少引起上呼吸道症状，而且猫的生理结构特点不易形成含有衣原体的感染性气溶胶，而打喷嚏时形成的含有感染性衣原体的大水滴传播距离往往超过1.2m，所以不容易造成气溶胶传播。妊娠母猫泌尿生殖道感染时可将病原垂直传给小猫。

如并发感染猫免疫缺陷病毒（FIV）则可加重临诊症状和促进病原体的排放。感染FIV的猫人工接种鹦鹉热衣原体后，病原排放可持续270d，而FIV阴性猫则为7d。

【临床症状】易感猫感染鹦鹉热衣原体后，经过3～14d的潜伏期后可表现明显的临诊症状，最常表现为结膜炎。而人工感染发病较快，潜伏期仅为3～5d。新生猫可能发生眼炎，引起闭合的眼睑突出及脓性坏死性结膜炎。可能是被感染母猫分娩时经产道将病原传染给仔猫，病原经鼻泪管上行至新生猫眼睑间隙附近的结膜基底层所致。5周龄以内幼猫的感染率通常比5周龄以上的猫低。

急性感染初期，出现急性球结膜水肿、睑结膜充血和眼睑痉挛，眼部有大量浆液性分泌物。结膜起初呈暗粉色，表面闪光。单眼或双眼同时感染，如果先发生单眼感染，一般在5～21d后另一只也会感染。并发其他条件性病原菌感染时，随着多形核白细胞进入被感染组织，浆液性分泌物可转变为黏液脓性或脓性分泌物。急性感染猫可能表现轻度发热，但在自然感染病例中并不常见。

患鹦鹉热衣原体结膜炎的猫很少表现上呼吸道症状，即使发生，也多发生于5周龄到9月龄猫。患有结膜炎并打喷嚏者往往以疱疹病毒1型（FHV-1）阳性猫居多。对于猫来说，如果没有结膜炎症状，一般不考虑鹦鹉热衣原体感染。

【诊断】该病急性感染阶段可出现球结膜水肿，慢性感染可形成淋巴滤泡等，但仅根据临诊症状不能对本病进行确诊。鹦鹉热衣原体感染的诊断可采用多种方法。

1. 光学显微镜检查 快速诊断是通过细胞学方法检查急性感染猫结膜上皮细胞细胞质内的衣原体包含体。一般在出现临诊症状2～9d采集结膜刮片最有可能观察到包含体。疾病早期以多形核细胞为主，在眼结膜上皮细胞内发现嗜碱性核内包含体可诊断为鹦鹉热衣原体感染，病原体多位于核附近。急性感染猫衣原体包含体检出率往往低于50%，慢性感染病例更低。

2. 细胞分离法 用无衣原体抗体的胎牛血清和对衣原体无抑制作用的抗生素（如万古霉素、硫酸卡那霉素、链霉素、杆菌肽、庆大霉素和新霉素等）制成标准组织培养液，培养出单层细胞，然后将病料悬液接种于细胞上，2～7d后取出感染细胞盖玻片，姬姆萨染色后镜检。

3. 鸡胚分离法 将样品悬液0.2～0.5mL接种于6～7日龄鸡胚卵黄囊内，在39℃条件下孵育。接种后3～10d内死亡的鸡胚卵黄囊血管充血。无菌取鸡胚卵黄囊膜涂片，若镜检发现有大量衣原体原生小体则可确诊。

4. 小鼠接种 将病料经腹腔（较常用）、脑内或鼻内接种3～4日龄小鼠。腹腔接种小鼠，腹腔中常积有多量纤维蛋白渗出物，脾肿大。镜检时可取腹腔渗出物和脾。脑内和鼻内接种小鼠可用脑组织或肺组织进行触片检查。

5. PCR技术 运用PCR技术检测衣原体是一种比较敏感的方法，可用刮取或无菌棉拭子采集样本进行PCR扩增，检测其特异性的DNA片段。

6. 血清学诊断方法

（1）补体结合试验（CFT）。CFT是一种特异性强的经典血清学方法，被广泛地应用于衣原体定性诊断及抗原研究。此法要求抗原及血清必须是特异性的，补体血清必须来源于无衣原体感染动物。但血清与相应抗原结合后不能与补体结合，就会出现假阳性结果。

（2）间接血凝试验（IHA）。IHA是用纯的衣原体致敏绵羊红细胞后，用于动物血清中衣原体抗体检测，此法简单快捷，敏感性较高。

（3）免疫荧光技术（IFT）。若标记抗体的质量很高，可大大提高检测衣原体抗原或抗体的灵敏度和特异性，能用于临诊定性诊断。微量免疫荧光法（MIF）是一种比较常用的回顾性诊断方法。

【防治】幼猫可以从感染过本病的母猫初乳中获得抗鹦鹉热衣原体的母源抗体，母源抗体对幼猫的保护作用可持续至9～12周龄。对无特定病原体猫在人工感染鹦鹉热衣原体前4周接种疫苗可以明显降低结膜炎的严重程度，但不能防止和减少结膜病原的排出量。免疫接种不能阻止人工感染衣原体在黏膜表面定植和排菌。由于本病主要是易感猫与感染猫直接接触传染，因此预防本病的重要措施是将感染猫隔离，并进行合理地治疗。

对发病猫可使用四环素类和大环内酯类敏感抗生素，如多西环素，每千克体重5mg，口服，每日2次，连用4周可迅速改善临诊症状。妊娠母猫和幼猫应避免使用四环素，以防牙釉质变黄。对有结膜炎的猫，可用四环素眼药膏点眼，每天4次，用药7～10d，但猫外用含四环素的眼药膏制剂常发生过敏性反应，主要表现结膜充血和眼睑痉挛加重，有些发展为睑缘炎。一旦出现过敏反应，应立即停止使用该药。

课后思考题

一、名词解释

衣原体感染

二、填空题

1. 衣原体对__________和__________等特别敏感，对__________、__________和__________的敏感性较低，对__________和__________有抵抗力。

2. 衣原体感染诊断血清学诊断方法有__________、__________、__________。

三、简答题

1. 简述猫衣原体感染的主要临床症状。

2. 简述猫衣原体感染的防治措施。

模块7 观赏鸟的传染性疾病防控

观赏鸟的
传染性疾病

工作任务1 禽流感

禽流感（AI）是由禽流感病毒（AIV）引起的一种从无症状的隐性感染到接近100%死亡率的禽（鸟）类传染病。禽流感可分为高致病性禽流感和低致病性禽流感两种。世界动物卫生组织（OIE）将高致病性禽流感列为A类传染病，我国将高致病性禽流感列为一类动物疫病。

【病原】禽流感病毒属正粘病毒科A型流感病毒属成员。该病毒的核酸型为单股RNA，病毒粒子一般为球形，直径为80～120nm。病毒粒子表面有两种长10～12nm的纤突覆盖，病毒囊膜内有螺旋形核衣壳。据报道现已发现的流感病毒亚型有80多种，据其致病性的差异，可分为高致病性毒株、低致病性毒株和不致病性毒株。目前发现的高致病性禽流感病毒仅是H5和H7亚型中的少数毒株，其中某些毒株可感染人，甚至致人死亡；低致病性禽流感主要流行毒株为H9亚型。

禽流感病毒具有血凝性，能凝集鸡、鸭、鹅、马属动物及羊的红细胞。病毒可在鸡胚中繁殖，并引起鸡胚死亡，高致病力的毒株在接种后20h左右即可致死鸡胚。死胚尿囊液中含有病毒，而特异性抗体可抑制禽流感病毒对红细胞的凝集作用，故根据鸡胚尿囊液的血凝试验（HA）和血凝抑制试验（HI）可鉴定病毒。

禽流感病毒对热较敏感，通常56℃经30min可被灭活；对低温抵抗力较强，粪便中病毒的传染性在4℃可保持30～35d，20℃可存活7d，冻干后在－70℃可存活两年；对脂溶剂敏感，肥皂、去污剂也能破坏其活性；一般消毒药能很快将其杀死。

【症状和病理变化】该病潜伏期从几小时到几天不等。临诊症状差别较大，这主要与病毒的致病性与感染强度、传播途径、感染禽的种类、日龄等有关。

（1）高致病性禽流感。发病率和死亡率可高达90%以上。患病禽体温升高，精神沉郁，采食量明显下降，甚至食欲废绝；头部及下颌部肿胀，皮肤及爪鳞片呈紫红色或紫黑色，粪便黄绿色并带多量的黏液；呼吸困难，张口呼吸；产蛋禽（鸟）产蛋下降或几乎停止。也有的出现抽搐、头颈向后扭、运动失调、瘫痪等神经症状。

全身多组织、器官广泛性出血与坏死。心外膜或心冠脂肪有出血点，心肌纤维坏死呈红白相间；胰腺有出血点或黄白色坏死点；腺胃乳头、腺胃与肌胃交界处及肌胃角质层下出血（图1-7-1）；输卵管中部可见乳白色分泌物或凝块；卵泡充血、出血、破裂，有的可见“卵黄性腹膜炎”；喉头、气管出血；头颈部皮下胶冻样浸润。

图1-7-1 患禽流感的禽类胃部
（腺胃乳头、腺胃和肌胃交界处出血）

（2）低致病性禽流感。呼吸道症状表现明显，流泪，排黄绿色稀便。产蛋禽（鸟）产蛋下降明显，甚至绝产，一般下降幅度为20%～50%。发病率高，死亡率较低。

喉气管充血、出血，有浆液性或干酪性

渗出物，气管分叉处有黄色干酪样物阻塞；肠黏膜充血或出血；产蛋禽（鸟）常见卵泡出血、畸形、萎缩和破裂；输卵管黏膜充血、水肿，内有白色黏稠渗出物。

【流行特点】禽流感病毒能自然感染多种禽（鸟）类。感染禽（鸟）经呼吸道和粪便排出病毒，主要通过易感鸟与感染鸟的直接接触传播，或通过病毒污染物（如被污染的饮水、飞沫、饲料、设备、物资、笼具、衣物和运输车辆等）间接接触传播。在自然传播过程中经呼吸道、消化道、眼结膜及损伤皮肤等途径感染。

本病一年四季都可发生，但以冬季和早春季节发生较多。气候突变、骤冷骤热、饲料中营养物质缺乏等均能促进该病的发生。

【诊断方法】通过临床症状和病理变化可进行初步诊断。

实验室诊断通常取病死禽（鸟）的肝、脾、脑或气管，接种鸡胚分离病毒，取18h后死亡的鸡胚收取尿囊液或绒毛尿囊膜，并对病毒进行鉴定。可先用琼脂扩散试验确定该病毒是否为禽流感病毒，再用HA和HI试验鉴定其亚型，也可用分子生物学方法，如反转录-聚合酶链反应（RT-PCR）、荧光定量RT-PCR检测法和依赖核酸序列的扩增技术（NASBA）等。

近年来，临床上常用禽流感病毒抗原胶体金快速诊断试纸条进行禽流感病毒的快速检测及禽流感的快速诊断。

【防治方法】

1. 治疗方法 在严密隔离的条件下，进行必要的药物治疗及控制细菌继发感染，必要时进行扑杀，并无害化处理。

2. 预防措施

（1）加强生物安全措施。搞好卫生消毒工作，严格执行生物安全措施，加强禽（鸟）场的防疫管理，饲养场门口要设消毒池，严禁外来人员进入禽（鸟）舍，工作人员出入要更换消毒过的胶靴、工作服，用具、器材、车辆要定时消毒。粪便、垫料及各种污物要集中进行无害化处理。建立严格的检疫制度，严禁从疫区或可疑地区引进禽（鸟）类或禽（鸟）用品，种蛋、种禽（鸟）等的调入，要经过严格检疫。在疫病流行期，不外出遛鸟。

（2）免疫预防。禽流感病毒的血清型多且易发生变异，给疫苗的研制带来很大困难。目前预防禽流感的疫苗有弱毒疫苗、灭活油乳剂疫苗和病毒载体疫苗，常用疫苗是灭活油乳剂苗（H5N1、H5N2和H9），可在2周龄首免，4～5周龄时加强免疫，以后间隔4个月免疫一次。

课后思考题

一、名词解释

禽流感

二、填空题

1. 禽流感可分为__________禽流感和__________禽流感两种。
2. 禽流感病毒具有__________，能凝集鸡、鸭、鹅、马属动物及羊的红细胞。

三、简答题

1. 简述禽流感的主要临床症状。
2. 简述禽流感的防治措施。

工作任务2 新城疫

新城疫（ND）又称亚洲鸡瘟，是由新城疫病毒（NDV）引起的一种侵害禽（鸟）类的高度接触性、致死性传染病。主要特征是呼吸困难、腹泻、神经功能紊乱、成年禽（鸟）生产性能严重下降，黏膜和浆膜出血。

【病原】新城疫病毒（NDV）属副黏病毒科副黏病毒属中的禽副黏病毒-1型（PMV-1），核酸为单链RNA。成熟的病毒粒子呈球形，直径为120～300nm，由螺旋形对称盘绕的核衣壳和囊膜组成。囊膜表面有放射状排列的纤突，纤突中含有血凝素和神经氨酸酶。血凝素可与鸡、鸭、鹅等禽类以及人、豚鼠、小鼠等哺乳动物的红细胞表面受体结合，引起红细胞凝集（HA）。这种血凝特性能被抗血清中的特异性抗体所抑制（HI），因此，实践中可用HA试验来测定疫苗或分离物中病毒的量，用HI试验来鉴定病毒、诊断疾病和免疫监测。

NDV只有一个血清型，但不同毒株的毒力差异很大，根据对禽（鸟）的致病性不同，可将病毒毒株分为三型：速发型（强毒力型）、中发型（中等毒力型）和缓发型（低毒力型）。病毒存在于病禽（鸟）的所有器官和组织，其中以脑、脾、肺中含毒量最高，而骨髓带毒时间最长。NDV能在鸡胚中生长繁殖，将其接种于9～11日龄鸡胚，强毒株在30～60h导致鸡胚死亡，胚体全身出血，以头和肢端最为明显。

NDV对自然界理化因素的抵抗力相当强，在室温条件下可存活一周左右，在56℃存活30～90min，－20℃可存活10年以上。对消毒药较敏感，常用的消毒药如2%氢氧化钠、5%漂白粉、75%酒精20min即可将其杀死。

【症状和病理变化】本病的潜伏期为2～15d，平均5～6d。发病的早晚及症状表现因病毒的毒力、宿主年龄、免疫状态、感染途径及剂量、并发感染、环境及应激情况不同而有所不同。

（1）最急性型。多见于流行初期和幼禽（鸟）。常突然发病，无特征症状而突然死亡。

（2）急性型。病初体温升高，精神萎靡，食欲减退或废绝。随着病程的发展，出现咳嗽、呼吸困难、张口伸颈呼吸，并发出“咯咯”的喘鸣声；排黄绿色或黄白色稀粪；产蛋禽（鸟）产蛋下降甚至停止，病死率高。

（3）亚急性或慢性型。多发生于流行后期的成年禽（鸟），病死率低。初期症状与急性型相似，不久后逐渐减轻，同时出现神经症状，表现翅（腿）麻痹、头颈扭曲，康复后遗留有神经症状。

主要病变是全身黏膜和浆膜出血，气管出血，心冠脂肪有针尖大的出血点，腺胃黏膜水肿、腺胃乳头有出血点，肌胃角质层下有出血点，小肠、盲肠和直肠黏膜出血，肠壁淋巴组织枣核状肿胀、出血、坏死，有的形成假膜；盲肠扁桃体常见肿大、出血和坏死；产蛋禽（鸟）的卵泡和输卵管充血，卵泡破裂发生“卵黄性腹膜炎”。免疫禽（鸟）群发生新城疫时，其病变不典型，仅见黏膜卡他性炎症、喉头和气管黏膜充血，有多量黏液；腺胃乳头出血少见，直肠黏膜和盲肠扁桃体出血相对明显。

【流行特点】NDV可感染50个鸟目中27目240种以上的鸟类，主要发生于鸡和火鸡。鸽、斑鸠、乌鸦、麻雀、八哥、老鹰、燕子以及其他自由飞翔的或笼养的鸟类，大部分能自然感染本病并伴有临诊症状或呈隐性经过。不同年龄的鸟类易感性存在差异，幼鸟和中青年鸟易感性最高，两年以上的成年鸟易感性较低。历史上有一些国家因进口观赏鸟类而导致本病的流行。

本病的主要传染源是病禽（鸟）和带毒禽（鸟），通过粪便及口鼻分泌物排毒，污染空气、尘土、饲料和饮水，主要经呼吸道、消化道和眼结膜传播。人、器械、车辆、饲料、垫料、种蛋、昆虫、鼠类及非易感的鸟类也对本病起到机械性传播作用。

本病一年四季均可发生，以冬春寒冷季节较易流行。不同年龄、品种和性别的禽（鸟）均能感染，但幼龄禽（鸟）的发病率和死亡率明显高。纯种禽（鸟）较易感，死亡率也高，某些观赏鸟（如虎皮鹦鹉）对本病有相当抵抗力，常呈隐性或慢性感染，成为重要的病毒携带者。

【诊断方法】根据该病症状，可做出初步诊断。确诊要进行病毒分离和鉴定，常用的方法是鸡胚接种、HA 和 HI 试验、中和试验（SN）、酶联免疫吸附试验（ELISA）、免疫荧光抗体技术等。

近年来，临床上常用新城疫病毒抗原胶体金快速诊断试纸条进行新城疫病毒的快速检测及新城疫的快速诊断。

【防治方法】

1. 治疗方法　尚无有效的治疗方法。

2. 预防措施

（1）采取严格的生物安全措施，防止 NDV 强毒进入禽（鸟）群。主要包括加强日常的隔离、卫生、消毒制度；防止一切带毒动物（特别是鼠类和昆虫）和污染物进入禽（鸟）群；进出的人员和车辆及用具应进行消毒处理；饲料和饮水来源安全；不从疫区引进种蛋和种禽（鸟），新购进的禽（鸟）必须隔离观察两周以上方可合群等。

（2）预防接种。预防接种是防控该病的重要措施之一，可有效提高禽群的特异免疫力，减少 NDV 强毒的传播。可在抗体监测的基础上，采用弱毒苗滴鼻点眼与油乳剂灭活苗肌内注射相结合的方法。

课后思考题

一、名词解释

新城疫

二、选择题

1. NDV 属于（　）。

A. 正黏病毒科托高土病毒属　　B. 副黏病毒科腮腺炎病毒属

C. 副黏病毒科副黏病毒属　　D. 副黏病毒科麻疹病毒属

2. NDV 的血清型有（　）。

A. 1 个　　B. 3 个　　C. 8 个　　D. 9 个

3. 黏膜免疫最有效的途径是（　）。

A. 点眼　　B. 滴鼻　　C. 饮水　　D. 气雾

三、简答题

1. 如何诊断鸟类新城疫？

2. 如何预防鸟类新城疫？

工作任务3 鸟 痘

鸟痘是由鸟痘病毒引起的家禽和鸟类的一种高度接触性传染病。该病传播较慢，以在体表无羽毛部位出现散在的、结节状的痘疹，或在呼吸道、口腔和食管部黏膜出现纤维素性坏死性增生病灶为特征，见图1-7-2。

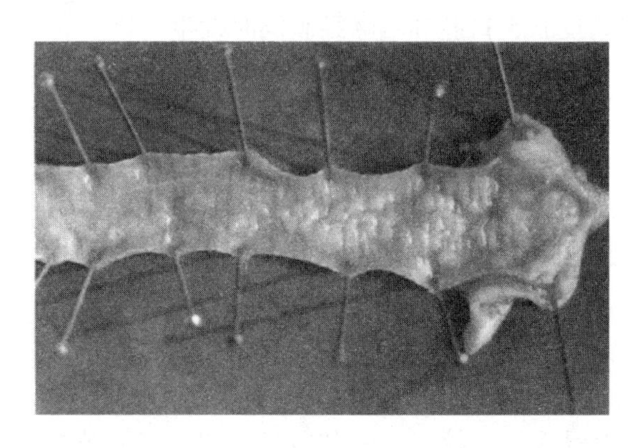

图1-7-2 鸟痘特征性病变
（黏膜型，气管黏膜有黄白色的痘状结节）

【病原】鸟痘病毒属痘病毒科、鸟痘病毒属。目前认为引起鸟痘的病毒最少有5种，各种鸟痘病毒彼此之间在抗原性上有一定的差别，对同种宿主有强致病性，对异种宿主致病力弱。

鸟痘病毒是一种比较大的DNA病毒，呈砖形或长方形，大小平均为258nm×354nm。能在患部皮肤或黏膜上皮细胞的细胞质内形成包含体。

鸟痘病毒可在鸡胚的绒毛尿囊膜上增殖，并在鸡胚的绒毛尿囊膜上产生致密的增生性痘斑，呈局灶性或弥漫性分布。鸡痘病毒在接种后3～5d病毒感染效价达最高峰，第6天绒毛尿囊膜上产生灰白色、致密而坚实、厚约5mm的病灶，并有一个中央坏死区。鸽痘病毒的毒力较鸡痘病毒弱，病变的形成不如鸡痘病毒明显和普遍。接种后第8天病变厚5～6mm，但无坏死。金丝雀痘病毒的病变第8天时与鸽痘病毒相似，但病变的较小。

痘病毒对外界的抵抗力很强，上皮细胞屑和痘结节中的病毒可抗干燥存活数年之久，阳光照射数周仍可保持活力。该病毒对热的抵抗力差，将裸露的病毒悬浮在生理盐水中，加热到60℃，经8min可被灭活，但在痂皮内的病毒经90min处理仍有活力。一般消毒药，使用常用浓度均能迅速将其灭活。

【症状和病理变化】本病的潜伏期多为4～10d，有时可长达2周。根据症状及病变部位的不同，分为皮肤型、黏膜型和混合型，偶有败血型发生。

1. 皮肤型 常出现在身体的无羽毛部位，如冠、肉垂、口角、眼睑和耳球。起初为细薄的灰色麸皮状覆盖物，迅速长出结节，初呈灰色或略带红色，后呈黄灰色，逐渐增大如豌豆，表面凹凸不平，有时相互融合形成大块厚痂。如果痘痂发生在眼部，可使眼缝完全闭合；若发生在口角，则影响采食。从痘痂形成至脱落需3～4周，一般无明显的全身症状。

2. 黏膜型 病初呈鼻炎症状，病鸟精神委顿、厌食，流鼻液，有时出现眼睑肿胀，结膜充满脓性或纤维蛋白渗出物，甚至发生角膜炎而造成失明。鼻炎症状出现 2～3d 后，口腔、鼻、咽、喉等处黏膜发生痘疹，初呈圆形黄色斑点，逐渐扩散成为大片的沉着物（假膜），随之变厚而成为棕色痂块，表面凹凸不平且有裂缝，痂块不易剥落，若强行撕裂，则留下易出血的表面，假膜伸入喉部可引起窒息死亡。

3. 混合型 有些病鸟皮肤、口腔和咽喉黏膜同时发生痘斑。

4. 败血型 病鸟腹泻、逐渐消瘦，衰竭死亡，身上无明显痘疹。多发生于流行后期，或大群流行时，个别鸟可出现此型。

【流行特点】本病主要发生于鸡和火鸡，金丝雀、麻雀、鸽、鹌鹑、野鸡、鹦鹉、孔雀和八哥等鸟类都易感。本病呈世界性分布，约 232 种鸟有发病的报道。

各种年龄、性别的鸟都能感染，但以幼鸟和中鸟最常发病，且病情严重，死亡率高。成年鸟较少患病。

鸟痘的传染常通过病鸟与健康鸟的直接接触而发生，脱落和碎散的痘痂是鸟痘病毒散播的主要形式之一。鸟痘的传播一般要通过损伤的皮肤和黏膜而感染，常见于头部、冠和肉垂外伤或经过拔毛后从毛囊侵入。库蚊、疟蚊和按蚊等吸血昆虫在本病传播中起着重要的作用，蚊虫吸吮过病灶部的血液之后即带毒，带毒时间长达 10～30d，其间易感鸟被带毒的蚊虫刺吮后而被传染。

本病一年四季都可发生，夏秋季多发生皮肤型鸟痘，冬季则以白喉型鸟痘多见。南方地区春末夏初由于气候潮湿、蚊虫多，更易发生，患病鸟的病情也更为严重。

某些不良环境因素，如拥挤、通风不良、阴暗、潮湿、体外寄生虫、啄癖或外伤、维生素缺乏等，可使鸟痘加速发生或病情加重。

【诊断方法】可将病料常规处理后，接种于 10～11 日龄鸡胚绒毛尿囊膜上，5～7d 后绒毛尿囊膜上可见有致密的增生性痘斑，即可确诊。此外，也可采用琼脂扩散试验、中和试验（SN）、酶联免疫吸附试验（ELISA）、免疫荧光技术等方法进行诊断。

在鉴别诊断上，本病应与白色念珠菌病、生物素和泛酸缺乏症等相区别。

【防治方法】

1. 治疗方法 目前尚未有治疗鸟痘的特效药物，可采用对症疗法，以减轻病鸟的症状和防止继发细菌感染。皮肤上的痘痂可用消毒剂（如 0.1%高锰酸钾溶液）冲洗后，用镊子小心剥离，然后在伤口处涂上碘伏、龙胆紫或石炭酸凡士林。口腔、咽喉黏膜上的病灶，可用镊子将假膜轻轻剥离，用高锰酸钾溶液冲洗，再用碘甘油涂擦口腔。病鸟眼部发生肿胀时，可将眼内的干酪样物挤出，然后用 2%硼酸溶液冲洗，再滴入 5%的蛋白银溶液。

同时，改善鸟只的饲养管理，在饲料中增加维生素 A 或含胡萝卜素丰富的饲料。

2. 预防措施

（1）做好平时的卫生防疫工作。在蚊子等吸血昆虫活动期应加强鸟舍内昆虫的驱杀工作；避免各种原因引起啄癖或机械性外伤；养鸟场定期消毒。

（2）预防接种。在常发生本病的地区，对易感鸟接种鸟痘疫苗。目前国内的鸟痘弱毒疫苗有鸡胚化弱毒疫苗、鹌鹑化弱毒疫苗和组织培养弱毒疫苗。

课后思考题

一、名词解释

鸟痘

二、选择题

1. 鸟痘疫苗的免疫途径最好是（ ）。

A. 点眼　B. 饮水　C. 滴鼻　D. 刺种

2. 鸟痘临床的特征性的示病症状是（ ）。

A. 发热　B. 鼻窦炎　C. 呼吸道感染　D. 痘斑

3. 鸟痘可以通过下列哪些传播途径传播？（ ）

A. 污染的饲料和水　B. 空气　C. 吸血昆虫　D. 污染的场地

4. 下列哪些描述是正确的。（ ）

A. 黏膜型鸟痘多为良性经过　B. 黏膜型鸟痘多为恶性经过

C. 混合型的鸟痘多呈中间状态　D. 一般而言鸟痘呈良性经过

三、简答题

1. 鸟痘应与哪些疫病相鉴别？

2. 如何预防鸟痘？

工作任务4　鹦鹉热

鹦鹉热又称为鸟疫，是由鹦鹉热衣原体引起鸟类的一种接触性传染病。临床上以高热、嗜睡、腹泻和呼吸道症状为特征。

【病原】衣原体是一类具有滤过性、严格细胞内寄生，并有独特发育周期，以二等分裂繁殖和形成包含体的革兰氏阴性原核细胞型微生物。衣原体是一类介于立克次体与病毒之间的微生物。

衣原体在宿主细胞内生长繁殖时，有独特的发育周期，不同发育阶段的衣原体在形态、大小和染色特性上均有差异。在形态上可分为个体形态和集团形态两类。个体形态又有大、小两种。一种是小而致密的，称为原体，另一类是大而疏松的，称作网状体。

包含体是衣原体在细胞内繁殖过程中所形成的集团形态。它内含无数子代原体和正在分裂增殖的网状体。鹦鹉热衣原体在细胞内可出现多个包含体，成熟的包含体经姬姆萨染色呈深紫色。

鹦鹉热衣原体对理化因素的抵抗力不强，对热较敏感，经56℃5min或37℃48h均失去活力，一般消毒剂，如75%酒精、3%～5%碘酊溶液，3%过氧化氢可在几分钟内破坏其活性。

【症状和病理变化】患病鸟类精神委顿，不食，眼和鼻有黏液性或脓性分泌物。腹泻，后期脱水、消瘦。幼龄鸟常常死亡，成年者则症状轻微，康复后长期带菌。

剖检时可发现气囊增厚，结膜炎，鼻炎，浆液性或浆液纤维素性心包炎病变，肝、脾肿大，发生肝周炎，有时肝、脾上可见灰黄色坏死灶。如发生肠炎，可见泄殖腔内容物内含有较多尿酸盐。

【流行特点】多种鸟类均可感染本病，鹦鹉、鸽、鸭、火鸡等可呈显性感染，海鸥、相思鸟、鹭、黑鸟、鹩哥、麻雀、鸡、鹅、野鸡等多呈隐性感染。一般来说，幼龄鸟比成年鸟易感，常表现明显的临诊症状，死亡率也高。

患鸟可通过血液、鼻腔分泌物、粪便大量排出病原体，污染水源和饲料等，健康鸟可经消化道、呼吸道、眼结膜、伤口等途径感染衣原体，其中吸入有感染性的尘埃是衣原体感染的主要途径。吸血昆虫（如蝇、蜱、虱等）可促进衣原体在动物之间的迅速传播。

【诊断方法】临床样品染色后直接观察病原体；从临床样品中分离出病原体并鉴定；检测样品中特定衣原体抗原或基因；采用血清学试验检测抗体。

【防治方法】

1. 治疗方法 鹦鹉热衣原体对青霉素类、大环内酯类和四环素类抗生素敏感，其中以四环素类的治疗效果最佳。

2. 预防措施 为有效防控衣原体病，应采取综合措施，特别是杜绝引入传染源，控制感染动物，阻断传播途径。

（1）防止引入新传染源。加强鸟类的检疫，保持鸟舍的卫生，发现病鸟要及时隔离和治疗。

（2）搞好卫生消毒。带菌鸟类排出的粪便中含有大量衣原体，故鸟舍要勤于清扫、消毒，清扫时要注意个人防护。

课后思考题

一、填空

鹦鹉热

二、填空题

鹦鹉热又称为＿＿＿＿＿＿，是由＿＿＿＿＿＿引起鸟类的一种接触性传染病。

三、简答题

1. 如何治疗鸟类鹦鹉热?

2. 如何预防鸟类鹦鹉热?

模块8 观赏兔的传染性疾病防控

工作任务1 兔病毒性出血症

兔病毒性出血症又称病毒性出血热、病毒性出血性肺炎或者出血性肺炎，简称兔出血症，俗称“兔瘟”。该病是由兔病毒性出血症病毒（RHDV）引起兔的一种急性、热性、败血性、高度接触传染性和高度致病性的烈性传染病。

【病原】兔病毒性出血症病毒颗粒无囊膜，直径32～36nm，表面有短的纤突。病毒对氯仿和乙醚不敏感，耐酸。该病毒对紫外线和干燥等不良环境的抵抗力较强。1%氢氧化钠4h、1%～2%甲醛3h、1%漂白粉溶液3h能将其灭活。生石灰和草木灰对该病毒几乎无作用。

【症状和病理变化】

1. 临床症状 根据病程长短可以分为3种类型。

（1）最急性型。病兔常无任何明显的前驱症状突然死亡，常发生在夜间，死前四肢呈划水状，抽搐、骤然惨叫几声后即死；死后角弓反张，耳根发绀，天然孔流出泡沫状血样液体（图1-8-1）。

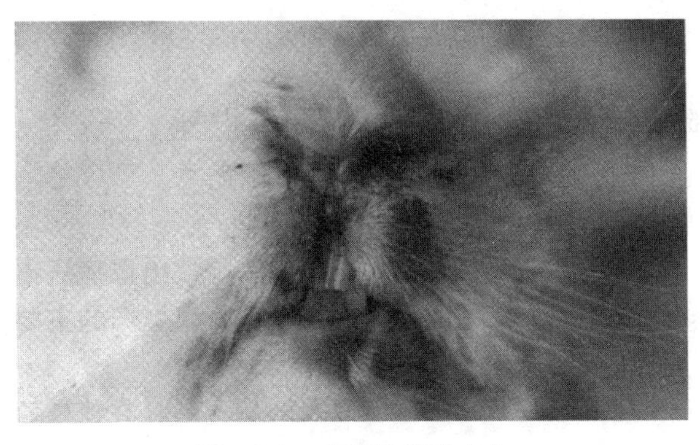

图1-8-1 患病兔鼻孔出血

兔病毒性出血症

（2）急性型。病兔精神不振，俯卧笼内，被毛粗乱，食欲减退或废绝，饮欲增加。体温升高至40.5～41℃，甚至高至42℃，经过数小时至24h后，急剧下降到37℃左右，多尿，呼吸急促，迅速消瘦。死前也常见兴奋表现（在笼内狂奔、啃咬）、抽搐、尖叫、头颈后仰、四肢强直或划动，天然孔流出淡红色液体。多数病兔鼻部皮肤碰伤，约10%鼻出血（图1-8-1）；死亡前肛门松弛，被毛沾污黄色黏液，粪球外附黏液。妊娠兔多产死胎，有的还从阴门流出鲜血。病程多为1～2d。

（3）慢性温和型。多见于幼龄兔，以及注射过疫苗后，特别是超过免疫期还未进行免疫的成年观赏兔。病兔精神沉郁，食欲减退，体温升高到41℃左右，从鼻孔流出黏液性或者脓性分泌物，被毛杂乱无光泽，迅速消瘦，衰弱而死亡。多数病兔流涎，少数病兔前肢向两侧伸开，头抵笼底，有时拱背或瘫痪，多经5～6d后衰竭死亡；少数病兔可以耐过，但生长发育受到影响，耐过兔仍然带毒，成为传染源。

【流行特点】该病主要危害兔，一年四季均可发生，但以气温较低的冬季和春季更为多发。3月龄以上的青年兔和成年兔发病率和死亡率最高，2月龄以下仔兔，尤其吮乳兔有一定的抵抗力，极少发病或者不发病。该病可通过呼吸道、消化道、皮肤等多种途径感染，潜伏期一般1～2h。病兔和带毒兔是主要的传染源。自然康复的兔能够产生坚强的免疫力。

【诊断方法】

1. 初步诊断 根据症状、病理变化及流行情况进行初步诊断。进一步的确诊需要通过实验室检查。

2. 实验室检查 可以采用动物实验、血凝实验（HA）和血凝抑制试验（HI）、病理组织免疫学显色法等，还可以利用琼脂扩散实验、酶联免疫吸附试验和聚合酶链式反应（PCR）等进行诊断。

【防治方法】

1. 治疗方法 兔出血症目前尚无特效治疗药物。一般情况下由于该病发病急，病兔常来不及治疗即迅速死亡，病程慢的可以采用注射抗兔出血症高免血清进行治疗。

2. 预防措施 免疫是预防该病的有效方法。仔兔应于 20 日龄第一次免疫，于 50 日龄进行第二次加强免疫，以后每 6 个月免疫一次。

课后思考题

一、名词解释

兔瘟

二、填空题

1. 兔瘟快速诊断方法有__________、__________和____________。

2. 兔瘟以__________和__________兔发病率和死亡率最高，________________、尤其是__________有一定的抵抗力，极少发病或者不发病。

三、简答题

1. 简述兔瘟的主要临床症状。

2. 简述兔瘟的防治措施。

工作任务 2　支气管败血波氏杆菌病

兔支气管败血波氏杆菌又名兔波氏杆菌病，是由支气管败血波氏杆菌引起的一种常见的呼吸道细菌病，也是一种人兽共患病。临床上，以鼻炎和化脓性支气管肺炎为主要特征。

【病原】支气管败血波氏杆菌是一种革兰氏阴性细小杆菌，常呈两极染色，是家兔上呼吸道的常在菌。

【症状和病理变化】本病潜伏期长短不一，一般 1 周左右，仔兔和幼兔一般呈急性经过。病初，病兔从鼻腔流出少量浆液性鼻液，很快发展成黏液性或者脓性鼻液，继而出现呼吸困难，迅速死亡。病程短促，仅 2～3d。成年兔通常有两个类型：鼻炎型病兔鼻腔黏膜充血，鼻腔流出多量浆液性和黏液性鼻液，脓性鼻液不多见；支气管肺炎型病兔鼻炎长期不愈，鼻腔经常流出黏液性或者脓性分泌物，打喷嚏，呼吸急促，食欲不振，日渐消瘦，哺乳期母兔主要表现为咳嗽，呼吸困难，精神萎靡，食欲减退或者废绝，被毛粗乱，多于发病 3～4d 后死亡。

【流行特点】兔波氏杆菌病病程长、反复多、治愈难，易造成病兔发育障碍、生长缓慢。带菌者和患病者是主要的传染源，多经呼吸道感染，病原在全世界多种动物体内分离到，包括家畜、实验动物、野生动物，人类亦可见感染。各种日龄兔均可发生，仔兔和幼兔的发病率和病死率明显高于成年兔，公兔发病率高，死亡率低。该病没有明显的季节性，一般多发于气候骤变的春、秋季节。家兔在气候骤变、寄生虫感染、感冒和饲养管理不良等因素的影响下，或者受灰尘和强烈的刺激性气体刺激时，机体抵抗力降低，病菌侵入机体易引起发病。

【诊断方法】

1. 初步诊断 根据症状、病理变化及流行情况可进行初步诊断。进一步的确诊需要通过实验室检查。

2. 实验室检查

(1) 将分泌物病料涂片，进行革兰氏染色和美蓝染色镜检，发现革兰氏阴性小杆菌，美蓝染色常呈多形态、两级染色的小杆菌。

（2）取病料分别接种不同的培养基培养，接种到普通培养基和麦康凯培养基上均能够生长良好，形成圆形、隆起、光滑、湿润的小型菌落；在麦康凯培养基上生长，培养基不变红色；在血液培养基上生长旺盛，形成圆形、显著隆起、光滑、边缘整齐、灰白色、中等大小的菌落；在马铃薯培养基上生长良好，形成闪亮、湿润、咖啡样菌落，并呈融合生长；在液体培养基中，液体均匀混浊，管底有絮状沉淀，摇动后不易分开。

（3）生化反应。不发酵所有糖类，不产生靛基质和硫化氢；甲基红、V-P实验均为阴性；使石蕊牛乳培养基强度产碱，动力试验阳性，过氧化氢酶和尿素酶试验均为阳性，能够利用枸橼酸盐，能还原硝酸盐。

（4）快速检验。采用聚合酶链反应（PCR）能够准确、快速、灵敏地进行诊断，同时能够与大肠杆菌、金黄色葡萄球菌和多杀性巴氏杆菌进行区分。

【防治方法】

1. 治疗方法 治疗常采用规范纸片法对分离到的兔支气管败血波氏杆菌进行药敏试验，选用高敏药物进行肌内注射。

2. 预防措施 加强饲养管理、定期打扫卫生、定期消毒，保持通风良好；定期用兔波氏杆菌病甲醛灭活苗或联苗进行预防接种，一般每年2次。

课后思考题

一、名词解释

兔波氏杆菌病

二、填空题

1. 兔波氏杆菌病的主要临床特征是__________和__________。

2. 兔波氏杆菌病以仔兔和幼兔的____________和____________均较高。

三、简答题

1. 简述兔波氏杆菌病的主要临床症状。

2. 简述兔波氏杆菌病的防治措施。

工作任务3 兔巴氏杆菌病

兔巴氏杆菌病又名兔出血性败血症，是由多杀性巴氏杆菌（两级杆菌）引起的一种多型性、散发性或者地方流行性、细菌性传染病。多杀性巴氏杆菌的毒力强弱、感染途径和病程不同，临床症状和病理变化也各有不同，故在临床上，表现为急性败血症、传染性鼻炎、地方流行性肺炎、中耳炎、结膜炎、子宫积脓、睾丸炎和脓肿等多种临床病型，各具特征。

【病原】多杀性巴氏杆菌为革兰氏染色阴性、两端钝圆、细小、呈卵圆形的短杆菌，菌体两端着色深，但培养物涂片染色，两端着色则不够明显。

【症状和病理变化】该病潜伏期长短不一，一般数小时至5d或更长。潜伏期长短主要与感染多杀性巴氏杆菌的毒力强弱和数量多少，入侵的部位以及兔的抗病力等有关。临床上常见以下几种类型：

1. 鼻炎型 病兔鼻腔流出浆液性、黏液性或脓性分泌物为主要临床症状。病初，病兔表现为上呼吸道卡他性炎症，常打喷嚏、咳嗽、可听到异常鼻音。分泌物刺激鼻黏膜，常导致病兔用爪抓、擦鼻部，引起鼻孔周围被毛潮湿、缠结；病菌长被带到眼内、耳内、皮下，引起角膜炎、化脓性结膜炎、中耳炎、乳腺炎和皮下脓肿并发症。病兔精神沉郁，营养不良，消瘦，最后衰竭死亡。

2. 地方性肺炎型 因家兔的运动量小，自然发病时很少表现肺炎症状，也难见到呼吸困难。病初，病兔精神沉郁，食欲减退，通常发生败血症，往往白天看似健康正常，次日早晨已经死亡。

3. 全身败血症型 本型可发生于其他病型之后或之前，其中以鼻炎、胸膜炎和肺炎混合发生的败血症最为多见，与其他病型联合发生比较少见。根据病程长短可以分为：最急性型，主要见于疫情暴发初期，看不到任何症状，家兔已经死亡，常常是白天未见异常，第二天清晨已经死于笼中；急性型，病兔精神沉郁，不食，呼吸急促，体温升高达40℃以上，鼻腔流出浆液性，甚至脓性分泌物，病兔有时腹泻，病兔死前体温下降，四肢抽搐。病程短者24h，长则1～3d；亚急性型，病兔表现为肺炎和胸膜肺炎，呼吸困难，打喷嚏，体温稍高，食欲减退，有时腹泻，关节肿胀，眼结膜炎，最后病兔消瘦，衰竭死亡。病程1～2周或者更长。

4. 中耳炎型 又称斜颈病（歪头症），是病菌扩散到内耳和脑部的结果。病兔颈部歪斜的程度取决于感染程度。严重的患病兔，向一侧滚动，一直到被其他物体阻挡为止。采食和饮水困难，体重逐渐减轻，最后脱水死亡。如果感染扩散到脑膜和脑部，常表现为运动失调、阵发性痉挛等症状，多以死亡告终。

5. 结膜炎型 多见于幼兔。巴氏杆菌可由鼻泪管进入结膜囊。临床表现为流泪，眼睑肿胀，眼分泌物增多，初为浆液性，后变为黏液性，眼睑常粘连，结膜发红。结膜炎可以转化为慢性，红肿消退后仍然流泪不止。

6. 脓肿型 全身各部皮下、内脏均可发生脓肿。皮下脓肿可以触摸到。脓肿内含有白色、黄褐色奶油状脓汁。

7. 生殖器官感染型 母兔感染时可无明显症状，或表现为不孕、有黏性脓性分泌物自阴道流出，子宫扩张，黏膜充血，内有脓性渗出物。公兔感染初期附睾出现病变，随后一侧或者两侧睾丸肿大，质地坚硬，有的伴有脓肿，有时触摸感到发热。

【流行特点】兔巴氏杆菌病广泛分布，全国各地均有不同程度的发生。多杀性巴氏杆菌对家畜、禽类和野生动物均有不同程度的致病性。家兔对多杀性巴氏杆菌十分敏感，发病率达60%以上。各种年龄的兔均易感，尤其是2～6月龄的兔，病死率高。该病一般无明显的季节性，但多发于冷热交替、气候剧变、闷热、潮湿、多雨的春、秋季节。传染源主要为带菌者，正常情况下35%～75%的家兔鼻黏膜带菌，而不表现症状；发病动物也是主要的传染源。病兔不断从排泄物和分泌物排出毒力较强的多杀性巴氏杆菌，经消化道传染健康兔，还可以经呼吸道传染健康兔，也可以通过吸血昆虫、皮肤和黏膜的损伤传染。饲养管理不善、营养缺乏、饲料突变、过度疲劳、长途运输、寄生虫感染以及寒冷、闷热、潮湿、环境狭小、通风不良等，使兔体抵抗力降低时，病菌易乘机侵入体内，发生内源性感染。

【诊断方法】

1. 初步诊断 根据症状、病理变化及流行情况可进行初步诊断。进一步的确诊需要通过实验室检查。

2. 实验室检查

(1) 涂片镜检。无菌操作，采取病料，涂片，进行革兰氏染色镜检，可发现大小一致、呈卵圆形、革兰氏染色阴性的小杆菌；美蓝染色后呈两极染色的卵圆形小杆菌。

(2) 生化实验。能够利用葡萄糖、麦芽糖和蔗糖，产酸不产气；不利用乳糖；对甘露醇先利用后还原。靛基质反应阳性，甲基红和 V-P 试验均为阴性，尿素酶实验阴性；不利用枸橼酸钠，不产生硫化氢。

(3) 动物实验。动物接种实验，剖检可发现兔巴氏杆菌典型病变。

(4) 血清学分型。荚膜物质（K）抗原型鉴定，阳性者红细胞呈凝集现象，凝集价在 1∶40 以上。

【防治方法】

1. 治疗方法 一般选用比较敏感的药物，如喹诺酮类、磺胺类或氨基糖苷类药物，或通过药敏试验选择比较敏感的药物。

对比较严重的病兔，在用灭菌生理盐水冲洗鼻端后，用鼻炎康（主要成分为阿米卡星）气雾给药，对鼻腔进行喷雾。在饮水中还可以加入黄芪多糖和电解多维，防止病兔脱水，提高抗病力，促进康复。

2. 预防措施 对兔笼及周围的环境进行定期消毒，增大其活动空间。30 日龄以上的家兔，首免皮下注射兔巴氏杆菌灭活苗，间隔 14d 后，再皮下注射一次，一般免疫期为 6 个月。之后，一般每 4 个月免疫一次。也可以使用兔病毒性出血症、巴氏杆菌病二联灭活苗注射。

课后思考题

一、名词解释

兔出血性败血症

二、填空题

1. 兔巴氏杆菌病主要通过__________传染健康兔，还可以经__________传染健康兔，也可以通过吸血昆虫、皮肤和黏膜的损伤传染。

2. 兔巴氏杆菌病发病率达 60%以上，各种年龄的兔均易感，尤其是__________月龄的兔。该病一般无明显的季节性，但多发于______季节。

三、简答题

1. 简述兔巴氏杆菌病的主要临床症状。
2. 简述兔巴氏杆菌病的防治措施。

模块9 观赏鱼的传染性疾病防控

观赏鱼的传染性疾病

工作任务1 痘疮病

鱼痘疮病又称为鱼淋巴囊肿病毒症、鲤痘疮病，是由鲤疱疹病毒感染而引起的传染病。以鱼的体表形成乳白色增生物为主要特征，多发生于幼龄鱼。

【病原】鲤疱疹病毒为有囊膜的 DNA 病毒，对乙醇、pH 及热不稳定。

【症状和病理变化】发病初期鱼体表出现乳白色小斑点，并覆盖一层很薄的白色黏液，其后小斑点的数量和面积逐渐增多、增大、增厚，严重时可融合成一片。增生物表面初期光滑后逐渐粗糙并呈玻璃样或蜡样，质地由柔软变成软骨状，呈浅乳白色、奶油色（图 1-9-1）。这种增生物一般不易摩擦掉，但增长到一定程度或自然脱落，原处会再次生长增生物，病灶部位常伴有出血。如果增生物占鱼体的大部分，会严重影响鱼的正常发育，并伴有消瘦、游动迟缓，甚至死亡。

增生物为上皮细胞及结缔组织增生组成，结构混乱。在有些上皮细胞中可见包含体，染色质边缘化。增生物不侵入真皮，也不转移。

图 1-9-1　鱼痘疮症状（鱼体表有明显的白色增生物）

【流行特点】该病最早于 1563 年就有记载，在我国大部分地区都有流行，大多呈局部散在流行。鲤对此病特别敏感，主要发生于 1 龄以上的鲤。流行于秋末至春初的低温季节及密养池（水温 10～15℃，水质肥沃）。当水质改善后，痘疮会脱落，但水质一旦恶化又可复发。本病通过接触传播，也有人提出单殖吸虫、蛭、鲺等可能是传播媒介。

【诊断方法】根据初期小白点及后期“石蜡状增生物”可做出初步诊断，进一步诊断可以通过增生物的病理学检查，可见上皮细胞和结缔组织异常增生及上皮细胞内的包含体。

【防治方法】

1. 治疗方法

（1）更换池水 3/5，使用生石灰浆泼洒，调节 pH 为 9.4～10 后加新水。

（2）每立方米水体每天使用复合碘溶液 0.1mL，或者 10％聚维酮碘 0.45～0.75mL。

（3）每立方米水体每天使用甲砜霉素 0.4～1.0g。

2. 预防措施

（1）秋末至春初，注意改善水质或升高水温或减少养殖密度。

（2）做好越冬池和越冬鲤的消毒工作，调节池水 pH，保持在 8 左右。

（3）严格执行检疫制度，不从病区进鱼，不用患过病的亲鲤繁殖。

课后思考题

一、名词解释

鱼痘疮病

二、填空题

1. 患鱼痘疮病的病鱼初期体表会出现__________，增生物呈现__________样或__________样。

2. 鱼痘疮病易发生于__________龄以上鲤，易发季节为__________，水温__________。

三、简答题

1. 简述鱼痘疮病的主要临床症状。

2. 简述鱼痘疮病的防治措施。

工作任务2 竖鳞病

竖鳞病又称为立鳞病、松鳞病、鳞立病或炸鳞病，是由水型点状假单孢杆菌引起的一种鱼类常见传染病。该病以鳞片竖起，向外张开像松球为主要特征，死亡率较高。

【病原】水型点状假单孢杆菌，呈短杆状，近圆形，单个排列，具有运动能力，无芽孢，革兰氏染色阴性。

【症状和病理变化】患病鱼体发黑，身体前部和胸腹部鳞片像松球一样向外张开（图1-9-2），鳞片基部囊内水肿，内部积聚半透明或含血渗出液，轻压，可从鳞囊中溢出，鳞片脱落。鳍基充血，鳍条间也有半透明液体，体表充血、眼球突出、腹部膨大、有腹水。病鱼离群独游，游动缓慢无力，严重时呼吸困难，对外界刺激不敏感，甚至身体失去平衡，腹部向上。

病鱼贫血，鳃、肝、脾、肾的颜色变浅、肿大，鳃盖内皮充血。

【流行特点】该病是金鱼、鲤、鲫以及各种热带鱼的一种常见病。病原为条件性致病菌，当水质污浊、鱼体受伤时经皮肤感染。各阶段的鱼均可感染，特别是在静水池和高密度饲养时，感染率较高。该病多发生于春季、水温17～22℃时，死亡率一般在50%以上，严重的可达100%。

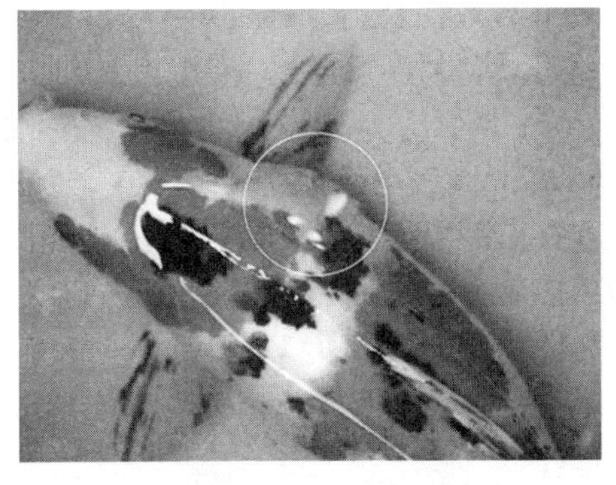

图1-9-2 锦鲤竖鳞病症状（右侧鳍部可见鱼鳞像松球一样向外张开）

【诊断方法】根据其症状，可做出初步诊断；镜检鳞囊内渗出液，有大量革兰氏阴性短杆菌可做出进一步诊断。

注意该病与正常珍珠鳞金鱼的区别。珍珠鳞金鱼的鳞片上有石灰质沉着，有光泽，给人以美的感觉；而竖鳞病的鱼鳞无光泽，且病鱼状况较差或身体失去平衡。

【防治方法】

1. 治疗方法

（1）轻轻压迫鳞囊的水肿疱，勿使鳞片脱落，用10%温盐水擦洗，再涂抹碘酊，同时注射碘胺嘧啶2mL。

（2）治疗鲤、鲫竖鳞病可投喂磺胺二甲氧嘧啶药饵，每千克体重100～200mg，每天一次，连用5d。

（3）亲鲤腹腔注射硫酸链霉素，每千克体重15～20mg。

（4）复方新诺明每千克体重100mg，拌料投喂，第二天药量减半，连用5d。

2. 预防措施

（1）鱼体表受伤是引起本病的原因之一，故在捕捞、运输、放养等操作过程中，勿使鱼体受伤。

（2）可采用人工免疫的方法进行预防，将病原菌灭活苗注射鱼体可获得免疫保护。

（3）用3%食盐水浸洗10～15min，或用2%食盐与3%小苏打混合液浸洗10min。

（4）用含氯消毒剂消毒鱼池。

课后思考题

一、名词解释

竖鳞病

二、填空题

1. 竖鳞病的病鱼体表发______，鱼鳞向外张开像松球，鳞片基部__________。

2. 竖鳞病易发季节为______，水温______，死亡率一般在______以上。

三、判断题

（　　）1. 竖鳞病患鱼的典型特征是鳞片竖起，向外张开像松球。

（　　）2. 竖鳞病患鱼的死亡率不高。

四、简答题

1. 简述竖鳞病的主要临床症状。

2. 简述竖鳞病的防治措施。

工作任务3　打印病

打印病又称溃烂病或溃疡病。该病由嗜水气单胞菌感染引起，可造成体表发炎而导致溃疡病灶。

【病原】主要是嗜水气单胞菌，为革兰氏阴性短杆菌，中轴直形，两端圆形，单个或两个相连，极端单鞭毛、有运动能力、无芽孢，无荚膜。R-S 培养基培养 18～24h，菌落呈黄色。

【症状和病理变化】病鱼病灶多发生在肛门附近的两侧或尾鳍基部，通常每侧仅出现 1 个病灶，若两侧均有，大多对称。初期症状是病灶处皮肤及下层肌肉出现圆形或椭圆形出血斑，随后红斑处鳞片脱落，表皮腐烂，露出肌肉，坏死部位的周围充血发红，形似打上一个红色印记。随着病情的发展，病灶直径逐渐扩大，肌肉向深层腐烂，甚至露出骨骼。病鱼游动迟缓，食欲减退，鱼体瘦弱，终至衰弱而死。

【流行特点】此病是鲢、鳙的主要病害之一，鱼种、成鱼及亲鱼均可发病。病原菌在水中普遍存在，当水质优良、鱼体健壮而未受伤时，一般不会感染发病；在网箱及工厂化高密度养殖或越冬期间、饲养管理不良的情况下，由于养殖密度高、水温变化大、水质差，引起鱼体抵抗力降低，再加上鱼体受伤，就极易暴发而引起大批死亡，甚至全部死亡。该病在全国各养鱼地区都有流行，一年四季都有发生，尤以夏、秋两季、28～32℃时，及温室越冬池最为常见。

【诊断方法】

（1）根据症状、病理变化及流行情况进行初步诊断。

（2）可从病料中直接分离出致病性嗜水气单胞菌，确诊可接种 R-S 培养基。

【防治方法】

1. 治疗方法

（1）疾病早期，全池泼洒消毒药 1～3 次，如每立方米水体用生石灰 20g 全池遍撒。

（2）当繁殖用亲鱼患病严重时（已失去食欲），可泼洒消毒药，发病池每立方米水体可用漂白粉1g或三氯异氰脲酸0.4g。

（3）肌内注射硫酸链霉素，每千克体重每次注射20mg，或注射金霉素，每千克体重5 000IU。一般注射1次即可治愈；如在3d内尚未治愈，可以再注射1次。

2. 预防措施

（1）加强饲养管理，保持适当的放养密度，保持优良水质，投喂优质颗粒饲料，提高鱼体抵抗力。

（2）维持适当水温，当室外水温降到20℃左右时，必须将鱼及时移入越冬池，越冬池中的水温要保持稳定。

（3）在捕捞、搬运时应细心操作，尽量避免伤及鱼体。如发现鱼体已受伤，应及时泼洒一次消毒药。

（4）发现鱼体外有寄生虫寄生时，应及时将寄生虫杀灭。

（5）可用灭活菌苗注射免疫，免疫期达10个月。

课后思考题

一、名词解释

打印病

二、填空题

1. 患打印病的病鱼的病灶多发生在________附近或________。

2. 观赏鱼打印病易发季节为________，水温__________。

三、判断题

（　　）1. 观赏鱼打印病的典型特征是鳞片竖起，向外张开像松球。

（　　）2. 观赏鱼打印病的死亡率不高。

四、简答题

1. 简述观赏鱼打印病的主要临床症状。

2. 简述观赏鱼打印病的防治措施。

工作任务4　细菌性败血症

观赏鱼的细菌性败血症是由嗜水气单胞菌、温和气单胞菌、鲁氏耶尔森菌、豚鼠气单胞菌、河弧菌生物变种Ⅲ和产碱假单胞菌等多种革兰氏阴性杆菌感染引起的疾病，发病急、死亡率高。该病又称为鱼类暴发性流行病、溶血性腹水病、腹水病、出血性腹水病和出血病等。

【病原】 最重要的病原为嗜水气单胞菌，为革兰氏阴性短杆菌，菌体大多呈杆状，也有的稍弯曲。无芽孢，无荚膜。多数单个，少数成双排列。极生单鞭毛，兼性厌氧。

其他的病原还包括：温和气单胞菌、鲁氏耶尔森菌（属革兰氏阴性短杆菌，两端钝圆，周生鞭毛；20℃培养有动力，37℃培养无动力，在20℃比在37℃生长旺盛）、产碱假单胞菌（革兰氏阴性短杆菌，极端多鞭毛）和豚鼠气单胞菌（革兰氏阴性短杆菌，极生单鞭毛）。

【症状和病理变化】患病早期及急性感染时，病鱼的上下颌、口腔、鳃盖、眼睛、鳍基及鱼体两侧轻度充血，此时肠内尚有少量食物。严重时，体表严重充血以至出血，眼眶周围也充血，眼球突出，肛门红肿，腹部膨大，腹腔内积有淡黄色透明腹水，或红色混浊腹水（即血性腹水）；鳃、肝、肾的颜色均较淡，呈花斑状，病鱼严重贫血；肝、脾、肾肿大，脾呈紫黑色；胆囊大，肠系膜、腹膜及肠壁充血，肠内没有食物，而是很多黏液，有的肠腔内积水或积气，肠胀得很粗；有的病鱼鳞片竖起，肌肉充血，鳔壁充血，鳃丝末端腐烂。因病程的长短、疾病的发展阶段、病鱼的种类及年龄不同，病原菌的数量及毒力不同，病鱼的症状表现多样化。有时发现少数鱼甚至肉眼看不出明显症状就死亡，多因这些鱼体质弱，病原菌侵入的数量多、毒力强而引起超急性感染，这种情况在人工感染及自然发病中均有发现。病情严重的病鱼，厌食或不食，静止不动或发生阵发性乱游、乱窜，有的在池边摩擦，最后衰竭而死。

【流行特点】该病广泛流行，对神仙鱼、金鱼等多种观赏鱼也造成危害。在水温 9～36℃时均有流行，其中尤以水温持续在 28℃以上及高温季节后水温仍保持在 25℃以上时最为严重（在肉汤培养基中，病原菌在 32℃比在 26℃增殖快 1 倍左右）。影响观赏鱼发病的主要原因包括：①放养密度大较大，但鱼病的预防工作未能同步加强；②饲养管理不当，水质老化、恶化，池水中分子氨含量高，水中病原菌含量也显著增加；③基本上投喂商品饲料，或只投喂商品饲料，不投喂天然饲料，鱼体内脂肪积累过多，肝受到损伤，鱼的抗病力和体质下降等。

【诊断方法】

1. 初步诊断 根据症状及流行情况进行初步诊断，在诊断时应注意与由病毒感染引起的出血病区别。

2. 根据病理变化可做出进一步诊断 如病鱼除全身广泛性充血、出血和贫血外，还发生溶血，各组织器官都发生病变，尤以实质性脏器为严重，常坏死解体成淡红色一片（苏木精-伊红染色片），呈败血症症状；李凡他氏蛋白定性试验阳性；病鱼血清的钠、氯、葡萄糖、总蛋白、白蛋白均比健康鱼的低，差异非常显著；病鱼血清的肌酐、丙氨酸转氨酶、天冬氨酸转氨酶、乳酸脱氢酶及淀粉酶均显著高于健康鱼。

3. 病原菌分离菌株鉴定 具体方法为用血平板、麦康凯平板或 TSA 培养基直接分离培养。分离菌应为革兰氏染色阴性、氧化酶阳性。此外，关键的生化指标为：分解葡萄糖产气，发酵甘露醇、蔗糖，利用阿拉伯糖，水解七叶苷、水杨苷，鸟氨酸脱羧酶阴性。如上述指标符合，可判定为嗜水气单胞菌。或用相应抗体建立的酶联免疫吸附试验试剂盒进行诊断。

【防治方法】

1. 治疗方法 保持水体环境的干净对于该病的治疗是非常重要的。治疗时必须外用、内服结合，外用药与前述各病大体相同。

2. 预防措施

（1）彻底清洁消毒鱼池（缸），保持优良水质，使水温变化较小，水温不过高。

（2）选择优良健壮鱼种，鱼种下池前每立方米水体加 15～20g 高锰酸钾药浴10～20min。

（3）保持合理的放养密度及搭配比例。

(4) 加强饲养管理，采用生物、物理、化学等方法保持优良水质及底质。投喂优质饲料，提高鱼体抗病力。

(5) 对鱼进行抽样检查，发现病情及时进行治疗。在该病流行季节前，用显微镜检查1次鱼体，杀灭鱼体外寄生虫。

(6) 人工免疫预防，用灭活全菌苗浸浴免疫。将含菌的灭活全菌苗，按1∶10的比例稀释浸浴1min，或按1∶500的比例稀释浸浴40min，免疫保护率可达66%以上。如首次免疫后，间隔1～6个月再加强免疫一次，可提高免疫保护率及延长免疫有效期。

课后思考题

一、名词解释

观赏鱼细菌性败血症

二、填空题

1. 观赏鱼细菌性败血症的病原主要有__________、__________、__________、__________和__________。

2. 嗜水气单胞菌引起的观赏鱼的细菌性败血症在水温__________时均有流行，其中尤以水温持续在__________℃以上及高温季节后水温仍保持在__________℃以上时最为严重。

三、判断题

(　　) 1. 观赏鱼细菌性败血症的典型特征是肠道组织发炎、糜烂。

(　　) 2. 观赏鱼细菌性败血症在水温20℃以下时比较容易发生。

(　　) 3. 观赏鱼细菌性败血症的病原对盐水的抵抗力较强。

(　　) 4. 观赏鱼细菌性败血症的发病与水体质量无关。

四、简答题

1. 简述观赏鱼细菌性败血症的主要临床症状。

2. 简述观赏鱼细菌性败血症的防治措施。

项目 2 宠物寄生虫性疾病防控

模块 1 宠物寄生虫病的基本理论

工作任务 1 寄生虫与宿主

一、寄生生活

自然界的各种生物在漫长的进化过程中，由于生活条件的差异和生理结构的不同，形成了生态上的重大区别。有些生物适应于自由生活，而有些生物则与其他生物形成了相互依存的生态关系，称之为共生。根据双方的利害关系，可区分为 3 种类型：

1. 共栖（偏利共生） 一种生物因在生态上的需要而生活于另一种生物的体内或体表，以取得营养或受其保护而生存，既不给对方带来益处，也不损害对方。如鱼生活在鲨的皮肤上。

2. 互利共生 两种生物在营养上相互依赖，彼此得益。若两者分开，双方都会受到影响，甚至死亡。如生活在反刍动物瘤胃中的纤毛虫和生活在马属动物结肠中的纤毛虫，可以利用宿主消化道中的植物纤维，死后为宿主提供蛋白质。

3. 寄生 在两种生物的相互关系中，一方得到利益，另一方则受其害，这种结合常伴随宿主的疾病过程，甚至导致宿主死亡。

上述三种生态类型只是人为划分，实际上它们之间并没有严格的界限。因为许多寄生物在大多情况下，是共栖存在的，没有致病性，只有在其数量异常增多时或宿主抵抗力下降时，即相互制约关系发生改变时，寄生物才由共栖物转化为病原体。

二、寄生虫与宿主类型

（一）寄生虫的类型

寄生虫与宿主之间的关系呈多样性，根据寄生宿主的数目和种类、适应程度、时间长短、寄生部位等不同可将寄生虫分为不同的类型。

1. 内寄生虫与外寄生虫（根据寄生虫的寄生部位来分） 寄生在宿主体液、组织和内脏的寄生虫称为内寄生虫，如吸虫、绦虫、线虫等；寄生在宿主体外或体表的寄生虫称为外寄生虫，如螨、虱、蚤、鱼虱等都属于体外寄生虫。

2. 单宿主寄生虫与多宿主寄生虫（从寄生虫的发育过程来分） 凡是发育过程中仅需

要1个宿主的寄生虫称为单宿主寄生虫，如蛔虫、钩虫、球虫等，这类寄生虫一般分布广泛，流行感染较普遍；发育过程中需要多个宿主的寄生虫称为多宿主寄生虫，如吸虫、绦虫等。

3. 固需寄生虫与兼性寄生虫（从寄生虫对宿主的依赖性来分） 寄生虫的生活史中必须有寄生生活阶段，否则，生活史就不能完成，这种寄生虫称为固需寄生虫，如吸虫、绦虫和大多数寄生线虫；有些自由生活的线虫和原虫，若遇到合适机会时，其生活史中的一个发育期也可进入宿主体内营寄生生活，这类寄生虫称之为兼性寄生虫，如类圆线虫。

4. 永久性寄生虫与暂时性寄生虫（从寄生虫的寄生时间来分） 寄生虫的整个生活史中各个发育阶段都在宿主体上度过，终生不离开宿主，称之为永久寄生虫，如旋毛虫等。而只有在采食时才与宿主接触的寄生虫称为暂时性寄生虫，如吸血昆虫蚊子、蜱等。

5. 专一宿主寄生虫与非专一宿主寄生虫（从寄生虫寄生的宿主范围性来分） 有些寄生虫只寄生于一种特定的宿主，对宿主有严格的选择性，称为专一宿主寄生虫，如犬球虫（只感染犬）等；有些寄生虫能寄生于多种动物，称为非专一宿主寄生虫，如旋毛虫（既可寄生于鼠、猪、犬、猫及多种野生动物，也可寄生于人体）。

6. 假寄生现象 原营独立生活的生物偶然进入他种生物体内寄生的现象。有些假寄生虫对宿主不造成任何危害，易被缺乏经验的化验人员误诊为无名的寄生虫病。

（二）宿主类型

根据寄生虫的发育特性，将宿主分为以下几个类型：

1. 中间宿主 寄生虫幼虫期或无性繁殖阶段所寄生的宿主称为中间宿主，如牛、羊等反刍动物是细粒棘球绦虫的中间宿主。弓形虫的无性繁殖阶段（裂殖生殖）寄生于人、猪、鼠等，人、猪、鼠等即为弓形虫的中间宿主。

2. 补充宿主 某些寄生虫在幼虫的不同发育阶段又寄生于不同的宿主，便依其发育阶段的前后，分别称之为第一中间宿主和第二中间宿主，第二个中间宿主常被称为补充宿主，如淡水鱼、虾是华枝睾吸虫的补充宿主。

3. 终末宿主 寄生虫成虫期或有性繁殖阶段寄生的宿主称为终末宿主。成虫是指性成熟阶段的虫体，也就是能产生幼虫和虫卵的虫体。如细粒棘球绦虫的终末宿主为犬、狼等犬科动物。如猪带绦虫的成虫寄生在人的小肠，人即为猪带绦虫的终末宿主。弓形虫的有性繁殖阶段（配子生殖）寄生于猫，猫即为弓形虫的终末宿主。

4. 贮藏宿主 寄生虫的虫卵或幼虫转入一个并非它们生理上所需要的动物体内，在其体内虽不发育繁殖，但保持对宿主的感染力，这种动物称为贮藏宿主，也称为传递宿主。例如，犬弓首蛔虫的感染性虫卵既可以直接感染犬，也可被啮齿动物或鸟类摄食，发育为具有感染性的第二期幼虫。犬摄食了啮齿动物或鸟类也可被感染，这些啮齿动物或鸟类即犬弓首蛔虫的贮藏宿主。再如，蛙、蛇、鸟类等是裂头蚴的贮藏宿主。贮藏宿主在流行病学研究上有着重要意义。

5. 保虫宿主 在多宿主寄生虫所寄生的动物中，一部分主要是保有虫体而成为传播来源，在流行病学上，称之为保虫宿主或储存宿主。某些蠕虫成虫或原虫某一发育阶段既可寄生于人体，也可寄生于某些脊椎动物，在一定条件下可传播给人。例如，血吸虫成虫可寄生于人和牛，牛即为血吸虫的保虫宿主。

6. 带虫宿主（带虫者） 有时一种寄生虫病在自行康复或治愈之后，或处于隐性感染状态时，宿主对该寄生虫具有一定的免疫力，但体内仍保留着一定量的虫体，将这种宿主称为带虫宿主。带虫宿主在临诊上不表现症状，常被视为健康动物，但却源源不断地向周围环境中散播病原，成为传染源。当带虫动物抵抗力下降时，可导致疾病复发。在寄生虫病的防治措施中，对待带虫者是个极为重要的问题。

7. 媒介 通常是指在脊椎动物宿主之间传播寄生虫病的一种低等动物，主要指传播血液原虫病的吸血节肢动物，如蜱可在犬之间传播巴贝斯虫，库蠓在鸡之间传播卡氏住白细胞虫等。

三、寄生虫的生活史及对寄生生活的适应

（一）寄生虫的生活史

寄生虫完成一代生长、发育和繁殖的全过程，称为寄生虫的生活史或发育史。根据寄生虫在生活史中有无中间宿主，可分为直接发育型和间接发育型。不需要中间宿主的为直接发育型，此类寄生虫称为土源性寄生虫，如寄生于犬、猫的蛔虫、寄生于鱼类的指环虫等；需要中间宿主的为间接发育型，此类寄生虫称为生物源性寄生虫，如寄生于犬小肠中的绦虫、寄生于鱼类的血居吸虫等。

（二）寄生虫对寄生生活的适应性

1. 生理功能的改变 许多消化道内的寄生虫能在低氧环境中以酵解的方式获取能量。寄生于胃肠道中的寄生虫，其体壁和原体腔液内存在对胰蛋白酶和糜蛋白酶有抑制作用的物质，能保护虫体免受宿主小肠内蛋白酶的作用。寄生虫的生殖能力远远超过营自由生活的虫体，如人蛔虫雌虫体长只有30～35cm，但每天可产卵20万个以上，1条虫体内含有约2 700万个虫卵。寄生虫繁殖能力的增强，是为了保持虫种的生存和对自然选择适应性增强的表现。

从自然生活演化为寄生生活，寄生虫经历了漫长的适应宿主环境的过程。寄生虫对宿主的这种选择性称为宿主特异性，实际是反映寄生虫对所寄生的内环境适应力增强的表现。

2. 形态构造的适应

（1）附着器官发达。寄生虫为了更好地寄生于宿主的体内或体表，逐渐产生或发展了一些特殊的附着器官，如吸虫和绦虫的吸盘、小钩、小棘；线虫的唇、齿板、口囊等；节肢动物肢端健壮的爪；消化道原虫的鞭毛、纤毛和伪足等。

（2）生殖系统发达。大多数寄生虫具有发达的生殖器官和强大的繁殖力，如吸虫多为雌雄同体，两性生殖器官占据虫体的大部分；绦虫为雌雄同体，每一个成熟节片都具有独立的生殖器官，大大提高了繁殖能力。

（3）消化器官简化或消失。寄生虫直接从宿主吸取丰富的营养物质，因而不再需要复杂的消化过程，其消化器官趋于简单化，以至退化或完全消失，如吸虫的消化器官非常简单，而且没有肛门；绦虫的消化器官则完全退化，依靠体表直接从宿主肠道吸收营养。

（4）形态结构改变。寄生虫可因寄生环境的影响而发生形态结构变化。如跳蚤的身体两侧扁平，具有发达和适合于跳跃的腿，以便活动于皮毛之间；寄生于肠道的蠕虫多为长形，以适应窄长的肠腔。

（三）外界环境对寄生生活的影响

1. 对寄生虫的影响 寄生虫的外界环境具有双重性。当其处于寄生生活状态时，宿主是寄生虫直接的外界环境；当其某一个发育阶段处于自主生活阶段时，自然界便是其生活的

直接外界环境。只有少数永久性寄生虫不离开动物，在宿主体内或体表完成其全部发育过程，多数寄生虫必须在外界环境中完成一定的发育阶段。因此，外界环境条件直接影响这些阶段，甚至决定其生存与死亡。

外界条件中，起决定作用的因素是温度和水分。只有在适宜的温度下，寄生虫的体外发育阶段才能完成，温度过高或过低则使其发育停止，甚至死亡。如寄生于鱼的鳃、皮肤等处的多子小瓜虫，适宜繁殖的温度为 15～25℃，水温高于 25℃时虽能发育，但一般不形成包囊，28℃以上时幼虫死亡。多数寄生虫的虫卵或幼虫需要潮湿的环境，有些甚至还必须在水中发育到感染期。因此，地势的高低、降水量的大小、是否有河流湖泊等，都影响着寄生虫的发育。

2. 对生物传播媒介的影响 有些寄生虫的发育过程必须有中间宿主参加，有些寄生虫的传递必须靠生物媒介完成。因此，在一定区域内，某些寄生虫的中间宿主和生物媒介是否存在，是该种寄生虫病能否发生的重要原因。

3. 对中间宿主的影响 中间宿主有其固有的生物学特性，外界条件直接影响其生存、发育和繁殖，因而间接地影响寄生虫病的发生。如华枝睾吸虫的中间宿主为淡水螺，补充宿主为淡水鱼、虾，这两种宿主的生活必须依赖水，这就决定了该病发生在水源丰富地区。有些动物感染原虫，必须由生物媒介传播，气候、地理条件等均影响生物媒介的出没、消长，因此，原虫病具有明显的地区性和季节性。

四、寄生虫与宿主的相互影响

(一) 寄生虫对宿主的影响

寄生虫侵入宿主体内之后，有的直接到达寄生部位发育，有的则需要经过一段或长或短、或简单或复杂的移行过程，最终才能到达特定的寄生部位发育成熟。寄生虫在移行阶段或寄生期间，对宿主产生各种各样的危害。

1. 夺取营养 营养关系是寄生虫与宿主的最本质的关系。寄生虫夺取营养的方式，依其种类、食性及寄生部位的不同而异。一般具有消化器官的寄生虫，用口摄取宿主的营养物质，如血液、体液、组织以及食糜等，再经过消化器官进行消化和吸收；无消化器官的寄生虫，通过体表摄取营养物质，如绦虫依靠皮层外的微绒毛吸取营养。寄生虫所夺取的营养物质除蛋白质、糖类和脂肪外，还有维生素、矿物质和微量元素。从而使宿主发生贫血、消瘦、营养不良、生长迟缓或发育受阻等。

2. 机械性损伤

(1) 固着。寄生虫以吸盘、吻突、小钩、口囊等器官固着在寄生部位，可造成宿主的局部损伤。

(2) 移行。寄生虫的幼虫在宿主各脏器及组织内游走移动的过程为移行。幼虫移行穿透各组织时，损伤各组织器官造成“虫道”，引起出血、炎症，同时破坏所经过器官或组织的完整性。例如，犬蛔虫第三期幼虫由肝移行至肺的过程中，留下的虫道最终形成蛔虫斑；鱼双穴吸虫的尾蚴，钻入鱼体后进入血管，移行到心脏和眼球。

(3) 压迫。某些寄生虫的体积较大，在寄生部位生长时，压迫宿主的器官和组织，造成组织萎缩和功能障碍；还有些寄生虫虽然体积不大，但由于寄生在宿主的重要器官，也会因压迫而引起严重疾病，如华枝睾吸虫寄生于犬、猫的胆管内，对肝伤害较大。

(4) 阻塞。寄生于消化道、呼吸道、实质器官和腺体的寄生虫，常因大量寄生而引起阻塞，严重者还可造成管腔破裂，如犬蛔虫可引起肠阻塞和胆管阻塞等。

(5) 破坏。在宿主组织细胞内寄生的原虫，在繁殖过程中大量破坏组织细胞而引起严重疾病。如犬球虫在肠上皮细胞裂殖增殖时，引起肠管发炎和大量肠上皮细胞崩解，造成严重的出血性肠炎，引起贫血。

3. 带入病原引起继发感染 某些寄生虫侵入宿主时，可以把一些其他病原体（细菌、病毒等）一同携带入内；寄生虫感染宿主机体后，破坏了机体组织屏障，降低了抵抗力，也使宿主易继发感染其他疾病。如许多种寄生虫在宿主的皮肤或黏膜等处造成损伤，给其他病原体的侵入创造了条件。还有一些寄生虫，其自身就是另一些病原微生物或寄生虫的生物学传播者。例如，某些蜱可传播犬巴贝斯虫病；跳蚤可传播犬复孔绦虫病；鸡异刺线虫可传播火鸡组织滴虫病；蠓可传播鸡住白细胞虫病。

4. 虫体毒素和免疫损伤作用 寄生虫生活期间排出的代谢产物、分泌物、排泄物和死亡虫体的崩解产物都可对宿主产生毒害作用，引起局部或全身性中毒或免疫病理反应，导致宿主组织及功能损害。如蜱叮咬，轻者出现厌食、体重减轻或代谢障碍，重者可引起"蜱瘫痪"。锥虫在宿主血液迅速增殖过程中会产生大量有毒代谢产物；而在抗体的作用下，大量锥虫死亡，虫体崩解又释放更大量的毒素，使宿主神经系统受损，引起体温升高和运动障碍；侵害造血器官，使红细胞溶解，出现贫血。棘球蚴囊泡破裂时释放的毒素，可对宿主产生严重过敏反应，引起动物突然死亡。

寄生虫对宿主的损伤常常是综合性的，表现为多方面的危害，而各种危害作用又往往互为因果、互相激化而引起复杂的病理过程。

(二) 宿主对寄生虫的影响

宿主感染寄生虫后，出现不同程度的病变和症状，但寄生虫及其产物也能诱发宿主产生免疫应答，力图抑制或消灭侵入的虫体。另外，还有一些其他因素（如宿主的天然屏障、营养状况、年龄、种属）也对寄生虫产生不同程度的影响。

寄生虫本身及其分泌物、排泄物都具有抗原性，可刺激机体产生特异性免疫反应，使宿主产生体液免疫和细胞免疫。能抑制虫体的生长，降低其繁殖力或缩短其繁殖周期；或将其排出体外；甚至杀灭寄生虫。患球虫病的鸡、兔，血清中均产生抗体，并从肠内容物中分离到免疫球蛋白，证明肠黏膜免疫的功能和局部抗体的存在。但宿主对寄生虫的免疫力常常是不完全免疫，当宿主与寄生虫的关系处于某种平衡状态时，即寄生虫保持一定数量，而宿主不呈现症状时，称为带虫免疫。带虫免疫是寄生虫感染中非常普遍的现象。寄生于幼龄动物的寄生虫，在宿主体内发育成熟后，或全部被排出，或残留部分虫体于宿主体内；健康的成年动物体内或多或少有虫体的存在，这些均属于带虫免疫现象。

课后思考题

一、名词解释

专一宿主寄生虫　中间宿主　终末宿主

二、填空题

1. 寄生虫按寄生部分可分为______和______；按寄生时间可分为______和______；按对宿主的依赖程度可分为______和______。

2. 寄生虫对宿主的致病作用和危害主要是＿＿＿＿、＿＿＿＿和＿＿＿＿等。

3. 将既可营自由生活，又可营寄生生活的寄生虫称为＿＿＿＿。

三、选择题

1. 寄生在宿主体内的寄生虫称为（　　）。

A. 体外寄生虫　B. 体内寄生虫　C. 兼性寄生虫

D. 永久性寄生虫　E. 暂时性寄生虫

2. 寄生虫成虫或有性繁殖阶段寄生的宿主称为（　　）。

A. 终末宿主　B. 第一中间宿主　C. 补充宿主

D. 转续宿主　E. 保虫宿主

四、简答题

寄生虫对宿主的影响有哪些？

工作任务2　寄生虫感染的免疫

（一）先天性免疫

先天性免疫是在长期的进化过程中逐渐建立起来的天然防御能力，受遗传因素控制，具有相对稳定性，对各种寄生虫感染均具有一定程度的抵抗作用，但没有特异性，也不十分强烈。这种免疫包括皮肤黏膜的屏障作用、吞噬细胞的吞噬作用，以及一些体液因子对寄生虫的杀伤作用等，大多与机体的组织结构和生理功能密切相关。先天性免疫主要表现为：

1. 皮肤、黏膜和胎盘的屏障作用　虽然有些寄生虫（如血吸虫的尾蚴等）能直接钻入健康皮肤，但完整、健康的皮肤仍然是阻挡大多数寄生虫的天然屏障。机体呼吸道、消化道、泌尿生殖道表面由黏膜覆盖，除有机械性屏障作用外，胃肠道内的胆汁、酶类、pH等可起到一定的防卫作用。但适宜的胃肠环境也可促进寄生虫的生长和发育，如绦虫虫卵在胆汁中更易孵出或通过消化酶的作用更有助于虫体脱囊。胎盘屏障也能保护胎儿免受一些寄生虫的感染。

2. 吞噬细胞的吞噬作用　吞噬细胞包括中性粒细胞和单核巨噬细胞（包括血液中的大单核细胞和各组织中的巨噬细胞）。吞噬细胞一方面表现为对寄生虫具有吞噬、消化、杀伤作用，另一方面在处理寄生虫抗原过程中参与特异性免疫的致敏阶段。一些较小的寄生虫，进入宿主机体后，可被宿主的吞噬细胞吞噬并溶解。

3. 体液因素对寄生虫的杀伤作用　寄生虫可直接激活补体从而发挥对寄生虫的杀伤作用。如溶组织内阿米巴虫能激活补体，并能被其反应产物所溶解。补体还可以通过细胞上的补体受体发挥细胞介导的杀伤作用。在寄生虫感染后期，由于补体的激活和消耗，虫体可逃避补体所造成的损伤从而存活下来。

4. 品种免疫和年龄免疫　品种免疫表现为某种动物天然地不感染某种寄生虫。如犬的等孢球虫只寄生于犬；除人以外的动物不感染人蛲虫；同种不同品系的动物对寄生虫的易感性较高或较低，这些都是遗传因素决定的。年龄、性别等因素在易感性上也表现出差异。幼龄动物可因感染某些寄生虫而发生严重的疾病，甚至死亡，而该寄生虫在成年动物或老龄宿主则只引起轻微的症状，或根本不能完成发育。这是因为宿主成长后，产生了自然抵抗力，而这种抵抗力的产生不以经历感染为前提。如柔嫩艾美耳球虫能感染各年龄段的鸡，但3月龄以上的鸡抵抗力较强。

5. 嗜酸性粒细胞的抗感染作用　许多寄生虫感染均伴有外周血液及局部组织内嗜酸性粒细胞增多，其中以组织内寄生的血吸虫、肺吸虫、旋毛虫、猪囊虫和棘球蚴的感染及内脏幼虫移行较为明显。嗜酸性粒细胞属于非特异性免疫成分，与抗体和其他非特异性成分一起，对侵入的寄生虫起杀伤作用，参与寄生虫肉芽肿的形成以限制来自寄生虫的毒性物质，并对寄生虫感染所引起的过敏反应起调节作用，同时又对宿主产生损伤。

（二）获得性免疫

获得性免疫即特异性免疫，寄生虫侵入宿主机体以后，立即引起宿主的体液和细胞免疫系统活化，产生相应的抗体和免疫细胞，将寄生虫部分消除或者抑制其生长发育，使感染处在低水平状态。此期间宿主不表现症状，这种现象称为“带虫免疫”。

宿主对寄生虫产生的免疫应答是一个由多种免疫活性细胞和免疫分子（补体、细胞因子、免疫球蛋白等）参与的复杂过程，并受基因的调控。免疫效应过程包括抗原的处理与递呈、淋巴细胞的活化和细胞因子的产生以及免疫应答。寄生虫的抗原十分复杂，其化学成分是蛋白质、糖蛋白、糖脂或多糖。寄生虫的不同虫种、虫株、繁殖期虫体均可具有特异性抗原。抗原可能来自虫体内部组织、虫体表膜、虫体的分泌物或虫体的蜕皮液、囊液等。在这些抗原中，有些分子能够诱导宿主产生免疫力，属于保护性抗原，也称为功能性抗原；有的抗原分子可用于诊断或鉴别。

获得性免疫包括自动获得性免疫和被动获得性免疫。通过疫苗接种可使动物获得保护称为自动获得性免疫。疫苗在寄生虫病方面的应用比在细菌和病毒等方面的应用少很多，但也有一些成功的例子。如牛泰勒虫病疫苗、牛肺线虫以及牛（羊）的一些消化道线虫疫苗等。在实验室条件下，有寄生虫病的被动获得性免疫的成功事例。如对肝片吸虫有高度免疫性的牛、羊血清，可使大鼠和牛、羊获得对该种吸虫囊蚴的抵抗力。

宿主对寄生虫感染产生的特异性免疫一般分为消除性免疫和非消除性免疫。前者指宿主能消除体内寄生虫，并对再感染产生免疫力，临床上表现为完全免疫，如见于热带利什曼原虫感染。后者指体内寄生虫未被完全清除，呈带虫免疫状态，但是宿主对再感染有一定的抵抗力，如见于疟疾。临床上表现为不完全免疫，常呈现慢性病程。在流行病学上，宿主常出现重复感染或再感染。

（三）免疫逃避

寄生虫与宿主长期相互适应过程中，有些寄生虫能逃避宿主的免疫效应，这种现象称为免疫逃避。寄生虫能在有免疫力的宿主体内增殖并长期存活，有多种复杂的机制，包括寄生虫寄生部位的解剖学隔离，表面抗原性的改变（如抗原变异、抗原伪装），也可通过多种破坏机制改变宿主的免疫应答等。但是，任何一种寄生虫的存活机制均未能完全了解清楚。

1. 抗原性的改变　寄生虫表面抗原性的改变是逃避免疫效应的基本机制。有些寄生虫在宿主体内寄生时，其表面抗原性发生变异，直接影响免疫识别。如锥虫的抗原变异：非洲锥虫在宿主血液内能有顺序地更换其表面糖蛋白，产生新的变异体，而宿主体内每次产生的

抗体，对下一次出现的新变异体无作用。这种抗原变异现象也见于恶性疟原虫寄生的红细胞表面。

2. 抗原伪装 是寄生虫逃避免疫的另一种机制。寄生虫体表结合有宿主的抗原，或者被宿主的抗原包被，妨碍了宿主免疫系统的识别。例如，曼氏血吸虫肺期童虫表面结合有宿主的血型抗原和主要组织相容性复合物（MHC）抗原。这类抗原来自宿主组织而不是由寄生虫合成的，因此宿主抗体不能与这种童虫结合，这为寄生虫逃避宿主的免疫攻击创造了条件。

3. 抑制或直接破坏宿主的免疫应答 寄生在宿主体内的寄生虫释放的大量可溶性抗原可以干扰宿主的免疫反应，表现为：与抗体结合，阻断抗体作用于寄生虫；或形成抗原抗体复合物，抑制宿主的免疫应答。如曼氏血吸虫感染者血清中存在循环抗原，可在宿主体内形成可溶性免疫复合物。实验证明，这种复合物可能改变宿主免疫反应，如抑制嗜酸性粒细胞介导的对童虫的杀伤作用，抑制淋巴细胞转化等。

也可表现为直接破坏特异的免疫效应分子，例如，枯氏锥虫锥鞭毛体的蛋白酶能分解附着于虫体上的抗体，使虫体上仅有 Fab 部分，而无 Fc 部分，因而不能激活补体使虫体的溶解。寄生于血液中的克氏锥虫锥鞭毛体的表面糖蛋白可抑制巨噬细胞的吞噬作用，改变白细胞的功能。

4. 解剖位置的阻隔 一些寄生在细胞或空腔器官内的寄生虫可逃避一定的免疫效应。如红细胞内寄生的疟原虫可逃避抗体的直接作用，肌细胞内成囊的旋毛虫幼虫也可逃避宿主的免疫反应。寄生于肠道的蠕虫刺激机体产生低效率的免疫效应，致使感染持续时间较长。另外，有几种寄生虫感染中发现有免疫抑制因子的存在。

（四）局部组织的抗损伤反应

寄生虫侵入宿主机体以后，宿主组织对寄生虫的刺激产生炎性充血和免疫活性细胞浸润，在虫体寄生的局部进行吞噬和溶解，或形成包囊和结节将虫体包围起来。机体的网状内皮系统细胞和白细胞都具有吞噬寄生虫的作用。

（五）寄生虫感染的变态反应

宿主对寄生虫所产生的免疫，一方面可抵抗重复感染，有利于宿主；另一方面可发生变态反应，引起宿主局部或全身组织的损害和功能紊乱。

1. 速发型变态反应（过敏性，Ⅰ型） 过敏原进入机体内，诱导 B 细胞产生 IgE 抗体。IgE 与靶细胞结合，牢固地吸附在肥大细胞、嗜碱性粒细胞表面。当有相同抗原再次进入机体，与 IgE 抗体结合，引起肥大细胞和嗜碱性粒细胞脱颗粒，释放的多种活性介质（如组胺、肝素、趋化因子、花生四烯酸等）作用于皮肤、黏膜、呼吸道等效应器官，引起皮肤、消化道、呼吸道及全身过敏症。此型多见于蠕虫感染，如血吸虫尾蚴经皮肤进入机体引起局部过敏反应；包虫囊壁破裂，囊液入血从而导致过敏性休克。在寄生虫病中，过敏反应以荨麻疹最为常见。

2. 细胞毒型变态反应（Ⅱ型） 抗体与细胞抗原成分结合或吸附于膜表面的成分相结合后，通过抗体和补体途径溶解细胞，或招募和活化炎症细胞，或促进巨噬细胞的吞噬作用以及抗体依赖细胞介导的细胞毒作用。此类型变态反应常见于黑热病、疟疾患者。当虫体抗原吸附于红细胞表面，与特异性抗体（IgG 或 IgM）结合后，激活补体，导致红细胞溶解，出现贫血。这也是黑热病或疟疾贫血的主要病因之一。

3. 免疫复合物型变态反应（Ⅲ型） 在免疫效应中，抗原抗体复合物大多数情况下可被机体的免疫系统清除。若产生大量免疫复合物沉积在组织中，则会引起组织损伤和相关的疾病。如患疟疾时侵犯心脏，抗原抗体复合物沉积在肾小球基底膜和肾小球血管系膜区，可引起血红蛋白尿、肾功能异常；肾病综合征多见于三日疟；血吸虫病患者也常出现严重的肾小球肾炎，同样是由免疫复合物所致。

4. 迟发型变态反应（Ⅳ型） Ⅳ型变态反应是由特异性致敏效应T细胞介导的。此型反应的局部炎症出现缓慢，接触抗原后24～28h才出现反应，称为迟发型变态反应。如利什曼原虫引起的皮肤结节有明显的细胞反应和肉芽肿形成。血吸虫虫卵随血流进入肝，刺激免疫系统，在虫卵周围形成以淋巴细胞、巨噬细胞、嗜酸性粒细胞浸润的肉芽肿。

有的寄生虫病可同时存在多种类型的变态反应，是多种免疫病理机制的复合效应，甚为复杂多变。如血吸虫感染可引起尾蚴性皮炎（属Ⅰ型和Ⅳ型变态反应）、对童虫的杀伤作用（属Ⅱ型变态反应）、血吸虫性肾小球肾炎（属Ⅲ型变态反应）以及血吸虫虫卵性肉芽肿（属Ⅳ型变态反应）。又如昆虫引起的皮肤病，主要为速发型和迟发型变态反应。

课后思考题

一、名词解释

寄生虫先天性免疫　品种免疫　免疫逃避

二、判断题

（　　）1. 动物机体的免疫力对寄生虫是无效的。

（　　）2. 带虫免疫现象只出现在鸡球虫感染时。

（　　）3. 寄生虫有各种各样的免疫逃避机制，所以没有必要进行寄生虫疫苗研制工作。

三、填空题

1. 宿主能完全消除体内的寄生虫，并对再感染产生完全稳固的免疫力，这种获得性免疫类型被称为__________。

2. 寄生虫感染引起的变态反应包括：__________、__________、__________和__________4种。

四、简答题

简述寄生虫病的免疫逃避现象。

工作任务3　宠物寄生虫病的流行病学特点和危害

（一）宠物寄生虫病发生的基本环节

1. 感染源　感染源是指易感宿主周围环境中已经存在的处于一定发育阶段的寄生虫，如成虫、幼虫、虫卵、卵囊等，以及已经被寄生虫感染的各种载体，如患病动物及其器官组织、中间宿主、补充宿主、贮藏宿主、保虫宿主、生物传播媒介等，以及有寄生虫粪便的外界环境，包括土壤、水等。这些是寄生虫病得以发生的首要条件。饲料、饮水或其他无脊椎动物或脊椎动物成为寄生虫传播的主要来源。

2. 易感宿主 易感宿主是指对某一种寄生虫缺乏免疫力或免疫力低下的动物。易感宿主对于寄生虫来说具有专一性，某一种寄生虫只能寄生于某一种动物，如球虫；有的寄生虫对多种动物都有易感性，如肝片吸虫或弓形虫。

易感宿主也由于种类、品种、年龄、性别、营养状况等差异而呈现易感性和发病状况的差异性。

3. 感染途径 感染途径指寄生虫感染宿主的过程、方式和入侵门户。宠物感染寄生的途径，因寄生虫的种类、传播来源不同而有所不同，主要有以下几种形式：

（1）接触传染。宿主之间通过皮肤或黏膜的直接接触，或通过用具（如饲槽、垫料等）间接接触而感染。如宠物体表寄生的螨虫可由患病宠物与健康宠物的直接接触而感染，也可通过接触污染螨虫的用具而间接感染。某些寄生虫病的传播是通过患病动物与健康动物交配等直接接触方式传播，如牛胎儿毛滴虫病。

（2）经口感染。这是土源性寄生虫病传播的主要途径。如寄生性蠕虫的虫卵或幼虫随粪便排出体外，污染牧场、饲料和饮水。有些吸虫、绦虫类在中间宿主体内发育，这些中间宿主是终末宿主的食物，宠物采食含有感染性幼虫的中间宿主即可感染。孢子虫类原虫排出的卵囊，污染环境后再感染新宿主。

（3）经皮肤感染。有些寄生虫的感染性幼虫自动钻入宿主的皮肤（以及鱼类的鳍和鳃）而引起感染。例如，日本血吸虫的尾蚴以及类圆线虫的感染性幼虫都有很强的感染力，当动物进入幼虫分布的沼泽、潮湿地带，即可穿透皮肤而感染宿主。有些寄生虫的感染通过昆虫刺宿主皮肤而引起感染，如大多数血液原虫病。

（4）经生物媒介感染。某些血液原虫病，如疟原虫通过吸血昆虫传播。生物性传播媒介主要是节肢动物类，其中某些是寄生虫必需的宿主。

（5）经胎盘感染。某些蠕虫的移行期幼虫或血液内寄生虫可通过胎盘由母体传给胎儿，如犬弓首蛔虫病、先天性弓形虫病；日本血吸虫病也有经胎盘感染的病例。

以上感染途径中，有的寄生虫只有一种感染方式，有的则有一种以上的感染方式。

综上所述，寄生虫病的流行必须同时具备三个条件，即感染源、传播途径和易感宿主，缺一不可。

（二）宠物寄生虫病的流行特点

1. 地方性 寄生虫病的流行与分布常有明显的地方性。主要与下列因素有关：

（1）气候、地理条件。如多数寄生虫病易在温暖潮湿的地区流行且分布广泛。这些区域有利于寄生虫卵或幼虫在外界的发育，因此，南方地区寄生虫病的流行更为猖獗。

（2）中间宿主或媒介节肢动物的地理分布。如吸虫病的流行区域与其中间宿主的分布有密切关系，而血吸虫病的流行区域与钉螺的地理分布一致。

（3）人类的生活习惯和活动。人类的饮食习惯影响着寄生虫病的发生和流行，如绦虫病多流行于有生食或食用未煮熟猪肉、牛肉习惯的地区。同样理由，这些地区由于患绦虫病者多，加上卫生条件及设施不完备，使人的粪不能集中管理，动物也易感染囊尾蚴病。再如，有吃生鱼习惯的地区（如广东省），华枝睾吸虫病经常流行。

2. 季节性 寄生虫病的流行往往有明显的季节性。生活史中需要中间宿主或节肢动物作为传播媒介的寄生虫，其疾病的流行季节与相关中间宿主或昆虫的季节消长相一致。如间日疟原虫的流行季节与蚊虫的活动季节一致，所以，由吸血昆虫传播的寄生虫病多发生于夏季；华枝睾吸虫病的流行与纹绍螺活动的季节一致；球虫卵囊孢子化过程需要温暖潮湿气候，故多发于温暖多雨季节。

3. 自然疫源性 有的寄生虫病在没有人类、宠物及其他动物等参与的情况下，依然可在自然界中流行和存在，主要是在野生动物群中流行循环。野生动物成为这些寄生虫的保虫宿主，这种地区称为自然疫源地。其他动物或人类只要进入这种地区就有可能感染。寄生虫病的这种自然疫源性决定了某些寄生虫病在流行病学和防控方面的复杂性。

4. 散发性 动物寄生虫病往往是呈散发性的，且多呈慢性经过。

（三）影响寄生虫病流行的因素

1. 社会因素 包括社会制度、经济状况、科学水平、饲养管理条件、防疫保健以及人们的生产方式和生活习惯等，这些因素对寄生虫病流行的影响日益受到重视。一个地区的自然因素和生物因素在某一个时期内是相对稳定的，而社会因素往往是可变的，对寄生虫病的流行起决定性作用。如猪感染囊尾蚴病是由于吃了猪带绦虫的孕卵节片或虫卵，也就是吃了被患猪带绦虫病人排出的粪便污染的饲料、饮水或牧草。

2. 生物因素 间接型生活史的寄生虫，其中间宿主或节肢动物的存在是这些寄生虫病流行的必需条件，如我国血吸虫病在长江以南地区流行，这与钉螺的地理分布一致；丝虫病与疟疾的流行同蚊虫的地理分布与活动季节相符合。

3. 自然因素 包括温度、湿度、降水量、光照等气候因素，以及地理环境和生物种群等。气候因素影响寄生虫在外界的生长发育，如温暖潮湿的环境有利于土壤中的蠕虫卵和幼虫的发育；气候影响中间宿主或媒介节肢动物的滋生活动与繁殖，同时，也影响在其体内的寄生虫的发育生长，如温度低于15℃或高于37.5℃，疟原虫便不能在蚊体内发育。温度影响寄生虫的侵袭力，如血吸虫尾蚴的感染力与温度有关。地理环境与中间宿主的生长发育及媒介节肢动物的滋生和栖息均有密切关系，可间接影响寄生虫病的发生和流行。

（四）宠物寄生虫病的危害

1. 降低宠物抵抗力 以幼犬肠道寄生虫感染为例。幼犬肠道寄生虫感染率高达70%～80%，这严重影响幼犬的体质和抵抗力，使幼犬容易感染犬瘟热、犬细小病毒病、犬冠状病毒病等传染病。因此，预防和控制寄生虫病对宠物传染病的控制和预防有着重要的意义。

2. 对人类健康的影响 宠物与人类关系密切，因此，人兽共患寄生虫病对人类的威胁也最直接。除一些传染病外，寄生虫病中的弓形虫病、黑热病、隐孢子虫病、肉用犬的旋毛虫病等威胁着人类健康，而犬绦虫病对其他动物具有威胁。世界卫生组织专家委员会公布的重要人兽共患寄生虫病有69种，其中23种最为重要，我国分别存在59种和21种。因此，预防和控制寄生虫病在公共卫生上有重大意义。

3. 影响宠物的外表美观 寄生虫对宠物营养的掠夺和对体质的影响，常使宠物表现消瘦、被毛粗糙无光泽，尤其是宠物体表寄生虫感染的发生率很高，可使宠物皮肤伴有脱毛、红斑、皮屑和瘙痒等症状。不良的外观亦影响宠物主人的审美需求。

课后思考题

一、名词解释

疫源性　易感动物　感染源

二、判断题

（　）1. 寄生虫病的传播与社会生活习惯有关。

（　）2. 寄生虫病传播的地方性主要是因为环境、传播媒介和生活习惯造成的。

（　）3. 寄生虫病传播过程中易感动物无品种差异性。

三、填空题

1. 寄生虫病的流行病学特点包括：________、________、________和________。

2. 寄生虫病主要的传播途径包括：________、________、________、________和________5种。

四、简答题

1. 简述寄生虫病的发生的基本环节。
2. 影响宠物寄生虫病流行的因素有哪些?
3. 宠物寄生虫病的主要危害有哪些?

模块2　宠物寄生虫病的诊断与治疗

工作任务1　宠物寄生虫病的诊断

一、临床检查

观察临床症状是生前诊断最直接、最基本的方法。寄生虫病主要为一种慢性消耗性疾病，临床主要表现为消瘦、贫血、腹泻、水肿等，但有些原虫病和蜘蛛昆虫所引起的疾病可表现特征性的临床症状，如犬巴贝斯虫病可出现高热、贫血、黄疸或血红蛋白尿。据此，可做出初步诊断，如犬皮肤瘙痒、脓疱、水疱、脱毛可能是螨虫病。对于典型病例可以确诊，如粪便里发现蛔虫、绦虫的孕卵节片等。对于有些情况虽不能确诊，但可确定大概范围，为下一步确诊提供一些必要的线索。

二、流行病学调查

寄生虫病的发生往往是由于忽略预防所造成的。因此，应对发病的养殖场和动物种群进行详细的病史调查。流行病学调查可以为寄生虫的诊断提供重要的依据，如感染来源、感染途径、自然条件、地理分布、季节变化等。全面调查和掌握宠物的饲养环境条件、管理水平、发病和死亡等情况，中间宿主和传播媒介的分布情况，居民的饮食卫生习惯等，从而收集到有价值的资料。对收集的资料进行去伪存真，去粗取精，抓住重点，加以全面分析，从而做出初步诊断（可能是哪种寄生虫病，从而排除其他疾病和缩小范围），为准确诊断提供依据。

三、实验室检查

实验室检查是寄生虫病诊断过程中必不可少的手段，是在流行病学调查和临床检查的基础上进行的，通过一定的方法检出病原体，以达到确诊的目的。

寄生虫病的实验室检查方法很多，不同种类的寄生虫病其检查方法也不同。如寄生于消化道的寄生虫，其虫卵、幼虫或卵囊主要随粪便排出，所以粪便检查是主要的方法。螨虫主要寄生于皮肤，则以皮肤刮取物检查为主要方法。另外，还有肌肉、血液、尿液检查等。必要时可以接种实验动物，然后从其体内检查到虫体或病变来建立诊断，如弓形虫病、锥虫病等。

（一）呼吸系统分泌物检查

用棉签或塑料吸管取鼻腔和气管分泌物少许，将采集的病料涂片后置于显微镜下观察。为了取得更多的病料，可以进行人工诱咳。也可以使用浓集法，即收集24h痰液，置于玻璃杯中，加入等量10%氢氧化钠溶液，用玻璃棒搅匀后，放入37℃温箱内，待痰液被消化成稀液状后，倒入离心管内，以1 500r/min离心5～10min，倾去上清液，取沉渣滴于载玻片上，加盖玻片检查。此法适用于肺吸虫或肺丝虫的检查。

（二）粪便样本检查

1. 粪便的采集、保存　被检粪便应该是新鲜而未被污染的，最好从动物直肠直接采取。小动物采集自然排出的新鲜粪便，从粪便的中间或上部采集。将采集的粪便依次编号，并将其装入清洁的容器内。采集用具应每采一份，清洗一次，以防交叉污染。采集的粪便应尽快检查，不能立即检查的应放在阴暗处或冰箱内保存。需要长期保存的可将其浸入50～60℃的5%～10%福尔马林溶液中，使粪便中的虫卵失去生活能力并被固定，以免虫卵变形。

2. 检查方法

（1）虫卵计数法。取新鲜粪便1g置于小杯中，加入10倍量的水搅拌混匀，用金属筛过滤入试管中，静置30～60min后倾去上层液，再加饱和食盐水。混匀后用滴管滴加饱和食盐水至管口，然后在管口覆以盖玻片（22mm× 22mm）。经20min取下盖玻片，将其放在载玻片上镜检并计算虫卵的数量。每份样品以此方法检查3片，其总和为1g粪便的虫卵数，用于判断寄生虫的感染强度。

（2）直接涂片法。这是检查虫卵最简单和常用的方法，但检查时因被检查的粪便量少，检出率也较低。也就是说，当体内寄生虫数量较少时，采用该法虫卵不易被查到。

具体操作：取干净载玻片，中央滴加1～3滴5%甘油生理盐水，用竹签或牙签取少量粪便加入其中涂抹均匀，涂片的厚度以透过涂片隐约看见书上的字迹为宜。在粪便膜上加盖玻片进行镜检。检查时应顺序地查遍盖玻片下的所有部分。

（3）漂浮检查法。该法的原理是利用密度较虫卵大的溶液作为检查用的漂浮液，使寄生虫卵、球虫卵囊等浮于液体表面，进行集中检查。漂浮法对大多数寄生虫（如某些线虫卵、绦虫和原虫卵囊）检出效果较好，对吸虫卵和棘头虫卵效果较差。

最常用的漂浮液是饱和食盐水溶液，其制法是将食盐加入沸水中，直至食盐不再溶解为止（1L水大约加入食盐400g），即为饱和食盐水溶液。然后用4层纱布滤过后，冷却备用。此外，还可使用其他饱和溶液如饱和硫酸镁溶液、饱和硫酸锌溶液、饱和蔗糖溶液等。

①饱和食盐水溶液漂浮法。取5～10g粪便置于100～200mL烧杯（或塑料杯）中，加入少量漂浮液搅拌混合后，继续加入约10倍的漂浮液。然后将粪液用金属筛或纱布滤入另一杯中，弃去粪渣。滤液静置40min左右，用直径0.5～1cm的金属圈平行接触滤液面，提起后将金属圈上的液膜抖落于载玻片上，如此多次蘸取不同部位的液面后，加盖玻片镜检。

②试管浮聚法。取2g粪便置于烧杯中或塑料杯中，加入约15倍的漂浮液搅匀，用纱布滤入另一杯中。将滤液倒入直立的平口试管中，直到液面接近管口为止，然后用滴管补加粪液，滴至液面凸出试管为止。静置30min后，用清洁盖玻片轻轻接触液面，提起后放于载玻片上镜检。

（4）沉淀检查法。用于粪便中吸虫卵的检查。由于吸虫卵、棘头虫卵的相对密度较水大，因而可沉淀于水底。

取粪便5g，加清水100mL以上，用玻璃棒搅匀，经60目铜筛过滤至另一玻璃杯中；静置30min，弃去上清液，保留沉渣，再加水混匀，沉淀；如此反复直至上层液体透明后，吸取沉渣检查。

有条件的可采用离心沉淀法检查，即将滤去粗渣的粪液，置离心管中，以1 500～2 000r/min的速度离心1～2min，弃去上清液，再加水离心沉淀，如此反复直至上清液澄清为止。取粪渣镜检。

（5）毛蚴孵化检查法。本方法专门用于诊断日本血吸虫病。取粪便约30g，先经沉淀法浓集处理后，将粪便沉渣倒入三角烧瓶内，加清水（城市中需用去氯水）至瓶口，在20～26℃的条件下进行孵化，应有一定的光线。经4～6h后用肉眼或放大镜观察。毛蚴本身为灰白色，折光性强的菱形小虫。如距水面约4cm处水中有白色点状物作水平或倾斜来往游动，即为毛蚴。应在光线明亮处，以黑色背景来观察。必要时也可用吸管将毛蚴吸出镜检。如无毛蚴，每隔1～5h观察记录一次。气温高时，毛蚴可在短时间内孵出，因此在夏季要用1.0%～1.2%食盐水或冰水冲洗粪便，最后一次才改用室温清水，防止毛蚴过早孵出。此法主要用于判断吸虫感染的强度。

（6）幼虫孵化检查法。圆形科线虫种类很多，其虫卵在形态上很难区别，常将粪便中的虫卵培养为幼虫，再根据形态差异加以鉴别。

幼虫孵化最常用的法是：取一灭菌的培养皿，在培养皿底部加滤纸一张，然后将欲培养的粪便加水调成硬糊状，塑成半球形，放在培养皿内的纸上，使半球形粪便的顶部略高出平皿边缘，使加盖时与培养皿盖相接触。将此培养皿置于25℃恒温箱中，使底部的垫纸始终保持潮湿状态，经7d后，多数线虫虫卵即可发育成第三期幼虫，并集中于培养皿盖上的水滴中。将幼虫析出，置于载玻片上，放在显微镜下检查。

（三）尿液检查法

尿液寄生虫检查时，用导尿法或收集自然排出的新鲜尿液5～10mL，放入离心管内，以1 500r/min离心5～10min，倾去上清液，取沉渣镜检。如果是乳糜尿需加等量乙醚，用力振荡，使脂肪溶于乙醚，然后弃去脂肪层，离心后取沉渣镜检。此法适用于狐膀胱毛细线虫、肾膨结线虫的检查。

（四）角质透明化检查法

螨类（疥螨、痒螨、蠕形螨等）寄生于动物体表或体内时，应刮取皮屑，置显微镜下寻找虫体或虫卵。

1. 病料的采集 刮皮屑时，应选择患部皮肤与健康皮肤的交界处，这里螨虫较多。刮取时先剪去被毛，取凸刃刀片在酒精灯上消毒。凉后手握刀片，使刀刃与皮肤表面垂直，反复刮取皮屑，直到皮肤微微出血为止（这对疥螨的检查尤为重要）。将刮下的皮屑集中于培养皿或试管内带回实验室以供检查。

检查蠕形螨时，可用力挤压病变部位，挤出脓汁，放在载玻片上置于显微镜下检查。

2. 检查方法

(1) 煤油浸泡法。将病料置于载玻片上，滴数滴煤油后，加盖另一块载玻片，用手搓动两片，使皮屑粉碎，然后在显微镜或解剖镜下检查。由于煤油的作用，皮屑变得透明，虫体特别明显。

(2) 皮屑溶解法。将病料浸入盛有5%～10%氢氧化钠（或氢氧化钾）溶液的试管中，经1～2h痂皮软化溶解，弃去上层液后，用吸管吸取沉淀物，滴于载玻片上加盖玻片检查。为加速皮屑的溶解，可将病料浸入10%氢氧化钠溶液的试管中，在酒精灯上加热煮沸数分钟，痂皮全部溶解后将其倒入离心管中，用离心机离心1～2min后，倒去上层液，吸取沉淀物制片镜检。

（五）血液检查

1. 血液内蠕虫幼虫的检查 丝虫目某些线虫的幼虫可以寄生在动物的外周血液中，动物感染时，可以通过检查血液中的幼虫（即微丝蚴）确诊。可采用以下方法：

(1) 直接镜检法。若血液内幼虫较多，可直接采集动物耳尖血一滴，滴至载玻片上，加盖玻片立即镜检，即可看到血液内活动的微丝蚴。为延长观察时间，可在血滴上加少许生理盐水，既可防止血液过早凝固，又可稀释血液便于观察。

(2) 溶血染色法。若血液中幼虫较少，可制备厚的血膜，溶血后染色观察。方法是：采集动物耳尖一大滴血，置于载玻片上稍加涂片，待其自然干燥后翻转玻片使血膜向下，倾斜状浸入蒸馏水中，待血膜完全溶血后取出玻片晾干，再将玻片浸入甲醇中固定10min。取出晾干，以明矾苏木素染色，待白细胞核染成深紫色时，取出玻片，用蒸馏水冲洗1～2min，吸干水渍后镜检。

(3) 改良Knott氏试验。取全血1mL加2%甲醛9mL，混合后于1 000～1 500r/min离心5～8min，弃上清，取1滴0.1%美蓝溶液混合后，在显微镜下检查微丝蚴。

2. 血液内原虫的检查 寄生于血液中的伊氏锥虫、巴贝斯虫和住白细胞虫，可采血检查。犬、猫和兔均可选用耳静脉。可采用以下方法进行检查：

(1) 直接镜检法。采的血液滴在干净的载玻片上，加等量生理盐水与之混匀后，加盖玻片立即在低倍镜下检查，发现有运动的可疑虫体，再转换成高倍镜观察。此法适用于伊氏锥虫的检查。

(2) 涂片染色法。采血20～50μL血液滴于载玻片一端，按常规方法制作血涂片，晾干。滴2～3滴甲醇于血膜上，固定后用姬姆萨染色液、瑞氏染色液染色或Diff-quick液染色。干燥后在40倍或油镜下检查。本方法适用于各种血液原虫的检查。

(3) 离心集虫法。当血液中虫体较少时，可采用此方法进行检查。在离心管中加入2%柠檬酸生理盐水溶液3～4mL，再加入血液6～7mL；混匀后，以500r/min离心5min，大部分红细胞沉降至管底；将含有少量红细胞、白细胞和虫体的上层血浆移至另一离心管，补加生理盐水，以2 500r/min的速度离心10min，取其沉淀制成抹片，染色镜检。此法适用于检查伊氏锥虫和巴贝斯虫。

四、病理学诊断方法

病理学检查是动物死后诊断所采取的方法，包括病例剖检和病理组织学检查。剖检

时按宠物寄生虫学剖检程序做系统的观察和检查，并详细记录病变特征和检获的虫体，根据剖检结果，找出特征性病理变化，做出初步诊断；若找到相应虫体即可确诊。某些组织的寄生虫需要结合病理组织学检查，发现典型病变和各阶段虫体即可确诊。例如，在临床症状和流行病学方面怀疑为肝片吸虫时，如在胆管、胆囊内找出成虫或童虫即可进行确诊。

五、免疫学诊断技术

寄生虫在生长、发育、繁殖直到死亡的整个寄生过程中，其产生的分泌物、排泄物和死亡后的崩解产物，在宿主体内均起着抗原的作用，可以诱导动物机体产生免疫应答反应。因此，寄生虫病可以利用抗原-抗体反应或其他免疫反应来诊断。这些方法具有简便、快速、敏感、特异等特点。但由于寄生虫虫体结构复杂，寄生虫在生活史的不同阶段有各不相同的特异性抗原，再加上有些寄生虫表膜抗原不断发生变异，易出现假阳性和假阴性结果，应用时需加以克服。目前在重要的动物寄生虫病以及人兽共患寄生虫病方面相继建立了多种免疫诊断方法，包括间接血凝试验（IHA）、间接荧光抗体试验（IFAT）、酶联免疫吸附试验（ELISA）、胶体金快速诊断技术等，都得到广泛的应用。

对于一些只有解剖动物或检查活组织才能发现病原的寄生虫病，如旋毛虫病、棘球蚴病、住肉孢子虫病等，免疫学诊断也是较为有效的方法。此外，在寄生虫病的流行病学调查中，免疫学方法也有其他方法不可替代的优越性。

六、动物接种诊断技术

诊断弓形虫病、伊氏锥虫病时，可将病料或血液接种于实验动物；诊断巴贝斯虫病时，可将患病动物血液接种于同种幼龄动物，在被接种动物体内证实该病原体的存在，即可确诊。

1. 弓形虫病 弓形虫属于多宿主寄生虫，小鼠尤其敏感，一般采集动物的流产胎儿、分泌物、腹腔液等，用生理盐水5倍稀释，加入双抗制成乳剂，取0.2mL接种于小鼠腹腔，一周后剖杀取腹腔液镜检，发现游离的速殖子为阳性。阴性者需盲传至少3代才能确定。

2. 伊氏锥虫病 采集静脉血加入抗凝剂，取0.5～1.0mL接种于小鼠的腹腔或皮下。血液应在2～4h内接种完毕，接种后的动物应该隔离并经常检查。如果接种病料中的虫体较多，一般在小鼠接种的3d内即可在外周血液中检查到虫体，当接种病料中的虫体较少，小鼠发病时间可能会延长至1个月以后。

课后思考题

一、名词解释

试管浮聚法　虫卵孵化法

二、判断题

（　）1. 粪便检查方法主要是对多数体内寄生虫的检查。

（　）2. 粪便检查未发现虫卵，说明动物体内无寄生虫感染。

三、选择题

1. 对于多数线虫卵和球虫卵囊，实验室常用的检查方法是（　　）。

A. 饱和盐水漂浮法　　B. 水洗沉淀法

C. 毛蚴孵化法　　D. 贝尔曼氏幼虫分离法

2. 犬蛔虫病的病原学诊断方法是（　　）。

A. 饱和盐水漂浮法　　B. 水洗沉淀法

C. 毛蚴孵化法　　D. 贝尔曼氏幼虫分离法

E. 肉眼观察

四、简答题

1. 简述粪便涂片法、饱和盐水漂浮法的操作过程和适用对象。

2. 简述螨虫检查的操作要点。

工作任务2　宠物寄生虫病的防控措施

各种寄生虫病严重危害动物的健康，阻碍养殖业和宠物行业的健康发展，给国民经济造成巨大损失。有些寄生虫还可以引起人兽共患寄生虫病，直接危害或威胁人类健康。由于寄生虫的种类繁多，并各有不同的生物学特性，又因宿主的饲养管理、地域分布、自然条件不同，所以防控宠物寄生虫病是一项极其复杂的工作。寄生虫病的防控，必须贯彻“防重于治”的方针，根据寄生虫的生活史，以及对寄生虫病流行情况、流行因素与生态学特征的调查，采取消灭中间宿主或传播媒介、安全放牧、生物防控、加强饲养管理等一系列的综合性防控措施。

一、防控原则

1. 控制感染源　控制感染源是防止寄生虫病蔓延的重要环节，一方面需要及时治疗患病动物，驱除或杀灭宠物体内外的寄生虫，治疗期间注意防止病原扩散；另一方面要根据寄生虫的发育规律，定期进行预防性驱虫。某些蠕虫病可根据流行病资料，选择在尚未发育为成虫阶段时进行驱虫，即成熟前驱虫。这样既能保护动物健康，又能防止对外界环境的污染。某些原虫病要查明带虫动物，采取治疗、隔离等措施，防止病原扩散。此外，对那些保虫宿主、贮藏宿主也要采取有效的防控措施。

2. 切断传播途径　宠物感染寄生虫多数是因为采食、相互接触或经吸血昆虫叮咬引起。为减少或消除感染机会，要经常保持宠物饲养环境卫生干净，特别需要对粪便进行无害化处理、消除蚊蝇滋生地、保护水源和饲料不被污染、改良池塘或牧地等。对发育阶段需要中间宿主或传播媒介的寄生虫，需要设法避免终末宿主与中间宿主或传播媒介的接触，可采取物理、化学或生物防控等措施消灭中间宿主或传播媒介。

3. 保护易感动物　除搞好日常的饲养管理，应特别注意饲料的营养及饲养卫生，必要时可采取驱虫药物进行预防性驱虫以保护宠物的健康，或及时喷洒杀虫剂以防止吸血昆虫的叮咬。如果有免疫效果较好的疫苗，可通过人工接种进行免疫预防。

二、寄生虫病的基本防控措施

(一) 驱虫

驱虫是指用药物或其他方法将宠物体表或体内的寄生虫驱除或杀灭的措施。驱虫并不是单纯的治疗，而是有着积极的预防作用，关键在于减少病原体污染环境，控制感染来源。

1. 治疗性驱虫 当宠物感染寄生虫后出现明显临床症状时，要及时用特效驱虫药对患病动物进行治疗。必要时还需辅以强心、补液、输血等对症疗法；期间加强护理，保证驱虫宠物的安全。为了防止驱虫后的排泄物污染外界环境，防止再次感染，需要做到以下几点：①在专门的场所驱虫；②宠物驱虫后应隔离一段时间，直至虫体排完为止；③排出的虫体和粪便应集中处理，使之无害化。

2. 预防性驱虫 可分为有计划的定期驱虫和长期给药预防。

(1) 定期预防驱虫。针对宠物体内的蠕虫，需要根据其生活史和流行规律，进行有计划的定期预防性驱虫，将其消灭于萌芽状态。这样既能降低宠物的荷虫量，又能减少对环境的污染，对宠物蠕虫病的控制具有重要意义。

成熟前驱虫：指用药驱杀在宿主体内尚未发育成熟时的蠕虫。这种措施特别适合人兽共患寄生虫病的预防，如对寄生于犬小肠的细粒棘球绦虫进行成熟前驱虫。

(2) 长期给药预防。主要针对的是动物原虫病。如预防鸡球虫病，可将抗球虫药拌入饲料，连续服用，但要注意抗药性。

(二) 驱虫要求

1. 选准驱虫时机 对于定期驱虫，驱虫效果与驱虫时机的选择密切相关。驱虫具体日期应根据蠕虫的发育史（尤其是在宿主体内发育至成熟的时间）、感染季节等来决定，最好选择在成熟前驱虫，可彻底消除病原。

2. 确定驱虫对象 首先要根据寄生虫病的流行病学资料，结合临床症状，并抽检一定数量的宠物，了解寄生虫感染的强度和感染率，做出最终决定。其次，要考虑宠物的体质强弱，有无其他严重疾病及妊娠等情况来定。一般对严重疾病或处于高热期的宠物，应先适当处理，待好转后再进行驱虫。宠物妊娠期间不能驱虫。对多宿主寄生虫，所有带虫宿主均应同时驱虫。

3. 驱虫药物的选择与使用 不论是治疗性驱虫还是预防性驱虫，驱虫药的选择最为重要。选择驱虫药时应考虑药物的安全性、高效性、广谱性、方便、价格低廉、药源等条件。在临床上宠物常受到多种寄生虫的感染，仅选择针对某种或某一类寄生虫有特性的驱虫药不能达到有效的目的，因此注意选择广谱或两种以上驱虫药，达到一次投药能驱除多种寄生虫的目的。

4. 驱虫宠物的管理 一般在驱虫后5d内，宠物应集中管理，将其所排出的粪便及时清理并堆积发酵以杀死其中虫体和虫卵。5d后对饲养宠物的环境进行彻底清扫、消毒，以消灭残余寄生虫。在驱虫期间，要给予宠物清洁饮水，加强看管和护理。

总之，宠物寄生虫病确诊后，应根据宠物的体质、病情和寄生虫的生物学特性，应用各种驱虫或杀虫药物进行治疗。大范围用药时，应先做试验。选用的药物要安全、高效、成本低廉和使用方便。宠物驱虫后排出的粪便和虫体，应适当处理，以防病原扩散。

（三）卫生措施

1. 环境卫生 这是切断寄生虫传播途径的主要措施。除宠物饲养笼舍的日常卫生清洁工作外，还需要针对寄生虫生活史和流行病学的重要环节，采取相应措施阻断寄生虫病的传播，如加强粪便管理、消灭中间宿主或传播媒介等。

（1）粪便管理。绝大多数寄生虫病通过动物的粪便散播病原，因此，应管好人、犬、猫的粪便，提倡笼舍饲养。禁止在池塘边盖动物房舍或厕所，防止粪便直接污染水源。养殖场要注重清洁卫生，勤清扫，粪便和垃圾运至特定区域进行无害化处理。

（2）杀灭中间宿主和传播媒介。有些寄生虫病在流行过程中，必须有中间宿主或传播媒介参与，可采用各种物理、化学或生物学方法加以消灭，达到预防疾病的目的。

灭螺可结合水利建设，采用土埋、水改、水淹等措施，改变螺的滋生条件。也可选择药物进行化学灭螺，或亦可饲养家鸭进行生物灭螺。

杀灭昆虫媒介如蚊、蝇、蜱等，清除粪便、污水、杂草或灌木丛，破坏昆虫滋生环境；再用杀虫剂进行化学灭虫；或利用昆虫的天敌进行生物灭虫。

2. 饲养卫生 宠物感染蠕虫或某些原虫是由于吞食了感染性虫体，因此加强饲养卫生，防止“病从口入”很重要。要经常保持宠物食物、饮水、笼舍的清洁卫生。禁止用生的或半生的鱼虾、蝌蚪或贝类作为食物喂给宠物；勿用猪、羊屠宰的废弃物喂犬；动物内脏必须经无害化处理后才能制成宠物饲料。另外需要加强饲养管理，供给充足全价饲料。对人兽共患的寄生虫病，特别要注意个人卫生，做到不吃生或半生的肉制品。

（四）诊疗原则与方法

根据临诊症状或病原（虫体、虫卵、卵囊等）检查，一般可以确诊。采用对症治疗和对因治疗相结合的方法可达到标本兼治的目的。如治疗犬螨虫感染时，既要应用伊维菌素、多拉菌素等杀灭螨虫，又要使用糖皮质激素、抗组胺类药物抗过敏以减轻瘙痒症状，如有细菌感染，还应使用抗生素。

三、特殊措施

（一）免疫预防

寄生虫与其他细菌、病毒一样，可刺激宿主产生免疫反应，通过疫苗接种预防寄生虫病的流行，已被证实是可行的。一些寄生虫病疫苗在临床上应用取得很好的保护效果。随着新技术在寄生虫领域的广泛应用，寄生虫免疫学也取得很大的进展，从最初的强毒疫苗发展到今天的基因工程疫苗，多种寄生虫的保护性抗原基因被克隆，免疫机制也被不断揭示。

1. 强毒疫苗 是直接从自然界发病宿主体内（表）或排泄物中分离的，在实验室进行传代增殖，配以合适的稳定剂，组合制成的。其免疫机制是：低剂量接种强毒疫苗，使宿主感染而不发病，虫体在体内循环增殖，从而使宿主产生带虫免疫。因这种疫苗的致病力未减弱，使用不当可引起宿主发病，因此可适当配合药物控制其繁殖。

强毒疫苗的研究主要集中在原虫，如鸡球虫、泰勒虫、锥虫等。其免疫效果取决于接种剂量和接种方式。通常低剂量多次免疫的效果优于高剂量一次性免疫。强毒疫苗有可能带入当地没有的虫种，且致病力较强，有引起明显临床症状的潜在风险，因此目前并未大面积推广使用。

2. 弱毒疫苗 为克服强毒疫苗的弊端，采用理化或人工传代等方法降低强毒疫苗毒力，

使其保持良好抗原性，并能在宿主体内存活和繁殖，在一段时间内不断刺激机体免疫系统，起到免疫保护效果。弱毒疫苗的制备包括天然弱毒株筛选、理化（如射线、化学试剂等）处理、人工传代致弱和基因剔除等方法。

3. 分泌抗原苗 寄生虫分泌或代谢产物具有很强的抗原性，可提取抗原制成虫苗。牛巴贝斯虫、犬巴贝斯虫、双芽巴贝斯虫、分歧巴贝斯虫体外培养获得成功，从培养液中提取裂殖子抗原制成的虫苗，已经成功在澳大利亚和欧洲推广应用。其他一些虫体，如犬弓首蛔虫、旋毛虫、日本血吸虫、弓形虫等的分泌抗原也能诱导宿主产生较强免疫保护力。

4. 基因工程疫苗 也称重组抗原疫苗，是利用基因重组技术将虫体抗原基因片段导入受体细胞，随受体细胞的繁殖而大量扩增，再经处理制成的疫苗。

5. 化学合成苗 经化学反应合成一些对人或动物具有免疫保护作用的小分子抗原，主要为合成肽苗和合成多糖苗。

6. 核酸疫苗 将含有保护性抗原基因质粒 DNA 接种到宿主体内，在宿主体内进行转录、翻译表达，从而刺激宿主产生抵抗某种寄生虫入侵或致病的免疫力。核酸疫苗包括 DNA 疫苗和 RNA 疫苗，目前研究最多的是 DNA 疫苗，如弓形虫、隐孢子虫、牛巴贝斯虫的 DNA 疫苗。

（二）生物控制

长期以来，对寄生虫病的防治主要依靠化学药物，但随之而来的耐药性和药物残留以及环境污染等问题不断凸现，使得人们开始寻求新的防控措施，生物控制以无毒、无害、无污染等特点备受关注。

动物寄生虫的生物控制是指利用寄生虫的某些天敌对寄生虫及其所引起的疾病进行防控的一种生物技术。

1. 对节肢动物寄生虫的生物控制 节肢动物的天敌包括细菌、病毒、真菌、原虫、线虫等。

目前，已经分离出来可致昆虫发病的细菌有 100 多种，国内外生产的细菌杀虫商品有几十种，主要集中在芽孢杆菌科，如苏云金芽孢杆菌，是从家蚕体内分离得到的。目前证实，有 400 多种昆虫对苏云金芽孢杆菌敏感，由于其作用广谱，并可提纯或合成，已被广泛用来杀灭有害昆虫。

真菌是最早发现能引起昆虫疾病的一类微生物。对昆虫致病的真菌研究主要集中在蝇疫霉属、白僵菌属、绿僵菌属。利用对昆虫有致病性的真菌（金龟子绿僵菌）杀灭兔痒螨试验中，效果很好。

对医学昆虫具有致病力的病原主要集中在微孢子虫类，但其杀虫谱较窄、致死性低，因此寄生性原虫不能单独用于生物控制。

2. 对原生动物寄生虫的生物控制 对原生动物寄生虫进行生物控制的例子还不多见。研究主要集中在原虫病毒上。目前发现的原虫病毒有真菌病毒、蓝氏贾第虫病毒、利氏曼原虫病毒、艾美耳球虫病毒、隐孢子虫病毒等，但其相关研究有待进一步深入。

3. 对蠕虫的生物控制 在自然环境中，蚂蚁、蚯蚓、甲虫可以吃绦虫卵或将其带进土壤中，但目前尚无成功的人工进行绦虫生物控制的报道。血吸虫的生物控制，主要通过控制其中间宿主钉螺来实现。钉螺的自然天敌包括鱼、鸟、甲虫、水蛭等，还有一些线虫、吸虫及虫卵致病性真菌、致病性细菌等，但大规模应用还有待进一步研究。

对于线虫的生物控制，已报道某些病毒、细菌、真菌、蚯蚓、粪甲虫、螨、步行虫等。土壤中的阿米巴可以捕食线虫。蚯蚓和粪甲虫对动物粪便有分解和清除作用，不仅可以创造不利于寄生性线虫的孵化环境，还可机械性致死或吃掉粪中的虫卵和幼虫，从而直接或间接减少感染性幼虫向周围环境扩散，起到生物控制的作用。

综上所述，寄生虫的生物控制有着巨大的潜力，在某些寄生性害虫的控制方面取得瞩目的成果，但动物寄生虫的生物控制研究进展缓慢，迄今为止，仅有少数成功的例子，主要集中在昆虫及线虫上。

四、犬、猫推荐体内驱虫程序

健康幼犬 20 日龄以后开始驱虫，不足 6 月龄的幼犬，每月驱虫一次，6 月龄以上的犬只，3 个月驱虫一次；刚购回的犬只，需先饲养 3～5d，再进行首次驱虫。

幼猫一般 6 周龄以上进行首次体内驱虫，6 月龄以内的幼猫，每月驱虫一次，6 月龄以上的猫，3 个月驱虫一次；刚购买的猫，需要先饲养 3～5d，再进行首次驱虫。

五、常用宠物寄生虫病的治疗药物

（一）抗蠕虫药

1. 抗线虫药

（1）甲苯达唑。为白色、类白色或微黄色结晶粉末；易溶于甲酸，不溶于水。本品能抑制虫体对葡萄糖的摄取，干扰葡萄糖的转运，从而导致虫体糖原耗尽，ATP 减少，虫体受抑制死亡。本品对动物多种胃肠线虫和某些绦虫有效。其驱虫谱较广，对犬弓首蛔虫、犬鞭虫、犬钩口线虫、豆状带绦虫、泡状带绦虫、细粒棘球绦虫均有效。

用法：每千克体重 22～25 mg，每日 1 次，连用 3d（线虫）或连用 5d（绦虫）。

（2）阿苯达唑。又称丙硫咪唑，商品名为抗蠕敏、肠虫清等。主要抑制虫体延胡索酸还原酶，阻止虫体能量的生成。可驱除宠物胃肠道线虫（如犬蛔虫、钩虫、鞭虫等）。

用法：每千克体重 25～50 mg，每日 1 次，连用 3d。或每千克体重 50mg，每日 1 次，连用 5d，对犬心丝虫有效。

（3）芬苯达唑。为白色或类白色粉末，是广谱、高效、低毒的新型苯并咪唑类驱虫药，对胃肠道线虫的成虫和幼虫均有高效驱虫活性。

用法：每千克体重 25～50mg，每日 1 次，连用 3d。

（4）奥芬达唑。是芬苯达唑的衍生物，属广谱、高效、低毒的新型抗蠕虫药，驱虫活性比芬苯达唑更强。用量为每千克体重 10mg，1 次即可。

（5）非班太尔。为无色的粉末，属于苯并咪唑类前体驱虫药。其在胃肠道内转变成芬苯达唑发挥驱虫效应。国外通常多采用非班太尔与吡喹酮等配合使用，扩大驱虫范围，对胃肠道线虫和绦虫有特效。对钩口线虫、弓首蛔虫、鞭虫、带绦虫、犬复孔绦虫的成虫或潜伏期虫体均有较好的驱虫效果。每千克体重 10mg，连用 3d。

（6）左旋咪唑。为白色或类白色结晶粉末。其对虫体的延胡索酸还原酶有抑制作用，可引起虫体肌肉持续收缩而麻痹。本品也有药物的拟胆碱作用，有利于已麻痹虫体迅速排出。犬、猫用药量为每千克体重 10mg，连用 3d。对犬蛔虫、钩虫驱虫效果较好，但对鞭虫无效。

（7）枸橼酸乙胺嗪。抑制肌肉活动，使虫体固定；改变微丝蚴体表膜，使其更易遭受宿主防御系统的攻击破坏。乙胺嗪是犬心丝虫的预防用药，对第3期、第4期幼虫有特效。预防时采用低剂量（每千克体重6.6mg）长期连续服用。

（8）伊维菌素。其作用机制是增加虫体的抑制性递质γ-氨基丁酸（GABA）的释放，以及打开谷氨酸控制的氯离子通道，增强神经膜对氯离子的通透性，从而阻断神经信号的传递，使其神经麻痹，失去收缩能力，最终导致虫体死亡。

对体内外寄生虫特别是线虫和节肢动物有良好的驱杀效果，但对绦虫、吸虫及原生动物无效。对犬多种寄生虫如钩口线虫、蛔虫、鞭虫、螨虫、蜱、跳蚤等有效。用量为每千克体重0.2～0.3mg，一次内服或皮下注射。柯利犬对本品敏感，应慎用。

2. 驱吸虫与绦虫药

（1）吡喹酮。本品能被绦虫和吸虫迅速吸收，使虫体瞬间发生强直收缩，合胞体外皮迅速形成空泡，最终导致虫体表皮腐烂，直至溶解。对绦虫、吸虫和未成熟的虫体均有效。用量为每千克体重2.5～5mg，一次内服即可。犬4月龄以上才能使用，服药前后不必禁食。

（2）氯硝柳胺。宠物禁食1夜后，1次口服，用量为每千克体重50～60mg。

（3）伊喹酮。为犬、猫专用抗绦虫药。其作用机制与吡喹酮相似，对犬、猫复孔绦虫、细粒棘球绦虫、豆状带绦虫均有效。犬、猫用量分别为每千克体重5.5mg和2.75mg，一次内服即可。

（二）抗原虫药

1. 抗巴贝斯虫药

（1）三氮脒。又名贝尼尔、血虫净。其作用机制是干扰虫体的糖酵解和DNA合成。对巴贝斯虫、锥虫、支原体均有作用。用量为每千克体重3.5mg时，对犬巴贝斯虫引起的临床症状有明显消除作用，但对犬吉氏巴贝斯虫，则需要加倍剂量才能消除虫体。

（2）硫酸喹啉脲。又称阿卡普林。主要通过干扰虫体的代谢而发挥作用，是一种广谱抗血液原虫药，对巴贝斯虫、锥虫、无形体和支原体有效。用量为每千克体重0.25mg，1次肌内注射。

2. 抗球虫药和弓形虫药

（1）磺胺二甲嘧啶。为白色或微黄色结晶粉末。主要是通过抑制二氢叶酸的合成影响核蛋白合成，从而影响球虫的生长繁殖。对犬、猫弓形虫均有效。用量为每千克体重60mg（口服），每日3次，连用3～5d。

（2）磺胺间甲氧嘧啶。作用与磺胺二甲嘧啶相似，抗虫谱也相似，用量为每千克体重100mg（口服），每日3次，连用3～5d。

（3）盐酸氨丙啉。为白色粉末。本品可竞争性抑制球虫对硫胺素的摄取，妨碍虫体的糖代谢过程，从而抑制球虫的发育。用于犬、猫的球虫感染。用量为每千克体重150～200mg，混入食物，连用7d。

3. 抗鞭毛虫药

甲硝唑：用于犬、猫贾第鞭毛虫病、生殖道毛滴虫病、阿米巴虫病的治疗，用量为每千克体重25mg，一次口服即可。

（三）杀虫药

双甲脒：可干扰虫体神经系统，使其兴奋性增高，口器功能失调，从而影响虫体不能拔出或掉落，虫体的产卵功能和虫卵的发育也受到影响。对螨、蜱、蝇、虱等外寄生虫均有效。用法为以 50～100mg/L 浓度进行药浴、喷淋、涂擦等。

除双甲脒外，临床常用的阿维菌素、伊维菌素、莫拉菌素内具有较好的杀虫作用。

课后思考题

一、选择题

1. 不属于寄生虫病控制措施的是（ ）。

A. 控制感染源　B. 增加饲养密度　C. 消灭感染源

D. 增加宠物抵抗力　E. 切断传播途径

2. 寄生虫病的防治原则是（ ）。

A. 治疗患病动物　B. 治疗带虫动物　C. 针对流行环节，综合防治

D. 消灭保存宿主　E. 保护易感动物

二、判断题

（ ）1. 控制传染源的主要措施就是做好平时的预防性驱虫工作。

（ ）2. 在发生寄生虫病的犬场进行严格消毒就能杀死寄生虫及其卵囊。

三、填空题

1. 常用的驱线虫药物有__________、__________和__________。

2. 常用的抗原虫药物有__________、__________和__________。

3. 宠物寄生虫病的防治原则包括__________、__________和__________。

四、简答题

1. 简述寄生虫病的综合防治措施。

2. 举例说明宠物常用的驱虫药物。

3. 假如你将来专门从事宠物繁育，管理某个犬舍，简述你从哪些方面着手预防和控制犬舍寄生虫病的发生（请从宠物寄生虫病的综合防治措施角度来回答）。

模块3　宠物吸虫病

工作任务1　吸虫病概述

（一）吸虫的形态结构

1. 外部形态　虫体两侧对称，多数呈背腹扁平的叶片状、长舌状，有的近似于圆形或圆柱状，一般为乳白色、淡红色或棕色，大小为 0.3～75mm。体表光滑或有小棘等。通常具有肌质发达的吸盘，在虫体前端围绕口孔的是口吸盘；腹面的腹吸盘位置不定，在后端的称为后吸盘。个别虫体无腹吸盘，见图 2-3-1。

2. 体壁　吸虫无表皮，体壁由皮层和肌肉层构成，称为皮肌囊。囊内含有网状组织（实质），消化、生殖、排泄、神经系统等分布于其中，缺体腔。皮层从外到内由外质膜、基质和基质膜组成。外质膜的成分为酸性黏多糖或糖蛋白，具有抗宿主消化酶及保护虫体的作用。皮层具有分泌与排泄功能，可进行二氧化碳和氧气的交换，还具有吸收营养物质的功

能。其营养物质是以葡萄糖为主，也可吸收氨基酸。肌肉层是虫体收缩活动的组织。每种虫体在不同发育阶段时其体壁不尽相同。

3. 内部构造

（1）吸虫的消化系统。吸虫的消化系统包括口、前咽、咽、食道和肠管。口位于虫体前端口吸盘的中央，前咽短小或缺乏，咽呈球状。咽后接或长或短的食道，下连两条肠管，位于虫体两侧，直或弯曲，末端封闭称为盲肠，无肛门，废物经口排出体外，见图 2-3-2。

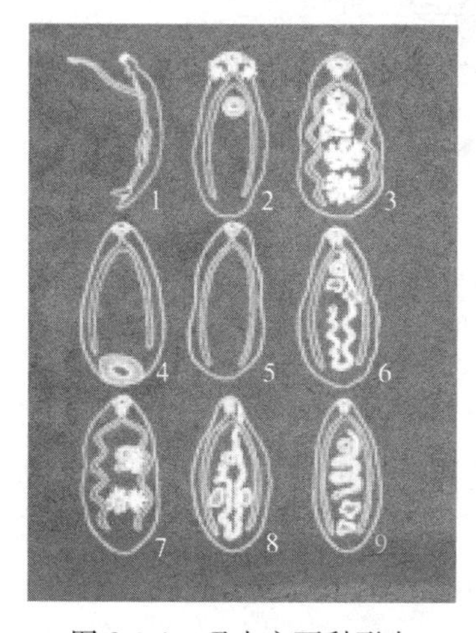

图 2-3-1 吸虫主要科形态

1. 分体科 2. 棘口科 3. 片形科 4. 前后盘科 5. 背孔科
6. 歧腔科 7. 并殖科 8. 前殖科 9. 后睾科

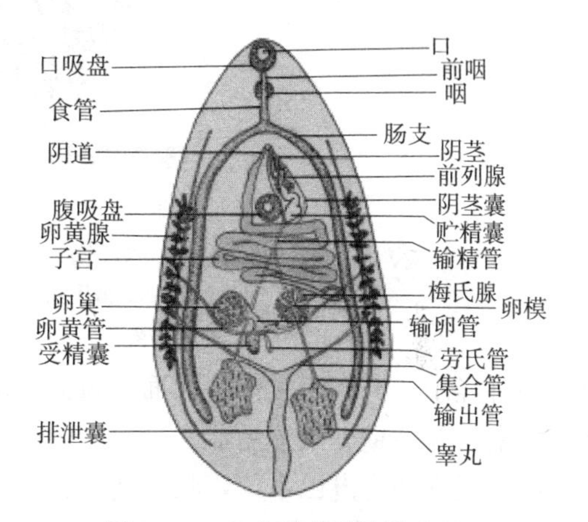

图 2-3-2 吸虫形态结构模式图

（2）吸虫的排泄系统。吸虫的排泄系统由焰细胞、毛细管、集合管、排泄总管、排泄囊和排泄孔组成。焰细胞的细胞质内有一束纤毛，颤动似火焰，所收集的排泄物经毛细管、集合管、排泄总管到排泄囊，最后由末端的排泄孔排出体外。排泄物含有氨、尿素和尿酸等。排泄囊呈圆形、管形等形态。

（3）吸虫的生殖系统。吸虫的生殖系统发达，除分体科的吸虫外都是雌雄同体，即同一虫体内具有雌、雄生殖系统。

雄性生殖系统包括睾丸、输出管、输精管、贮精囊、射精管、前列腺、雄茎、雄茎囊和生殖孔等。睾丸的数目、形态、大小和位置随吸虫种类的不同而异。睾丸通常有两个，呈圆形、椭圆形、树枝状或分叶状，左右排列或前后排列在腹吸盘后或虫体后方。每个睾丸各有一条输出管，汇合为输精管，其远端膨大及弯曲成为贮精囊，下接射精管，其末端为雄茎，开口于雄性生殖孔。贮精囊和雄茎之间有前列腺。贮精囊、射精管、前列腺和雄茎常被包在雄茎囊内。贮精囊在雄茎囊内时称为内贮精囊。

雌性生殖系统由卵巢、输卵管、卵模、受精囊、梅氏腺、卵黄腺、子宫及生殖孔等组成（图 2-3-3）。卵巢一个，其形态、大小及位置因种不同而异，常位于虫体一侧，呈块状、分叶状或分支状。子宫为弯曲的管状，一端与卵模相连，另一端开口于雌性生殖孔，末端的子宫颈具有阴道的作用。

吸虫的雄性生殖孔和雌性生殖孔均开口于一个共同的生殖腔内。生殖孔多位于两个吸盘之间的中线上。

（4）神经系统。在咽的两侧各有一神经节，相当于神经中枢。从两个神经节前、后各发

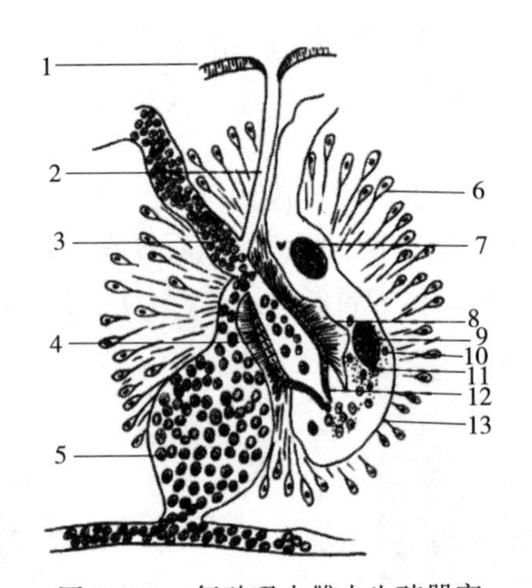

图 2-3-3　复殖吸虫雌虫生殖器官

1. 外角皮　2. 劳氏管　3. 输卵管　4. 梅氏腺分泌物（厚壁）
5. 卵黄总管　6. 梅氏腺细胞　7. 卵　8. 卵模　9. 卵黄细胞
10. 卵的形成　11. 腺分泌物　12. 子宫瓣　13. 子宫孔

出 3 对神经干，分布于虫体的背面、腹面、侧面，其神经末梢分布于口、咽、腹吸盘、生殖系统等器官及体壁外层感觉器。

有的吸虫还有淋巴系统，具有输送营养物质的功能。

（二）吸虫的生活史

吸虫的生活史较为复杂，其主要特征是需要更换中间宿主和补充宿主。中间宿主为淡水螺或陆地螺，补充宿主多为鱼、蛙、螺或昆虫等。发育过程经历虫卵、毛蚴、胞蚴、雷蚴、尾蚴、囊蚴各期，见图 2-3-4。

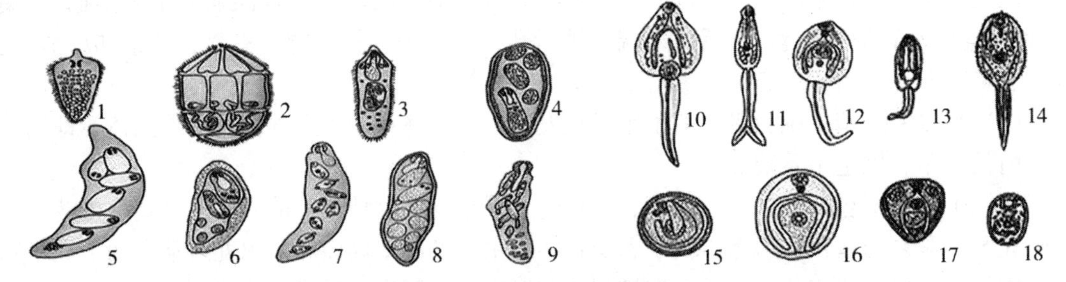

图 2-3-4　吸虫幼虫形态模式

1～3. 毛蚴　4～6. 胞蚴　7～9. 雷蚴
10～14. 尾蚴　15～18. 囊蚴

1. 虫卵　多呈椭圆形或卵圆形，颜色为灰白色、淡黄色至棕色。除分体吸虫外，都有卵盖。有些虫卵在排出时只含有胚细胞和卵黄细胞，有的则已发育为毛蚴。

2. 毛蚴　毛蚴外形近似等边三角形，外被有纤毛，运动活泼。前部宽，有头腺。消化道、神经系统与排泄系统开始分化。当卵在水中完成发育时，成熟的毛蚴即破盖而出，游于水中，遇到适宜的中间宿主，即利用头腺钻入宿主体内，脱去纤毛，发育成胞蚴。

3. 胞蚴　胞蚴呈包囊状，内含胚细胞、胚团及简单的排泄器。营无性繁殖，在体内生成多个雷蚴。

4. 雷蚴 雷蚴呈包囊状。营无性繁殖，有咽、盲肠、胚细胞和排泄器。有的吸虫有一代雷蚴，有的母雷蚴中的胚团可再分裂发育为多个子雷蚴。雷蚴逐渐发育为尾蚴，尾蚴成熟后逸出螺体，游于水中。

5. 尾蚴 尾蚴由体部和尾部组成。尾蚴能在水中活跃地运动，体表有棘，有1～2个吸盘。除原始的生殖器官外，其他器官均开始分化。尾蚴从螺体逸出，黏附在某些物体上形成囊蚴，终末宿主吃入后感染；或直接经皮肤钻入终末宿主体内，脱去尾部，移行到寄生部位，发育为成虫。但有些吸虫的尾蚴需进入补充宿主体内，发育为囊蚴，再感染终末宿主。

6. 囊蚴 吸虫尾蚴脱去尾部形成包囊后发育成囊蚴，呈圆形或椭圆形。囊蚴生殖系统的发育不尽相同，有的只有生殖原基细胞，有的有完整的雌、雄性生殖器官。囊蚴进入终末宿主消化道内，囊壁被消化溶解，幼虫破囊而出，移行到寄生部位，发育为成虫。

（三）吸虫的分类

吸虫属于扁形动物门，吸虫纲，共有三个目。

1. 单殖目 寄生于鱼类或两栖类动物的体表，见表2-3-1。

表2-3-1 单殖目分类

科	属	宿主	寄生部位
指环虫科	指环虫属	淡水鱼	鳃
三代虫科	三代虫属	淡水鱼	鳃、皮肤、鳍、口腔

2. 盾殖目 多寄生于软体动物、鱼类及龟鳖类。

3. 复殖目 寄生于动物和人（表2-3-2）。

表2-3-2 复殖目分类

科	属	宿主	寄生部位
前殖科	前殖属	鸟类，较少在哺乳类	消化道
并殖科	并殖属	动物和人	肺
后睾科	枝睾属、后睾属、次睾属、微口属、对体属	鸟类及哺乳类	胆管和胆囊
棘口科	棘口属、棘缘属、棘隙属、低颈属、真缘属	鸟类及哺乳类	肠道，偶尔在胆管及子宫
背孔科	背孔属、槽盘属、同口属、下殖属	鸟类	盲肠或哺乳类消化道后段
异形科	异形属、后殖属	哺乳类和鸟类	肠道
双穴科	翼形属、双穴属、茎双穴属	鱼	血管和眼
环肠科	嗜气管属	动物	呼吸道
血居科	血居虫属	鱼	血管
独睾科	侧殖属	淡水鱼和海水鱼	消化道
分体科	分体属、东毕属、毛毕属	鸟类或哺乳类	门静脉血管

课后思考题

一、名词解释

毛蚴　胞蚴　尾蚴

二、填空题

1. 吸虫的消化系统包括________、________、________、________和________。

2. 吸虫的排泄系统由________、________、________、________、________和________组成。

3. 吸虫分为________、________和________三个目。

4. 吸虫发育过程经历________、________、________、________、________和________各期。

三、判断题

（　　）1. 营寄生生活的吸虫多为两侧对称，呈叶片状或长舌状。

（　　）2. 吸虫消化系统简单，代谢废物经肛门排出体外。

（　　）3. 吸虫生殖系统发达，为雌雄同体。

（　　）4. 吸虫的生活史中往往需要多个中间宿主。

四、简答题

1. 简述吸虫生活史及其各期特点。

2. 简述吸虫的分类。

工作任务2　华枝睾吸虫病

华枝睾吸虫病是由后睾科、枝睾属的华枝睾吸虫寄生于犬、猫等动物和人的肝、胆管及胆囊所引起的疾病，偶见于胰管或小肠内，又称肝吸虫病，是重要的人兽共患病。该病主要特征为多呈隐性感染和慢性经过，呈地方流行性。

【病原】 华枝睾吸虫，体形狭长，外形似葵花籽，背腹扁平，前端稍窄，后端钝圆，体表光滑，半透明，无棘。成虫大小为（10～25）mm×（3～5）mm，见图2-3-5。

虫卵形似灯泡，大小为（27～35）μm×（12～20）μm，呈黄褐色，顶端有盖，盖的两端有肩峰样突起，卵内含有毛蚴，见图2-3-6。

【生活史】 成虫寄生于犬、猫等宠物的肝、胆管和胆囊内，产出的虫卵随胆汁进入消化道随粪便排出。虫卵在水中被中间宿主淡水螺吞食后，在螺内孵出毛蚴、胞蚴、雷蚴和尾蚴。成熟的尾蚴从螺体逸出进入水中，如遇到补充宿主淡水鱼或虾，即钻入其肌肉内发育成囊蚴。终末宿主因吞食含有活囊蚴的鱼、虾被感染，在消化液的作用下，囊蚴在十二指肠内破囊而出，经胆总管进入胆管，发育为成虫。幼虫也可钻入十二指肠壁经血流或穿过肠壁经腹腔达到肝。

从淡水螺吞食虫卵至发育为尾蚴，需30～40d，幼虫在终末宿主体内发育为成虫需1个月。在适宜的条件下，完成全部生活史约需100d。成虫在猫、犬体内分别可存活12年3个

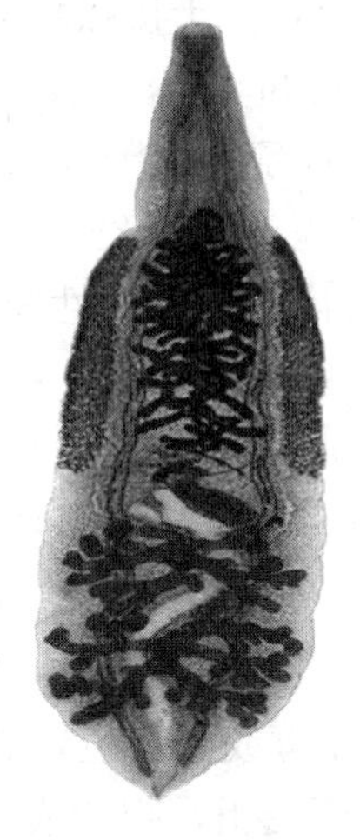

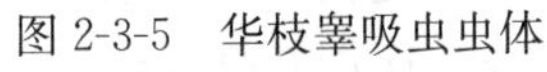

图 2-3-5 华枝睾吸虫虫体

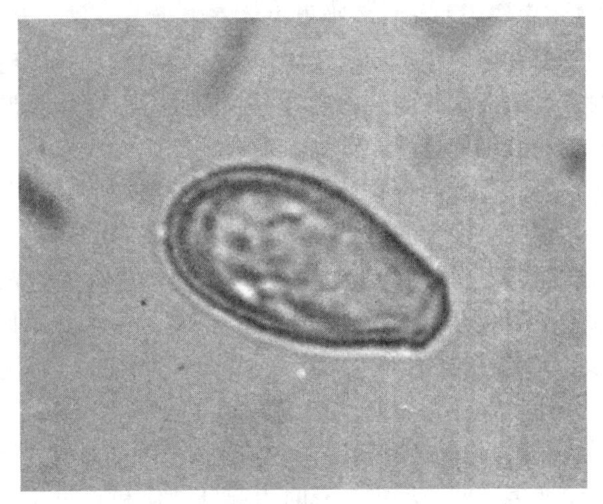

图 2-3-6 华枝睾吸虫虫卵

月和 3 年 6 个月以上；在人体内可存活 20 年以上。华枝睾吸虫生活史见图 2-3-7。

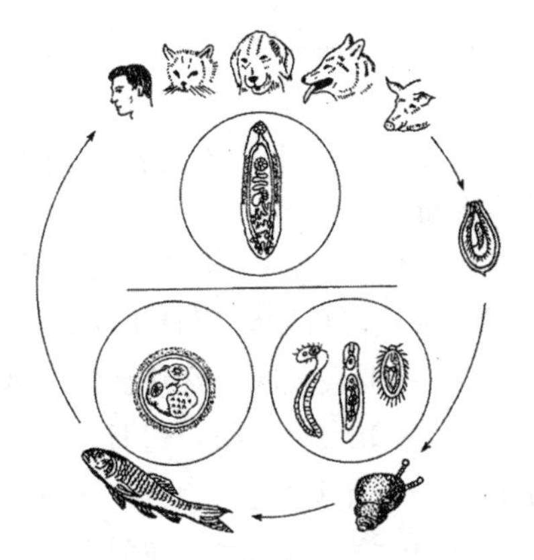

图 2-3-7 华枝睾吸虫生活史

【流行病学】犬、猫等宠物和人是华枝睾吸虫病主要的感染来源，其次是猪、肉食野生哺乳动物，如食鱼的鼠类、獾、野猫、狐狸等。

中间宿主为多种淡水螺，以纹沼螺、长角涵螺和赤豆螺等分布最为广泛。补充宿主为 70 多种淡水鱼和虾，如草鱼、青鱼、鲢筹。中间宿主和补充宿主种类繁多、分布广泛，对环境的适应能力很强，它们所需要的生态条件大致相同，常共同滋生，使鱼或虾感染。

在流行区，粪便污染水源是影响淡水螺感染率高低的重要因素，鱼的带虫率可达50%～100%。人的不良食鱼习惯是导致感染的主要原因，如食生鱼片、生鱼、烫鱼、干鱼、生鱼粥等。犬、猫等宠物感染多因食入厨房的鱼、虾废弃物或生鱼、虾饲料而引起。

囊蚴极耐干燥和高盐，在 4%的醋中可活 2h，但对高温敏感，厚度约 1mm 的鱼肉片中的囊蚴，在 90℃的热水中，1min 即死亡；在 75℃热水中 3min 内死亡；在 70℃及 60℃热水中分别在 6min 及 15min 内全部死亡。在烹制“全鱼”时可因温度不够和时间不足而不能杀死囊蚴。

华枝睾吸虫病分布广泛，在水源丰富、淡水渔业发达的地区流行尤为严重，其他地区呈散发性分布。

【致病作用】华枝睾吸虫虫体寄生于犬、猫等宠物的胆管和胆囊内，由于机械性刺激引起胆管炎和胆囊炎，胆管壁增厚，导致消化功能障碍，引起贫血、消瘦和水肿。大量虫体寄生时，可造成胆管阻塞，胆汁分泌障碍，胆汁积聚形成黄疸。虫体长期寄生，致使肝结缔组织增生，肝细胞变性、萎缩，形成毛细胆管栓塞，引起肝硬化，肝可达正常的2～3倍。继发感染时，可引起化脓性胆管炎，甚至肝脓肿。偶尔有虫体侵入胰管内，引起急性胰腺炎。人华枝睾吸虫病与胆管型肝癌、胆结石有着密切关系。

【症状】患华枝睾吸虫病的犬、猫等宠物多为隐性感染，症状不明显。表现精神沉郁，食欲逐渐减少至厌食，继而呕吐、腹泻、脱水，后期可视结膜及皮肤黄染，尿液呈橘黄色，触诊肝区敏感。严重感染时，表现为长期顽固性腹泻，最后出现贫血、消瘦、水肿，甚至腹水，多并发其他病而死亡。

【病理变化】犬和猫等宠物的主要病变在肝和胆囊。肝呈淡黄、深黄或黄褐色，表面结缔组织增生，凹凸不平，有时引起肝硬化和脂肪变性。胆囊肿大，胆管变粗，胆汁浓稠，呈草绿色、暗绿色。切开胆囊和胆管，内有很多虫体和虫卵。除腹腔外，还伴有全身组织和其他体腔积液。

【诊断】根据流行病学、临诊症状和病原检查，进行综合诊断。在本病流行区，有以生鱼、虾喂犬、猫等宠物的历史，出现消化不良、腹泻、消瘦、贫血、黄疸、水肿等症状时，可疑为本病。用漂浮法检查粪便发现虫卵，或尸体剖检发现虫体即可确诊。间接血凝试验、酶联免疫吸附试验，可作为辅助诊断。

【治疗】

（1）吡喹酮，每千克体重10～5mg，口服，每日1次，连用3～5d。

（2）丙酸哌嗪，每千克体重50～60mg. 混入饲料喂服，每日1次，5d为一疗程。

（3）阿苯达唑，每千克体重25～50mg，口服，每日1次，连用12d。

（4）六氯对二甲苯（血防846），每千克体重20mg，口服，每日1次，连用10d。

（5）硫氯酚（别丁），每千克体重80～100mg，每日1次，连用2周。

【预防】在华枝睾吸虫病流行地区，对犬、猫等宠物进行定期全面检查和驱虫；禁止以生的或未煮熟的鱼、虾以及受污染的生水喂养犬、猫等宠物；加强犬、猫等动物和人的粪便管理，未经无害化处理的粪便不下鱼塘；禁止在鱼塘边盖猪舍或厕所和清理塘泥或用药物杀灭淡水螺类。

课后思考题

一、名词解释

华枝睾吸虫病

二、填空题

1. 从淡水螺吞食虫卵至发育为尾蚴，需__________d，幼虫在终末宿主体内发育为成虫需__________个月。

2. __________、__________等宠物和__________是华枝睾吸虫病主要的感染来源，其次是猪、肉食野生哺乳动物，如食鱼的鼠类、獾、野猫、狐狸等。

3. 囊蚴极耐__________和__________，在4%的醋中可活2h，但对__________敏感，厚度约1mm的鱼肉片中的囊蚴，在__________℃的热水中，1min即死亡。

三、简答题

1. 简述华枝睾吸虫病的预防措施。
2. 简述华枝睾吸虫病的主要症状及病理变化。
3. 华枝睾吸虫病如何治疗？
4. 简述华枝睾吸虫的形态特征。
5. 简述华枝睾吸虫的生活史。

工作任务3 后睾吸虫病

后睾吸虫病是由后睾科、后睾属的猫后睾吸虫和麝猫后睾吸虫寄生于犬、猫、狐狸等宠物的肝、胆管中引起的（偶见于胰管和小肠），多呈地方性流行，对犬、猫等宠物危害较大。

【病原】猫后睾吸虫外形似华枝睾吸虫，但略小，长8～12mm，宽2～3mm，体表光滑。睾丸呈裂状分叶，前后斜列于虫体后1/4处。睾丸之前是卵巢和较发达的受精囊，卵巢小，呈卵圆形。子宫位于两条肠支内侧，卵黄腺位于两条肠支外侧，均分布虫体中部。排泄管在睾丸之间，呈近S状弯曲。

虫卵呈浅黄色、卵圆形，大小为（26～30）μm×（10～15）μm，一端有卵盖，另一端有突起，内含毛蚴。

猫后睾吸虫成虫和虫卵的形态与华枝睾吸虫相似。

【生活史】猫后睾吸虫的成虫寄生在犬、猫的胆管中，排出的虫卵随胆汁进入小肠，随粪便排出体外。虫卵被第一中间宿主淡水螺吞食后，在其肠内孵出毛蚴。毛蚴穿过肠壁进入体腔，发育成尾蚴，约经2个月尾蚴从螺体逸出，在水中游动，如遇到补充宿主淡水鱼体即钻入其体内形成囊蚴，囊蚴约经6周发育成熟。终末宿主吞食含有囊蚴的鱼后，在胃肠消化液的作用下，童虫逸出经胆管进入肝内，3～4周后发育为成虫。从虫卵至成虫整个发育过程约需4个月。

【流行病学】猫后睾吸虫的终末宿主非常广泛，除犬、猫外，狐、貂、獾、狮、猪等动物和人均可感染，成为保虫宿主。虫卵在水中存活时间较长，平均温度为19℃时可存活70d以上。中间宿主淡水螺分布较为广泛，补充宿主淡水鱼有数十种，因此本病广泛流行。有些地区猫的感染率高达100%，犬的感染率达90%。

【致病作用】后睾吸虫的致病作用与华枝睾吸虫的基本一致。

【症状】后睾吸虫轻度感染时不表现症状。重度感染时，胆管因大量虫体、虫卵的刺激而肿胀，胆汁排泄受阻，可形成全身性黄疸，先见于可视黏膜，几天后全身皮肤发黄。由于虫体长期刺激胆管，可以引起胆管炎、胆囊炎、肝硬化。患病动物表现精神沉郁，被毛逆立，食欲逐渐减少甚至不食，有时呕吐、便秘或腹泻，逐渐消瘦。随病情进一步发展，患病犬、猫腹部明显增大（腹水），尿液呈橘黄色。

【病理变化】病理变化与华枝睾吸虫相似，主要病变在肝和胆囊。肝呈淡黄、深黄或黄褐色，表面有不同形状和大小的结节，有时引起肝硬化和脂肪变性。胆囊肿大，胆管变粗，胆汁浓稠，切开胆囊和胆管，内有很多虫体和虫卵。

【诊断】根据流行病学、临诊表现做出初步诊断。用沉淀法或漂浮法检查粪便发现虫卵，或尸体剖检在胆管内找到虫体即可确诊。

【治疗】

（1）吡喹酮，每千克体重10～35mg，首次口服后，隔5～7d再服一次。

（2）阿苯达唑，每千克体重25～50mg，口服，每日1次，连用2～3d。

（3）实施对症疗法，消炎、补液。

【预防】参考华枝睾吸虫的预防。

课后思考题

一、名词解释

后睾吸虫病

二、填空题

后睾吸虫的寄生部位是__________；中间宿主是__________；补充宿主是__________。

三、简答题

1. 简述后睾吸虫病的预防措施。
2. 简述后睾吸虫病的主要病理变化及其主要症状。
3. 简述后睾吸虫病的治疗方法。

工作任务4　分体吸虫病

分体吸虫病是由分体科、分体属的日本分体吸虫寄生于犬、猫等动物和人的门脉系统血管所引起的一种人兽共患病。该病主要特征为急性或慢性肠炎、肝硬化、贫血、消瘦。本病广泛分布于我国长江流域。

【病原】日本分体吸虫呈线状，雌雄异体。雄虫粗短，呈乳白色，虫体长9.5～22mm，宽0.5mm，虫体体表光滑；消化系统有口、食道，缺咽；睾丸有7枚，呈椭圆形。雌虫较雄虫细长，呈暗褐色；虫体长15～26mm，宽0.3mm；口、腹吸盘均较雄虫小；消化器官基本与雄虫相同；卵巢呈椭圆形，雌性生殖孔开口于腹吸盘后方；卵黄腺呈较规则的分枝状，位于虫体后1/4处。

日本分体吸虫虫卵呈椭圆形、淡黄色，卵壳较薄，无盖，有一小刺，卵内含毛蚴。大小为（70～106）μm×（50～80）μm。

【生活史】成虫寄生在人和犬、猫等动物的肠系膜静脉，也可寄生于门静脉内，一般雌雄合抱。雌、雄虫交配后，雌虫在血管内产卵。产出的虫卵一部分顺血流到达肝，一部分逆血流沉积在肠壁形成结节。虫卵在肠壁或肝内逐渐发育成熟。卵内毛蚴能分泌溶组织酶，透过卵壳破坏血管壁，并使肠黏膜组织发炎和坏死，加之肠壁肌肉的收缩作用，使结节及坏死组织向肠腔内破溃，虫卵即进入肠腔，随宿主粪便排出体外。

虫卵落入水中，于适宜的条件下孵出毛蚴。毛蚴遇到中间宿主钉螺，即钻入螺体内继续发育，如果未遇到钉螺，一般在孵出后1～2d死亡。毛蚴侵入钉螺体内进行无性繁殖，6～8周内经母胞蚴、子胞蚴形成尾蚴，成熟尾蚴自钉螺体中逸出。尾蚴具有很强的活力，静止时倒浮于水面，遇到终末宿主即以口、腹吸盘附着，利用头部的穿刺腺分泌溶组织酶、透明质酸酶，并借助于尾部的推动作用，很快钻入宿主皮肤引起感染。尾蚴进入机体后，脱掉尾部变为童虫，经小血管或淋巴管随血流经右心、肺、体循环到达肠系膜静脉内寄生并发育为成虫，以宿主的血液为食。一般尾蚴从感染宿主到发育为成虫需要30～50d，成虫的寿命一般为3～4年或更长。

【流行病学】感染来源主要是患病和带虫的动物和人，包括40余种野生哺乳动物［褐家鼠（沟鼠）、家鼠、田鼠、松鼠、貉、狐狸、野猪、刺猬、金钱豹等］和10余种家畜（黄牛、水牛、山羊、绵羊、骡、驴、家兔、猪及马属动物等），均可自然感染本病。我国台湾省的日本血吸虫系动物株（啮齿类动物），主要感染犬，尾蚴侵入人体后不能发育为成虫。尾蚴直接侵入犬、猫皮肤是主要感染途径；也可在犬、猫饮水时从口腔黏膜侵入；妊娠后期，移行的童虫也可通过胎盘感染胎儿。

日本分体吸虫的繁殖力强大，一条雌虫每日产卵1 000个左右；一个毛蚴在钉螺体内，经无性繁殖后，可产生数万条尾蚴。尾蚴存活时间与温度有关系，在1℃下最长可活5d，27℃时最长可活48h，虫卵在28℃的湿粪中可存活12d。

日本分体吸虫的发育必须通过中间宿主钉螺，否则不能发育、传播。钉螺感染毛蚴后，若水温在30℃，尾蚴成熟的时间是46～48d，温度低时成熟时间随之延长。

一般钉螺阳性率高的地区，人和动物的感染率也高；病人和患病动物的分布与钉螺的分布一致，具有地区性特点。犬、猫通常因接触被污染的水源而感染。日本血吸虫病在我国长江流域及以南流行较为严重。

【致病作用】在血吸虫感染过程中，尾蚴、童虫、成虫和虫卵均可对宿主造成损害，并引起一系列免疫病理学变化。

尾蚴穿透皮肤时可引起皮炎，对曾经感染过尾蚴的动物更为显著，故为一种变态反应性炎症。

童虫在体内移行时，其分泌物和代谢产物以及死亡崩解产物，可使经过的器官（尤其是肺）发生血管炎，造成毛细血管栓塞、破裂，产生局部细胞浸润和点状出血。肝可发生充血和脓肿。成虫对寄生部位仅引起轻微的机械损伤，如静脉内膜炎及静脉周围炎。成虫死亡后被血流带到肝，可造成血管栓塞，周围组织发生炎症反应。虫卵沉积在宿主的肝及肠壁等组织，在其周围出现细胞浸润，形成虫卵肉芽肿（虫卵结节）。故血吸虫病的肝硬化多由虫卵肉芽肿所引起。而虫卵肉芽肿的形成可能是在虫卵可溶性抗原刺激下，宿主产生相应抗体，然后在虫卵周围形成抗原抗体复合物的结果。肉芽肿反应有助于破坏虫卵和消除虫卵，并能避免抗原抗体复合物引起全身性损害，但也可破坏正常组织，并彼此联结成为瘢痕，而导致肝硬化，继发门脉高压、脾肿大、食道及胃底静脉曲张等一系列病变。肉芽肿还能使肠壁纤维化、增厚、硬变，引起消化吸收功能下降。

【症状】

1. 急性型 幼龄犬、猫大量感染时，常呈急性经过，首先表现食欲不振，精神不佳，体温升高至40～41℃。行动缓慢，腹泻，粪便中混有黏液、血液和脱落的黏膜，腹泻加剧时，出现水样便，排粪失禁。机体逐渐消瘦、严重贫血。经2～3个月死亡或转为慢性。经胎盘感染出生的幼龄犬、猫，症状更重，死亡率高。

2. 慢性型 较多见。少量感染时症状不明显，病程多取慢性经过。患病犬、猫表现消化不良，食欲不振，腹泻和里急后重现象，甚至发生脱肛。粪便含黏液、血液，甚至块状黏膜，有腥臭。肝硬化，腹水。幼龄犬、猫发育缓慢。妊娠犬、猫易流产。

【诊断】在流行地区，根据临诊表现、流行病学资料、粪便检查和剖检变化进行综合诊断。

粪便检查最常用的方法是虫卵毛蚴孵化法，即含毛蚴的虫卵，在适宜的条件下，可短时间内孵出，并在水中呈特殊的游动姿态。其次是沉淀法。可以两种方法综合进行检查。剖检发现虫体和虫卵结节等病理变化可以确诊。

近年来已将免疫学诊断法应用于生产实践，如环卵沉淀试验，间接血凝试验、间接荧光抗体试验、酶联免疫吸附试验和快速试纸法等，检出率均在95%以上。

【治疗】

(1) 硝硫氰胺（7505），犬、猫每千克体重7～8mg，口服，每日1次，连用3d。

(2) 丙硫苯咪唑，犬、猫每千克体重30mg，口服，每日1次，连用12d。

(3) 吡喹酮，犬、猫每千克体重5～10mg，1次口服。

(4) 六氯对二甲苯（血防846），犬、猫每千克体重120～160mg，1次口服，连用3～5d。

【预防】本病的预防措施是采取综合性措施，人、犬、猫等动物同步防治，尤其是加强粪便和用水管理，以及消灭中间宿主钉螺等：消除感染源，在流行区每年对人、犬、猫等动物进行普查并进行治疗；将人和动物的粪便堆积或池封发酵，或推广用粪便生产沼气等办法，以杀灭虫卵；加强犬、猫等宠物管理，限制其到该病流行区活动；管好水源，保持清洁，防止粪、尿污染，不饮地表水；根据钉螺的生态学特点，结合农田水利基本建设，采用土埋、水淹和水改旱、饲养水禽等办法灭螺。常用的办法是化学灭螺，如用氯硝柳胺、五氯酚钠、茶籽饼、生石灰及溴乙酰胺等灭螺。

课后思考题

一、名词解释

分体吸虫病

二、填空题

1. 分体吸虫病主要特征为__________、__________、__________、__________。

2. 分体吸虫病感染来源主要是__________，其次是其他被感染的动物。__________、__________等宠物是自然宿主。

3. 日本分体吸虫的发育必须通过__________，否则不能发育、传播。

三、简答题

1. 分体吸虫病如何诊断？

2. 简述分体吸虫病的主要症状。

3. 分体吸虫病如何治疗？

4. 简述分体吸虫病的预防措施。

模块4 宠物绦虫病

工作任务1 绦虫病概述

绦虫隶属于扁形动物门、绦虫纲、多节绦虫亚纲的圆叶目和假叶目。绦虫分布广泛，生活史复杂，需要1～2个中间宿主。成虫和中绦期幼虫（绦虫蚴）能造成犬、猫等动物严重危害，有些虫种还可引起人兽共患寄生虫病。绦虫成虫大多寄生在脊椎动物的消化道内，绦虫蚴寄生在宿主的肝、肺、脑、肌肉、肠系膜、心脏、肾、脾、骨或其他组织内。

（一）绦虫形态结构

1. 外部形态 绦虫呈背腹扁平的带状，体分节，多数呈白色或乳白色，体长数毫米至数米不等，因虫种而异。一条完整的绦虫由头节、颈节和体节（或呈链体）3部分组成。

（1）头节。头节位于虫体最前端，为吸附和固着器官，较细小，呈球形或指状。头节一般分为3种类型：

①吸盘型。圆叶目绦虫头节多为吸盘型，其膨大呈球形，上有4个圆形或椭圆形吸盘，对称地排列在头节的四面。有的绦虫头节顶端中央有圆形突起，称为顶突，其周围可有1圈或数圈棘状或矛状小钩。吸盘除有固着、吸附作用外，也有使虫体移动的功能。

②吸槽型。假叶目绦虫头节一般为吸槽型，呈指状，即在头节的背腹面向内陷形成两条沟槽（或称吸沟），沟槽是表面结构，无基膜，其附着能力较弱，主要功能是移动。

③吸叶型。为长型吸附器官。在头节上有4个叶状、喇叭状的结构，对称地附着在可弯曲的小柄上或直接长在头节上。吸叶富含肌纤维，伸缩、活动能力很强。

（2）颈节。颈节位于头节后，纤细，不分节，具有生发细胞。颈节的功能是不断向后萌发出体节节片。颈节和头节、体节的分界不明显。

（3）体节。体节是由相连的节片构成，这是虫体最显著的部分，节片有数个至数千个，节片之间界限明显。节片按其前后位置和生殖器官发育程度的不同，可分为未成熟节片、成熟节片和孕卵节片。

靠近颈部的节片较细小，其内的生殖器官尚未发育成熟，称为未成熟节片，简称幼节。幼节往后至链体中部节片逐渐增大，其内含逐渐发育成具有生殖能力的雌性和雄性生殖器官，称为成熟节片，简称成节。随着成节的继续发育，除子宫外，其他生殖器官逐渐退化，子宫内充满虫卵，称为孕卵节片，简称孕节，孕节的体积最大。

2. 体壁结构 绦虫的体壁有两层，体表为皮层（各节片的皮层相连），其下为肌层（由皮下肌层和实质基层组成）。皮层有吸收宿主营养、分泌以及抵抗宿主消化液的功能。皮下肌层的外层为环肌，内层为纵肌。纵肌贯穿整个链体，在节片成熟后逐渐萎缩退化，使最后端节片能自动从链体脱落，新的节片又不断从颈部长出，这样就使绦虫保持一定的长度。

3. 实质 绦虫无体腔，由体壁围成一个囊状结构，称之为皮肤肌肉囊，囊内充满海绵样实质，各器官均包埋在实质内。

4. 神经系统 神经中枢在头节中，由此发出6根纵行的神经干，贯穿整个体节，直达虫体的末端，在头节和每个节片中还有横向的连接支。感觉末梢分布于皮层，感觉末梢有触觉感受器和化学感受器的作用。

5. 排泄系统 绦虫的排泄系统起始于焰细胞，由焰细胞发出的细管汇集成为较大的排泄管，再和两侧的纵排泄管相通，纵排泄管与每一体节后缘的横管相通，在最后体节后缘中部有一个总排泄孔通向体外。排泄系统不仅有排出代谢产物的功能，而且还可调节体液平衡。

6. 生殖系统 绦虫多为雌雄同体，即每个成熟节片内均有雌、雄生殖系统各一组或两组。雄性生殖系统具有1个至数百个睾丸，呈圆形或椭圆形滤泡状，散在分布于节片中，靠近背面。每个睾丸发出一个输出管，输出管互相连接成网状，在节片中央部附近汇合成输精管。输精管曲折向节片边缘，并有两个膨大部，一个在雄茎囊外，称为外贮精囊，另一个在雄茎囊内，称为内贮精囊。与输精管末端相连的为射精管和雄茎。雄茎可自生殖腔伸出体节边缘，生殖腔开口处为生殖孔。雄茎囊为椭圆形囊状物，内贮精囊、射精管、前列腺及雄茎的大部分均包在雄茎囊内。

雌性生殖系统：卵模在雌性生殖系统的中心区域，卵巢、卵黄腺、子宫、输卵管、卵黄管等均与之相连。具卵巢一个，位于节片的后半部，大多分成左右两瓣，均为许多细胞组成，各细胞有小管，最后汇合成一支输卵管，与卵模相连。阴道膨大部位为受精囊，近端通入卵模，远端开口于生殖腔的雄茎下方。圆叶目绦虫卵黄腺分为两叶或为一叶，在卵巢附近；假叶目绦虫卵黄腺为众多滤泡状体，均匀分散在节片中，由卵黄管通向卵模。子宫一般为盲囊状，并且有带状分枝，不向外开口，虫卵不能自动排出，只有孕节成熟破裂时，才散出虫卵。

（二）绦虫的发育

绦虫的生活史复杂，除个别寄生在人类和啮齿动物的绦虫可以不需要中间宿主外，绝大多数绦虫的发育都需要1个或2个中间宿主，才能完成其整个生活史。绦虫在终末宿主体内的受精方式大多为同体节受精，也有异体节受精和异体受精，精子经阴道进入受精囊，在受精囊或输卵管内受精。

假叶目绦虫的卵与吸虫卵相似，为椭圆形，卵壳较薄，一端有小盖，卵内含1个卵细胞和若干个卵黄细胞。圆叶目绦虫的卵多呈圆球形，卵壳很薄，内有一很厚的胚膜，卵内是已发育的幼虫，具有3对小钩，称为六钩蚴。

1. 圆叶目绦虫的发育 圆叶目绦虫成虫寄生于终末宿主的小肠，孕卵节片随粪便排出体外。孕节被挤压或自身破裂后，虫卵散出，被中间宿主吞食后六钩蚴逸出。六钩蚴钻入宿主肠壁随血流到达组织内，发育为绦虫蚴期（即中绦期）。如果以哺乳动物作为中间宿主，则在其体内发育为囊尾蚴、棘球蚴、多头蚴、泡球蚴等类型的幼虫；如果以节肢动物和软体动物等无脊椎动物作为中间宿主，则发育为似囊尾蚴。中绦期幼虫被各自的终末宿主吞食后，在宿主肠道内被胆汁激活脱落或翻出头节，逐渐发育为成虫。成虫在终末宿主体内存活的时间随种类不同而不同，有的仅能活几天到几周，有的可长达几十年。

2. 假叶目绦虫的发育 假叶目绦虫成虫寄生于脊椎动物的消化道中，虫卵自子宫孔排出或随孕节脱落而排出。在水中等适宜条件下孵出幼虫（钩球蚴），钩球蚴遇到中间宿主剑水蚤，即进入其体内发育为原尾蚴。含有原尾蚴的中间宿主被补充宿主鱼或蛙等脊椎动物吞食后，在其体内发育为裂头蚴。终末宿主吞食带有裂头蚴的补充宿主而感染。裂头蚴在肠道内发育为成虫。

（三）绦虫的分类

绦虫属于扁形动物门，绦虫纲。与犬、猫等动物和人关系较大的是多节绦虫亚纲的圆叶目和假叶目，假叶目的绦虫种类较少。

1. 圆叶目 头节上有4个吸盘，顶端常带有顶突，其上有钩或无钩。体节明显。生殖孔开口于体节侧缘，无子宫孔。缺卵盖，内含六钩蚴。主要有以下几个科（表2-4-1）：

表2-4-1 圆叶目绦虫分类及特点

科	属	形态结构及发育特点
带科	带属、多头属、棘球属、带吻属	大、中、小型虫体，头节上有4个吸盘，其上无小棘。顶突不能回缩，上有两行钩（牛带绦虫除外）。生殖孔明显，不规则地交替排列。睾丸数目众多。卵巢为双叶，子宫为管状，孕节子宫有主干和许多侧分支。幼虫为囊尾蚴、多头蚴或棘球蚴，寄生于草食动物或杂食动物（包括人）；成虫寄生于犬、猫等食肉动物或人
戴文科	赖利属、戴文属	为中、小型虫体，头节上有4个吸盘，吸盘上有细小的小棘。顶突上有2排或3排斧型小钩，每节有一套生殖器官（偶有两套），卵袋取代孕节的子宫。幼虫寄生于无脊椎动物；成虫一般寄生于鸟类，有的寄生于哺乳动物
膜壳科	膜壳属、伪裸头属、皱褶属、剑带属	中、小型虫体，头节上有可伸缩的顶突，具有8～10个单行排列的小钩。节片通常宽大于长，每节有一套生殖系统。生殖孔为单侧。睾丸大，一般不超过4个。孕节子宫为横管。通常以无脊椎动物作为中间宿主，个别虫种甚至不需要通过中间宿主而直接发育；成虫寄生于脊椎动物
中绦科	中绦属	中、小型虫体，头节上有4个突出的吸盘，无顶突。生殖孔位于腹面的中线上。虫卵居于厚壁的副子宫器内。成虫寄生于鸟类和哺乳动物
双壳科	复孔属	中、小型虫体，头节上有4个吸盘，上有或无小棘。有可伸缩的顶突（极少数无顶突），上有1行、2行或多行小钩。每节有一组或两组生殖器官。睾丸数目多。孕节子宫为横的袋状或分叶状，或为副子宫器或卵囊。成虫寄生于鸟类和犬、猫等哺乳动物

2. 假叶目 头节一般为双槽型。分节明显或不明显。生殖器官每节常有一组，偶有两组者。生殖孔位于体节中间或边缘。睾丸众多，呈分散排列。孕卵节片中子宫常呈弯曲管状。卵通常有卵盖。在第一中间宿主体内发育为原尾蚴，在第二中间宿主体内发育为实尾蚴，成虫大多数寄生于鱼类。假叶目绦虫分类及特点如下（表2-4-2）：

表2-4-2 假叶目绦虫分类及特点

科	属	形态结构及发育特点
双叶槽科	双叶槽属、迭宫属、舌形属	大、中型虫体，头节上有吸槽。分节明显。子宫孔、生殖孔同在腹面。卵巢位于体后部的髓质区内。子宫为螺旋的管状。卵有盖，产出后孵化。成虫主要寄生于鱼类，此外，也可寄生于爬行类、鸟类和哺乳动物
头槽科	头槽属	成虫寄生于鱼类的肠道

课后思考题

一、名词解释

幼节　成节　孕节

二、填空题

1. 绦虫头节一般分为__________、__________、__________三种类型。

2. 绦虫节片按其前后位置和生殖器官发育程度的不同可分为__________、__________和__________。

3. 绦虫成虫大多寄生在__________内，绦虫蚴寄生在宿主的__________内。

4. 一条完整的绦虫由__________、__________和__________三部分组成。

三、简答题

1. 简述绦虫的分类。

2. 简述绦虫的发育过程。

工作任务2　犬复孔绦虫病

犬复孔绦虫病是由犬复孔绦虫寄生于犬、猫等动物的小肠所引起的疾病，是犬、猫等宠物常见的寄生虫病，人也有感染的报道。

犬复孔绦虫传播给犬示意

【病原】犬复孔绦虫属双壳科、复孔属，为中型绦虫，活体为淡红色，固定后为乳白色，最长可达50cm，宽约3mm，约由200个节片组成。头节小，有4个杯状吸盘，顶突可伸缩，上有4～5行小钩。每一成节内含两套生殖系统。睾丸100～200个，位于排泄管的内侧。虫体两侧各有一卵巢和卵黄腺，形似葡萄。生殖孔开口于虫体两侧的中央稍后。成节与孕节的长度均大于宽度，形似黄瓜籽，故又称瓜籽绦虫。孕节内子宫有许多卵袋，每个卵袋内含虫卵数个至20个以上。虫卵呈球形，直径为35～50 μm，内含六钩蚴。

犬复孔绦虫传播给跳蚤示意

【生活史】犬复孔绦虫的中间宿主主要是蚤类，其次是犬毛虱。孕卵节片随犬粪便排出体外或自肛门逸出体外，破裂后虫卵逸出。蚤类幼虫吞食虫卵后，六钩蚴在其体内发育为似囊尾蚴，犬、猫等终末宿主因舔毛而吞入含似囊尾蚴的蚤、虱而感染，似囊尾蚴在终末宿主小肠内约经3周发育为成虫。

犬复孔绦虫生活周期示意

【流行病学】犬复孔绦虫病在犬、猫等宠物中感染率可达50%，狼、狐等野生动物也可感染。本病分布广泛，感染无明显的季节性。儿童易受感染，主要与犬、猫等宠物亲近有关。

【致病作用】少量虫体可引起轻微损伤。大量寄生时，虫体以其小钩和吸盘损伤宿主肠黏膜引起炎症，造成宿主生长发育障碍。虫体分泌毒素引起宿主中毒。

【症状】本病轻度感染一般无症状。幼犬严重感染时可引起食欲不振、消化不良、腹痛、腹泻或便秘、肛门瘙痒等症状。虫体可集聚成团，堵塞肠腔，导致腹痛、肠扭转甚至破裂。

【诊断】参考临诊症状；检查粪便中的孕卵节片，新排出的可用放大镜观察，若节片已干缩，在显微镜下可观察到具有特征性的卵袋，内含数个至20个以上虫卵，依此而确诊。

【治疗】

（1）吡喹酮为首选治疗药物，用量为犬每千克体重 5mg，猫每千克体重 5～10mg，每天 1 次口服，幼龄犬、猫慎用。

（2）阿苯达唑，犬、猫用量为每千克体重 25mg，每天口服 1～2 次，连用 5～10d，交配期和妊娠早期禁用。

（3）氯硝柳胺，用量为犬每千克体重 100～150mg，猫每千克体重 200mg，1 次内服。

【预防】对犬、猫进行定期驱虫，将驱虫后的粪便及时清理并堆积发酵，以防虫卵污染周围环境。用蝇毒灵、倍硫磷、溴氰菊酯等定期驱除犬、猫圈舍和体表虱和蚤类。该病属于人兽共患病，应加强公共卫生宣传，注意人身防护。

课后思考题

一、名词解释

犬复孔绦虫病

二、填空题

1. 犬复孔绦虫的中间宿主主要是__________，其次是__________。

2. 犬复孔绦虫为中型绦虫，活体为__________色，固定后为__________色，最长可达__________，宽约 3mm，约由 200 个节片组成。

三、简答题

1. 简述犬复孔绦虫病的致病作用及主要症状。
2. 简述犬复孔绦虫病的预防措施。
3. 犬复孔绦虫病如何诊断？
4. 简述犬复孔绦虫的生活史及形态特征。

工作任务3　细粒棘球绦虫病

犬棘球绦虫生活周期示意

犬棘球绦虫传播示意

细粒棘球绦虫病是由细粒棘球绦虫寄生于犬、狼等食肉动物小肠引起的疾病。幼虫（棘球蚴）主要寄生于羊、牛、马、猪等动物，也可寄生于人体，引起棘球蚴病（包虫病）。

【病原】细粒棘球绦虫为带科、棘球属，是小型虫体，长 2～7mm，由头节和 3～4 个节片组成（图 2-4-1）。头节呈梨形，有 4 个吸盘，顶突上有 2 圈小沟。幼节最小，成节较幼节长 1 倍，孕节占整个虫体的 1/2 以上。成节有雌雄生殖器官各一套，生殖孔开口于节片一侧。虫卵似圆形，直径 30～38μm，无盖，虫卵排出体外时有放射状条纹，内含六钩蚴。

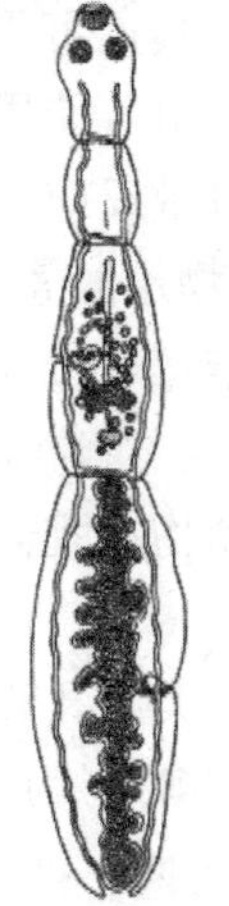

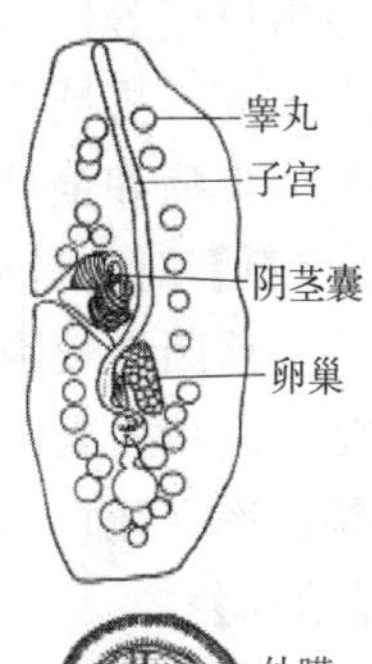

图 2-4-1　细粒棘球绦虫成虫

中绦期虫体为细粒棘球蚴，呈包囊状，内含液体，圆形。棘球蚴囊壁分两层，外层较厚是角质层，内层为胚层（又称生发层）。在生发层上可长出许多原头蚴，亦可长出子囊，子囊内长出孙囊，子囊和孙囊亦可生出许多原头蚴。悬浮于囊液中的生发囊和原头蚴，统称为棘球砂。有的生发层上不能长出原头蚴，称为不育囊。

【生活史】细粒棘球绦虫的中间宿主是羊、牛、猪、马、骆驼等草食动物和人，主要寄生部位是肝和肺。成虫寄生在犬、豺、狼等肉食动物的小肠，孕节或虫卵随粪便排出，污染牧草、水源及周围环境。当中间宿主随牧草、饲料或饮水吞食了虫卵或孕节时，虫卵在十二指肠中孵出六钩蚴，六钩蚴穿入肠壁的血管或淋巴管，随血流移行至肝、肺或其他组织器官中，经3～5个月发育成直径为1～3cm的棘球蚴，并不断长大。当犬等终末宿主食入患病动物的脏器，棘球蚴进入宿主肠道，其所含的每一个原头蚴都可固定在肠壁发育为一条成虫。从感染到发育成熟排出孕节约需8周。成虫寿命为5～6个月。

人误食虫卵后，六钩蚴可在人体小肠内孵出，并随血液循环到达身体各部位发育为棘球蚴。棘球蚴在人体生长缓慢，一般感染后半年其直径为0.5～1cm，以后每年增长1～5cm。棘球蚴可在人体内存活40年以上。

【流行病学】动物和人感染棘球蚴的主要感染源是患病和带虫的犬等肉食动物。犬的感染常较严重，肠内寄生的成虫可达成百数千条，放牧的牛、羊群食入虫卵的机会很多。病死的动物或其内脏又多被用于喂犬或抛弃野外而被犬、狼采食，造成了该病在犬与多种动物（尤其是绵羊）之间的传播。

随犬粪便排出的孕节蠕动引起肛门瘙痒，犬用舌舔后使虫卵黏附于其口鼻及面部，人与犬接触时，将虫卵黏附在手上再经口感染。猎人因常接触犬的皮毛等，感染机会较多。此外，通过蔬菜、水果、饮水和生活用具等误食虫卵也可引起人的感染。

细粒棘球绦虫繁殖力很强，1条雌虫每昼夜可孵出400～800个虫卵。虫卵对外界有较强的抵抗力，在2℃水中能存活2.5年，在5～10℃的粪便中可存活12个月，在－20～20℃的干草中可存活10个月。一般化学消毒剂不能杀灭虫卵。

细粒棘球绦虫呈全球性分布，尤以放牧羊、牛的地区为多。在我国主要流行于西北、华北、东北及西南等农牧区。

【症状及致病作用】细粒棘球绦虫寄生在犬科动物小肠内，吸取营养，成虫相对幼虫致病作用不明显，临床症状不明显。幼虫棘球蚴对羊等动物和人的危害主要是机械性压迫、中毒和过敏反应等作用，其危害程度取决于寄生部位、虫体大小、虫体数量、机体的反应性及有无并发症。机械性压迫可使周围组织发生萎缩和功能障碍。代谢产物被吸收后，可使周围组织发生炎症和全身过敏反应，严重感染者可致死，对人的危害尤其明显。

【诊断】对犬科动物小肠寄生的成虫，结合粪便检查发现细粒棘球绦虫节片可以确诊。该病生前诊断比较困难，通过详细询问病史以及与犬、羊等动物接触史，采用皮内变态反应检查法、间接血凝试验、对流免疫电泳、酶联免疫吸附试验等，对动物和人的棘球蚴病有较高的检出率。死亡的动物在脏器上查到棘球蚴即可确诊。

【治疗】

（1）药物治疗参考犬复孔绦虫病的治疗。

（2）对动物和人的棘球蚴病可进行手术摘除。

【预防】对犬进行定期驱虫，在服用驱虫药后3d内将犬拴养或关养，收集犬粪进行无害化处理；患病动物的内脏不得喂犬，煮熟后可利用；经常保持畜舍、饲草、饲料和饮水卫生，防

止被犬粪污染；捕杀畜群附近的野犬，消除传染源；经常与犬接触的人，应注意清洁卫生，防止误食虫卵。该病是一种重要的人兽共患病，应加强公共卫生宣传，做到防患于未然。

课后思考题

一、名词解释

细粒棘球绦虫病　包虫病　棘球砂　不育囊

二、填空题

1. 细粒棘球绦虫的中间宿主是__________、__________、__________、马、骆驼等草食动物和人，主要寄生部位是__________和__________。

2. 动物和人感染棘球蚴的主要感染源是__________。

三、简答题

1. 简述细粒棘球绦虫病的预防措施。

2. 简述细粒棘球绦虫病诊断及其治疗方法。

3. 简述细粒棘球绦虫病的症状及致病作用。

4. 简述犬细粒棘球绦虫的生活史。

工作任务4　带状带绦虫病

带状带绦虫也称带状泡尾绦虫，主要寄生于猫的小肠内，也见于犬，偶尔寄生于人体小肠中。中绦期幼虫为链尾蚴，又名带形囊尾蚴，寄生于多种啮齿动物的肝内，特别常见于鼠类，兔及人偶尔感染。

犬带状带绦虫传播过程示意

【病原】带状带绦虫呈乳白色，体厚，长15～60cm，顶突肥大，上有小钩，排成2圈，4个吸盘向外侧突出，颈节极不明显，因此又称为“粗头绦虫”或“肥颈绦虫”。每个成节都有一个侧生殖孔，孕节子宫内充满虫卵。虫卵呈褐色、球形，直径为31～36μm，内含六钩蚴。链尾蚴形似长链，约有20cm，头节裸露不内嵌，如同成虫的头节，其后接一假分节的链体，后端有一球形小泡尾。

犬带状带绦虫生活周期示意

【生活史】孕节随猫粪排至体外，常常自行蠕动到草上或其他物体上释放出虫卵。当鼠类等啮齿动物吞食虫卵后，六钩蚴钻入小肠壁，随血流至肝，经60d发育成链尾蚴。猫等吞食了带有链尾蚴的鼠类后，链尾蚴进入猫小肠，泡尾和假链体被消化，头节吸附在肠壁上，约经1个月发育为成虫。带状带绦虫在猫体内可存活两年。

【流行病学】带状带绦虫呈全球性分布，与家猫的分布一致。鼠科和仓鼠科啮齿动物是带状带绦虫最适宜的中间宿主。带状带绦虫的节片具有很强的运动性，可自行蠕动很长的距离。流行主要有两种类型，一是在自然界通过野生肉食动物（野猫、狐等）与野生鼠类之间循环；另一种则是在家猫、犬与家鼠之间循环。人类也偶然感染链尾蚴，多因接触家猫和犬，误食虫卵所致。

【症状】目前尚未有关于带状带绦虫感染后临床症状的描述，故一般认为该虫对猫致病性弱。实验结果表明，幼虫对鼠类可引起肉瘤状肿瘤。

【诊断】如果能从猫粪便中找到典型的节片，或通过漂浮法检查出虫卵即可确诊。

【治疗】参考犬复孔绦虫病的治疗。

【预防】严格管理猫，对猫进行定期驱虫，注意灭鼠和处理好猫的粪便。有链尾蚴的动物组织器官应销毁，禁止随意抛弃喂猫。

课后思考题

一、名词解释

带状带绦虫

二、填空题

1. 带状带绦虫呈__________色，体厚，长 15～60cm，顶突肥大，上有小钩，排成 2 圈，4 个吸盘向外侧突出，颈节极不明显，因此又称为__________或__________。

2. 带状带绦虫也称__________，主要寄生于__________。

3. 中绦期幼虫为链尾蚴，又名__________，寄生于__________，特别常见于__________。

三、简答题

1. 简述带状带绦虫的生活史。

2. 简述带状带绦虫病的流行特点。

3. 简述带状带绦虫病的诊断、治疗及预防。

工作任务 5　其他绦虫病

一、连续多头绦虫病

连续多头绦虫寄生于犬科动物的小肠内，中绦期幼虫为连续多头蚴，寄生于兔等啮齿动物的肌间和皮下结缔组织中，人也偶尔被感染。

【病原】连续多头绦虫虫体长 10～70cm，头节的顶突上有小钩 26～32 个，排列为 2 圈。孕节子宫侧枝 20～25 对。虫卵大小为（31～34）μm×（20～30）μm，内含六钩蚴。成熟的连续多头蚴，直径 4cm 或更大，囊内有液体，囊壁内有许多原头蚴，囊液内有游离的原头蚴，囊外也可含原头蚴的子囊。

【生活史】犬等终末宿主随粪便排出的孕节或虫卵，污染食物或饮水，被兔等啮齿动物吞食后，六钩蚴在消化道内逸出钻入肠壁，随血流至中间宿主的肌间和皮下结缔组织，并逐步繁育为连续多头蚴。最常寄生的部位是咀嚼肌、股肌以及肩部、颈部和背部肌肉。当终末宿主吞食了含有连续多头蚴的兔肌肉时，虫体头节翻出固着于小肠黏膜上，逐步发育为成虫。

【症状】一般无明显症状。幼虫感染时症状因寄生部位不同而异，主要表现为皮下肿块和关节活动不灵敏，个别寄生于脑脊髓者可出现神经症状。

【诊断】成虫诊断一般通过检查粪便中的虫卵，或在粪便中发现孕节，必要时可进行驱虫性诊断。死后剖检在小肠检出虫体即可确诊。连续多头蚴病可在皮下摸到可动而无

痛的特征性包囊，据此可做出初诊，确诊需摘下包囊镜检。死后剖检发现连续多头蚴包囊可诊断。

【治疗】

(1) 吡喹酮，犬每千克体重 5mg，猫每千克体重 5～10mg，1 次内服。

(2) 氯硝柳胺，犬每千克体重 100～150mg，猫每千克体重 200mg，1 次内服。犬、猫对该药物较为敏感，易出现腹泻。

(3) 硫氯酚，犬、猫每千克体重 200mg，1 次内服，可能伴有呕吐、腹泻。

【预防】防止犬散布病原，禁止犬进入畜舍，避免饲料、饮水被犬粪污染；对犬进行定期驱虫，捕杀野犬；严禁犬进入屠宰场，或将含细颈囊尾蚴的胴体丢弃喂犬；吡喹酮与液状石蜡按 1∶6 的比例混合研磨均匀，分 2 次间隔 1d 深部肌内注射，可预防本病。

二、绵羊带绦虫病

绵羊带绦虫寄生于犬、狼、豺、狐狸等肉食动物的小肠内，中绦期幼虫为羊囊尾蚴，常寄生在羊的心肌、膈肌、咬肌和舌肌等处的横纹肌，引起羊囊尾蚴病。羊囊尾蚴偶尔也见于肺、肝、肾、脑、食道壁和胃壁等，其他部位极为罕见。羊囊尾蚴病仅在新疆和青海有报道。

【病原】绵羊带绦虫呈乳白色，体长 45～100cm，头节较宽，有 4 个吸盘，顶突有钩。生殖孔位于节片边缘中央，孕节每侧有 20～25 对侧枝。羊囊尾蚴形态和猪囊尾蚴相似，呈卵圆形，大小为 (3～9) mm× (2～4) mm，囊内充满透明的液体，囊壁有一个凹入囊内的头节。

【生活史】成虫寄生于犬科动物的小肠内，孕节随犬粪便排出体外，虫卵被绵羊或山羊吞食后，六钩蚴经血流自小肠到达肌肉及其他器官中，需 2.5～3 个月发育为羊囊尾蚴。羊囊尾蚴被犬、狼等动物吞食后，在其小肠约经 7 周发育为成虫。羊囊尾蚴对羔羊有一定的危害，甚至可引起死亡。

【治疗】参考连续多头绦虫病。

【预防】参考连续多头绦虫病。

三、中殖孔绦虫病

中殖孔属绦虫常寄生于犬、猫等宠物小肠而引起慢性寄生虫病。

【病原】中殖孔绦虫虫体呈乳白色，长 30～250cm，最宽处 3mm。头节上无顶突和小钩，有 4 个长圆形的吸盘。颈节很短，成节近似方形，每节有 1 套生殖系统。子宫为盲管，位于节片的中央。生殖孔开口于节片背面中线上。孕节似桶状，内有子宫和一卵圆形的副子宫器，后者含成熟虫卵。

【生活史】中殖孔属绦虫生活史尚未完全阐明，但已知需要两个中间宿主：第一中间宿主为食粪的地螨，以虫卵人工感染地螨时，在其体内可找到似囊尾蚴。第二中间宿主为蛙、蛇、蜥蜴、鸟类及啮齿类，它们吞食了含似囊尾蚴的地螨后可在其体内形成四槽蚴，这些蚴体被终末宿主吞食后，在小肠内经 16～20d 发育为成虫。四槽蚴能从肠道向组织或腹腔移行，也能由腹腔移行至肠道。

【流行病学】中殖孔绦虫对犬、猫本身并没有太大的危害，主要危害在于其中绦期阶段寄生于动物和人的内脏，可引起严重的疾病。犬、猫通过食入中间宿主或其脏器而感染。在动物和犬、猫之间形成传播链，同时也危害人类健康。

【症状】常不致病，临床症状不明显；寄生量较多时，可引起慢性腹泻和肠炎，患病动物表现为腹部不适，呕吐，体重下降，生长缓慢，有些出现神经症状。有时便秘与腹泻交替出现，肛门瘙痒。往往能在犬、猫粪便中发现绦虫节片。

【诊断】根据临床症状可做出初步判断；结合粪便中检出虫体或节片、在肛门周围观察到节片或在犬、猫活动的地方发现节片即可确诊。

【治疗和预防】参考连续多头绦虫病。

课后思考题

简答题

1. 简述中殖孔属绦虫病的流行病学及主要症状。
2. 简述连续多头绦虫、绵羊带绦虫、中殖孔属绦虫的生活史。
3. 简述连续多头绦虫病的诊断、治疗及预防的方法。

模块5 宠物线虫病

工作任务1 线虫病概述

（一）线虫的形态结构

1. 外部形态 线虫一般为两侧对称，呈圆柱形或纺锤形，有的呈线状或毛发状。前端钝圆，后端较尖细，不分节。活体呈乳白色或淡黄色，血吸虫虫体略带红色。线虫大小差别很大，小的仅1mm左右，最长可达1m以上。寄生性线虫均为雌雄异体，一般为雄虫小、雌虫大。线虫整个虫体可分为头、尾、背、腹和两侧。

2. 体壁 线虫体壁由角皮（角质层）、皮下组织和肌层构成。角皮光滑或有横纹、纵线等。有些线虫体表还常有由角皮参与形成的特殊构造，如头泡、颈泡、唇片、叶冠、颈翼、侧翼、尾翼、乳突、交合伞等，有附着、感觉和辅助交配等功能，其位置、形状和排列是分类的依据。皮下组织在背面、腹面和两侧的中部增厚，形成四条纵索，在两侧索内有排泄管，背索和腹索内有神经干。体壁包围的腔（假体腔）内充满液体，其中有器官和系统。

3. 消化系统 消化系统包括口孔、口腔、食道、肠、直肠、肛门。口孔位于头部顶端，常有唇片围绕，无唇片者，有的在口缘部发育为叶冠、角质环（口领）等。有些线虫的口腔内形成硬质构造，称为口囊，有些在口腔中有齿或切板等。食道多呈圆柱状、棒状或漏斗状，有些线虫食道后部膨大为食道球。食道的形状在分类上具有重要意义。食道后为管状的肠、直肠，末端为肛门。雌虫肛门单独开口。雄虫的直肠和肛门与射精管汇合为泄殖腔，开口在泄殖孔，其附近乳突的数目、形状和排列是分类依据。

4. 排泄系统 线虫有两条从后向前延伸的排泄管在虫体前部相连，排泄孔开口于食道附近的腹面中线上。有些线虫无排泄管而只有排泄腺。

5. 神经系统　神经系统位于食道部的神经环相当于神经中枢，由此向前后各伸出若干条神经干，分布于虫体各部位。体表有许多乳突，如头乳突、唇乳突、颈乳突、尾乳突或生殖乳突等，均是神经感觉器官。

6. 生殖系统　线虫雌雄异体。雌虫尾部较直，雄虫尾部弯曲或蜷曲。生殖器官都呈简单弯曲并相通的管状，在形态上几乎没有区别。

雌性生殖器官通常为双管型（双子宫型），双管型即有2组生殖器官，2条子宫最后汇合成1条阴道。少数为单管型（单子宫型），由卵巢、输卵管、子宫、受精囊、阴道和阴门组成。有些线虫无受精囊或阴道。阴门的位置可在虫体腹面的前部、中部或后部，均位于肛门之前，其位置及形态具有分类意义。有些线虫的阴门被有表皮形成的阴门盖。

雄性生殖器官为单管型，由睾丸、输精管、贮精囊和射精管组成，开口于泄殖腔。许多线虫还有辅助交配器官，如交合刺、导刺带、副导刺带、性乳突和交合伞，具有鉴定意义。交合刺多为两根，包藏在交合鞘内并能伸缩，在交配时有掀开雌虫生殖孔的功能。导刺带具有引导交合刺的作用。交合伞为对称的叶状膜，由肌质的腹肋、侧肋和背肋支撑，在交配时具有固定雌虫的功能（图2-5-1、图2-5-2）。线虫无呼吸器官和循环系统。

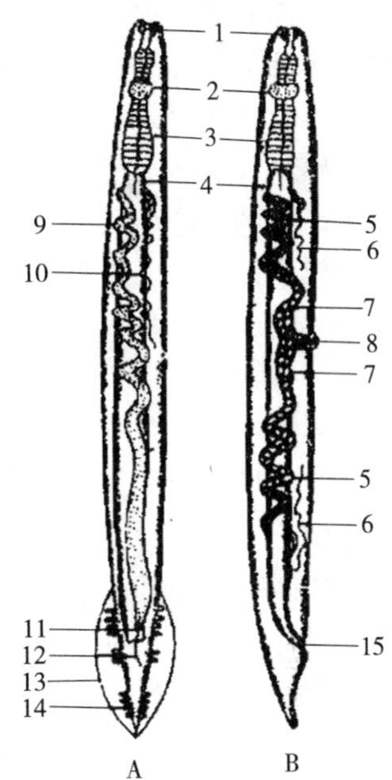

图2-5-1　线虫结构造模式
A. 雄虫　B. 雌虫
1. 口腔　2. 神经环　3. 食道　4. 肠　5. 输卵管　6. 卵巢　7. 子宫　8. 阴门　9. 输精管　10. 睾丸　11. 泄殖腔　12. 交合刺　13. 翼膜　14. 乳突　15. 肛门

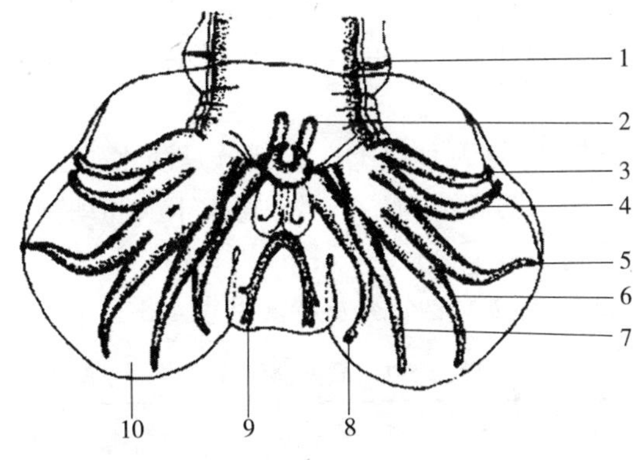

图2-5-2　圆形线虫雄虫尾部构造
1. 伞前乳突　2. 交合刺　3. 前腹肋　4. 侧腹肋　5. 前侧肋　6. 中侧肋　7. 后侧肋　8. 外背肋　9. 背肋　10. 交合伞膜

（二）线虫的生活史

雌虫与雄虫交配受精。大部分线虫为卵生，有的为卵胎生或胎生。卵生是指虫卵尚未卵裂，处于单细胞期，如蛔虫卵；卵胎生是指虫卵处于早期分裂状态，即已形成胚胎，如后圆线虫卵；胎生是指雌虫直接产出早期幼虫，如旋毛虫。线虫的发育都要经过5个幼虫期，每期之间均要进行蜕皮（蜕化）。因此，需有4次蜕皮，前2次蜕皮在外界环境中完成，后2次在宿主体内完成。蜕皮是幼虫蜕去旧角皮，生成新角皮的过程。蜕皮时幼虫处于不生长、不采食、不活动的休眠状态。绝大多数线虫虫卵发育到第3期幼虫才具有感染性，称为感染性幼虫，也称为披鞘幼虫，对外界环境变化抵抗力强。如果感染性幼虫在卵壳内不孵出，该虫卵称为感染性虫卵或侵袭性虫卵。

雌虫产出的虫卵或幼虫必须在新的环境中（外界或中间宿主体内）继续发育，才能对终末宿主有感染性。虫卵孵出过程受环境温度、湿度等因素和幼虫自身的因素控制，一般是幼虫通过分泌酶和自身的运动来损坏内层，然后从环境中摄入水分，膨大，撑破剩余卵壳。如果孵化过程中在中间宿主或终末宿主体内完成，则宿主提供刺激，促使其孵化。

在外界，幼虫发育的最适温度为18～26℃。温度太高，幼虫发育快，亦极活跃，这时它们消耗掉大量营养贮存，增加了死亡率，因此很少能发育到第三期幼虫。温度太低，发育减缓；若低于10℃，从虫卵发育到第三期幼虫的过程不能完成；若低于5℃，则第三期幼虫的运动和代谢降到最低，存活能力反而增强。

幼虫发育的最适相对湿度为100%。不过，即使在干燥的气候条件下，在粪便或土壤表面以下的微环境中仍具有高湿度，足以使幼虫继续发育。

在地面，多数幼虫活动性强，不过他们的运动需一层水膜存在，并需光与温度的刺激。幼虫的运动多为无方向运动，遇到草叶会爬于其上。

根据线虫在发育过程中是否需要中间宿主，可分为直接发育型（土源性）线虫和间接发育型（生物源性）线虫两种类型。

（1）直接发育型。雌虫产出虫卵，虫卵在外界环境中发育成感染性虫卵或感染性幼虫，被终末宿主吞食后，幼虫逸出后经过移行或不移行（因种而异），再进行2次蜕皮发育为成虫。代表类型有蛲虫型、毛尾线虫型、蛔虫型、圆线虫型、钩虫型等。

（2）间接发育型。雌虫产出虫卵或幼虫，被中间宿主吞食，在其体内发育为感染性幼虫，然后通过中间宿主（多为无脊椎动物）侵袭动物或被动物食入而感染，在终末宿主体内经蜕皮后发育为成虫。代表类型有旋尾线虫型、原圆线虫型、丝虫型、旋毛虫型等。

（三）线虫分类

线虫种类繁杂，目前已发现50万种以上，大部分是淡水、土壤和海洋中自由生活的线虫，相当一部分寄生于无脊椎动物和植物，小部分寄生于人和动物。与动物有关的线形动物门分为尾感器纲和无尾感器纲。

1. 尾感器纲 尾感器纲线虫的主要分类及特征见表2-5-1。

表2-5-1 尾感器纲线虫

目	科	形态结构及发育特点
蛔目	蛔科、禽蛔科、弓首科、异尖科	口孔通常有三片唇围绕，食道呈圆柱状。为直接发育型
尖尾目	异刺科、尖尾科	食道球明显
杆形目	类圆科	口囊及唇均明显，有的种类自由生活世代具有前后食道球；寄生世代无食道球，阴门在虫体后1/3处开口。有的种类在发育中营自由生活；寄生世代为孤雌生殖

（续）

目	科	形态结构及发育特点
圆线目	钩口科、管圆科、网尾科、后圆科、原圆科、冠尾科、圆线科、盅口科、比翼科、裂口科、毛圆科	雄虫尾部有典型交合伞，伞肋由2对腹肋（前、后腹肋），3对侧肋（前、中、后），1对外背肋和1根背肋组成。交合刺2根、等长。有口囊，口孔有小唇或叶冠环绕
旋尾目	锐形科（华首科）、似蛔科、颚口科、筒线科、柔线科、泡翼科、尾旋科、四棱科、吸吮科	多有两个侧唇。通常有小的柱状口囊。食道长，由前肌部和后腺部组成。大部分雌雄虫的后部多呈螺旋状卷曲，有侧翼和乳突。交合刺两根，形状不一，长短不同。雌虫阴门大部分位于中部左右。卵胎生。发育需中间宿主
驼形目	鳗居科、龙线科	虫体细长，雌虫与雄虫形态差异很大
丝虫目	丝虫科、盘尾科、丝状科	虫体呈丝状，外界不相通的体腔或组织内

2. 无尾感器纲 无尾感器纲线虫的分类及特征见表2-5-2。

表2-5-2 无尾感器纲线虫

目	科	形态结构及发育特点
毛尾目	毛细科、毛形科、毛尾科	虫体一般前部细后部粗。食道长，由单列或双列细胞围绕细食道管组成
膨结目	膨结科	雌虫雄虫生殖器官均为单管型。雄虫局部有钟形无肋交合伞，交合刺一根

课后思考题

一、名词解释

卵生　卵胎生　胎生　蜕皮

二、填空题

1. 线虫体壁由__________、__________和__________构成。

2. 根据线虫在发育过程中是否需要中间宿主，可分为__________和__________两种类型。

三、简答题

1. 简述线虫的形态结构及其生活史。

2. 简述线虫的分类。

工作任务2 蛔虫病

犬蛔虫的传播途径示意

犬蛔虫的生活周期示意

蛔虫是动物体内常见的寄生虫之一，成虫寄生在小肠，可引起蛔虫病，幼虫在机体内移行，引起内脏幼虫移行症（VLM）。犬、猫蛔虫病是由弓首科、弓首属的犬弓首蛔虫、猫弓首蛔虫和弓蛔属的狮弓首蛔虫寄生于犬、猫等宠物小肠内而引起的常见寄生虫病，可导致幼龄犬、猫发育不良，生长缓慢，严重感染时可导致死亡。该病分布于全国各地。

【病原】

1. 犬弓首蛔虫 雄虫长40～60mm，雌虫长65～100mm。头端具有3个唇瓣（图2-5-3），颈侧翼较长。食道与肠管连接部有小胃。雄虫后端卷曲，肛门前后各有有柄乳突数对，另有无柄乳突3对。有1对不等长的交合刺。雌虫阴门位于虫体前半部，子宫总管很短。虫卵呈短椭圆形，表面有许多点状凹陷，大小为（68～85）μm×（64～72）μm。寄生于犬的小肠内，是犬常见的寄生虫，还可感染狼、狐、獾等，人也有感染的报道。

2. 猫弓首蛔虫 雄虫长40～60mm，雌虫长40～120mm。外形与犬弓首蛔虫相似，颈翼前窄后宽。雄虫尾端和犬弓首蛔虫一样，具有柄乳突和无柄乳突数对，但排列不同。交合刺不等长。虫卵为亚球形，卵壳薄，表面有许多点状凹陷，大小约为65μm×70μm。寄生于猫的小肠，也可以感染野猫、狮、豹等。

3. 狮弓首蛔虫 雄虫长20～70mm，雌虫长20～100mm。成虫前端向背面弯曲，体表角质膜有横纹，颈翼发达，呈窄叶状。虫卵卵壳厚，表面光滑无凹陷，大小为（49～61）μm×（74～86）μm。寄生于猫、犬及其他猫科和犬科动物的小肠内。

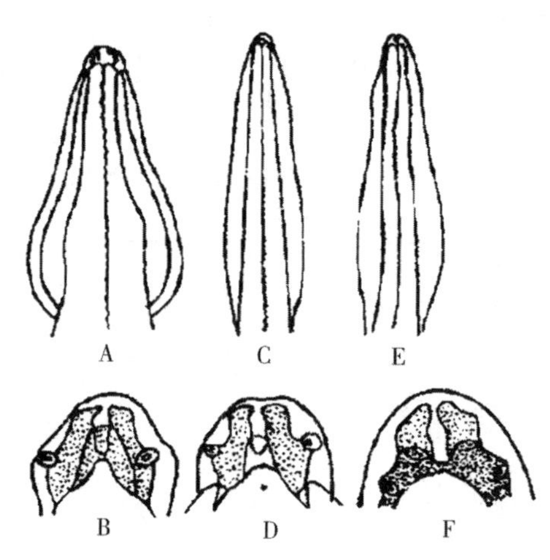

图2-5-3 犬、猫蛔虫前部及头端

A、B. 猫弓首蛔虫 C、D. 犬弓首蛔虫 E、F. 狮弓首蛔虫

【生活史】

1. 犬弓首蛔虫的生活史 犬弓首蛔虫在不同年龄犬体内的生活史不完全相同。虫卵随粪便排出体外，经10～15d发育为感染性虫卵（含第二期幼虫）。

3月龄幼犬吞食了感染性虫卵后，虫卵在小肠内孵出第二期幼虫，幼虫侵入肠壁，经淋巴管和毛细血管进入血液循环到达肝，再进入肺，经细支气管、支气管、气管到达咽喉，进入口腔后被咽下再进入消化道。幼虫在肺部和细支气管等处蜕皮变为第三期幼虫，进入消化道后在胃内变为第四期幼虫，第四期幼虫进入小肠变为第五期幼虫，再发育为成虫。从感染到发育为成虫需要4～5周。

3月龄以上的犬，虫体很少出现上述移行。6月龄以后的犬吞食虫卵感染后，幼虫进入血液循环，多进入体循环到达各个脏器和组织，形成包囊，但不进一步发育，虫体在包囊内可以存活至少6个月。成年母犬吞食虫卵感染后，幼虫也多在各脏器和组织内形成包囊。

在妊娠母犬可发现幼虫在分娩前3周移行至胎儿的肺，并发育成第三期幼虫，幼犬出生

后幼虫经气管移行到小肠，经2次蜕皮变为第四、第五期幼虫并发育为成虫。3周龄幼犬小肠中可发现成虫，有虫卵排出。

在泌乳开始后3周内，幼犬可通过吸吮含有第三期幼虫的母乳而感染。通过这个途径受到感染的幼犬，幼虫在体内不发生移行。

啮齿动物或鸟类等贮藏宿主也可感染虫卵，在其体内第二期幼虫移行至各种组织器官并一直保持对犬的感染力，犬摄食这样的宿主后也可发生感染，潜伏期为4～5周。

新近发现的一种情况是，在妊娠后期和泌乳期，母犬可受到再次感染，并可直接引起吮乳幼犬经乳汁感染，而且母犬体内幼虫一旦发育成熟即可排出虫卵污染环境。

2. 猫弓首蛔虫生活史 其生活史与犬弓首蛔虫相似，但无经胎盘感染途径。该蛔虫因感染的方式不同而出现不同的发育过程。虫卵随粪便排出体外后，发育为感染性虫卵（含第二期幼虫）。猫吞食虫卵后，孵出的幼虫首先进入胃壁，然后进入肝、肺，经气管到咽喉，回到消化道，再进入胃壁，发育为第三期幼虫，然后回到胃腔和肠腔，发育为第四、第五期幼虫，进一步发育为成虫。感染性虫卵被鼠、蚯蚓、蟑螂等吞食后，幼虫可在这些动物体内形成包囊而存活下来。猫吞食了这些动物后也可以感染，但虫体在猫体内只进入胃壁，不进入肝、肺。进入胃壁的虫体发育为第三期幼虫，再回到胃腔发育为第四期幼虫，后进入小肠，发育至成虫。

3. 狮弓首蛔虫生活史 其生活史相对简单。随粪便排出体外的虫卵，在适宜的环境条件下，经3～6d发育为感染性虫卵，被宿主吞食后，第二期幼虫在宿主小肠内孵出，进入肠壁发育为第三期幼虫后，返回肠腔发育为成虫。整个生活史约需74d。小鼠吞食狮弓首蛔虫的感染性虫卵后，第三期幼虫可在小鼠组织内形成包囊。猫、犬等吞食小鼠后也可感染，虫体在肠道内直接发育为成虫。

【致病作用及症状】蛔虫主要通过机械性刺激、夺取营养、分泌毒素及幼虫移行而损伤宿主。蛔虫是寄生于犬、猫体内的大型虫体，成虫寄生在宿主小肠，可对宿主肠道产生强烈的刺激作用，引起卡他性肠炎。当宿主发热、妊娠、饥饿或食物成分改变时，虫体可进入胃、胆管和胰管，造成堵塞或炎症。严重感染时，大量虫体可造成肠阻塞、肠扭转、肠套叠甚至肠破裂。

幼虫在移行时，经过肠壁进入肝、肺，可损伤肠壁、肝、肺毛细血管和肺泡壁等，引起肠炎、肝炎和蛔虫性肺炎。

虫体在小肠内以未消化的食物残渣为食，夺取宿主大量营养物质，使宿主营养不良，消瘦。虫体的代谢产物和体液被宿主吸收后对宿主产生毒害作用，引起造血器官和神经系统中毒，发生神经症状和过敏反应。

患病幼犬症状较明显。幼虫移行时引起蛔虫性肺炎，表现为咳嗽、流鼻涕等，3周后症状可自行消失。

成虫阶段，根据感染程度不同，可表现为消化不良、间歇性腹泻、粪便含有黏液、腹部胀满、疼痛、口渴、时有呕吐及呕吐物有恶臭等。另外，动物表现发育不良、体毛粗糙、渐进性消瘦。幼犬偶有惊厥、痉挛等神经症状。

【诊断】诊断应将临床症状和病原体检查相结合。病原体检查主要依靠粪便直接涂片法、饱和食盐水漂浮法检查虫卵或肉眼发现虫体。需要注意的是，若虫体未发育到成虫阶段，则粪便中不能检出虫卵，应采用剖检的方法从器官内发现虫体。

【治疗】驱蛔虫的药物很多，常用的有以下几种：

(1) 阿苯达唑(丙硫咪唑),犬、猫每千克体重25mg,每日口服1～2次,连用5～10d,交配期和妊娠早期禁用。

(2) 芬苯达唑,6月龄以下犬、猫,每千克体重50mg,口服每日1次,连用3d;6月龄以上犬、猫,每千克体重100mg,口服1次,3个月后再次给药;可用于妊娠和哺乳母犬,每千克体重25mg,口服每日1次,可连续给药5d。

(3) 左旋咪唑,为传统驱线虫药,犬、猫每千克体重10～15mg,每日口服1次,连用3～5d。

(4) 双羟萘酸噻嘧啶,属于四氢嘧啶类抗蠕虫药,犬、猫每千克体重5～10mg,每日口服1次,妊娠及体质虚弱的犬、猫禁用。

(5) 伊维菌素,犬、猫每千克体重0.2～0.4mg,皮下注射或口服,1周1次,连用2～4周,使用时严格控制剂量,特别是对于幼猫。柯利犬及有柯利犬血统的犬禁止应用。

此外,还有非班太尔(苯硫氨酯),为苯并咪唑类前体药,可在胃肠道内转化成芬苯达唑和奥芬达唑而发挥作用,多用复方制剂,如复方非班太尔(商品名拜宠清,主要成分为非班太尔150mg+吡喹酮50mg+双羟萘酸噻嘧啶144mg),妊娠犬、猫禁用;塞拉菌素,对于妊娠母犬、猫和柯利犬系比较安全,但禁用于6周龄以下的犬和8周龄以下的猫。

蛔虫病在驱虫治疗的同时,还需要对症治疗,如补液、补碱、强心、止血、消炎等。

课后思考题

一、名词解释

蛔虫病

二、填空题

1. 犬、猫蛔虫病的病原有__________、__________、__________。
2. 蛔虫的寄生部位是__________。
3. 犬、猫感染的蛔虫途径为__________。

三、简答题

1. 简述蛔虫病的诊断、治疗及预防方法。
2. 简述蛔虫生活史。
3. 简述蛔虫的致病作用及症状。

工作任务3 钩虫病

犬钩虫的生活周期示意

本病是由钩口科、钩口属、弯口属的线虫寄生于犬的小肠(尤其是十二指肠)引起犬贫血、胃肠功能紊乱及营养不良的一种寄生虫病。

【病原】

1. 犬钩口线虫 虫体刚硬呈淡黄色,口囊发达,口囊前缘腹面两侧有3个大牙齿,且呈钩状向内弯曲;雄虫长10～12mm,雌虫长14～16mm。虫卵呈椭圆形、浅褐色,内含8个卵细胞,大小为(56～75)μm×(34～47)μm。

2. 狭头钩虫 虫体较大,雄虫长5～8mm,雌虫长7～10mm。虫卵大小为70μm×

45μm 左右。

3. 巴西钩口线虫 虫体头端腹侧口缘上有 1 对大齿，1 对小齿。寄生于犬、猫、狐。

【生活史】

1. 犬钩口线虫生活史 犬钩口线虫成熟的雌虫一天可产卵约 1.6 万个，虫卵随粪便排出体外，在适宜的条件下（20～30℃）经 12～30h 孵化出幼虫；幼虫再经一周时间蜕化为感染性幼虫。一种感染途径是感染性幼虫被犬吞食后，钻入食道黏膜，进入血液循环，最后经呼吸道、喉头、咽部进入胃中，到达小肠发育为成虫。另一种感染途径是：感染性幼虫进入犬皮肤，钻入毛细血管，随血液进入心脏，经血液循环到达肺中，穿破毛细血管和肺组织，移行到肺泡和细支气管，再经支气管、气管，随痰液到达咽部，最后随痰被咽到胃中，进入小肠内发育为成虫。幼虫在妊娠犬体内移行过程中，可通过胎盘到达胎儿体内，使胎儿感染；幼虫在母犬体内移行过程中，可进入乳汁，当幼犬吸吮乳汁时，可造成感染。

2. 狭头钩虫生活史 虫卵随粪便排出体外，在适宜的条件下（20～30℃）经 12～30h 孵化出幼虫；幼虫再经一周时间蜕化为感染性幼虫。感染性幼虫被犬吞食后，钻入食道黏膜，进入血液循环，最后经呼吸道、喉头、咽部被咽入胃中，到达小肠发育为成虫。大多数病例为经口感染的途径，经胎盘感染和乳汁感染的途径很少见。

3. 巴西钩口线虫生活史 虫卵随粪便排出体外，在适宜的条件下（20～30℃）经 12～30h 孵化出幼虫；幼虫再经一周时间蜕化为感染性幼虫。感染性幼虫被犬吞食后，幼虫钻入食道黏膜，进入血液循环，最后经呼吸道、喉头、咽部被咽入胃中，到达小肠发育为成虫。

【流行病学】本病的流行取决于感染源的多少、气温是否能达到 25℃左右、粪便污染食物的程度等因素。主要流行于气候温暖的长江流域及华南地区，其中尤以四川、广东、广西、福建、江苏、江西、浙江、湖南、安徽、云南、海南及台湾等省份较为严重。

【致病作用】利用它们的牙齿或切板刺破黏膜而大量吸血，造成黏膜出血、溃疡；由于慢性失血，宿主体内的蛋白质和铁质不断损耗，随之出现缺铁性贫血。

【症状】钩虫病多发生于夏季，严重感染时，病犬出现食欲减退或不食、呕吐、腹泻等症状，典型症状为排出的粪便带血，呈黑色、咖啡色或柏油色。患犬可视黏膜苍白、消瘦、脱水，红细胞数下降到 400 万个/m^3 以下，血细胞比容下降至 20%以下。患犬可极度衰竭死亡。

由胎盘感染的仔犬，出生 3 周左右，食乳量减少或不食，精神沉郁，不时叫唤，严重贫血，昏迷死亡。

钩虫性皮炎表现为躯干皮肤过度角化、瘙痒，破后可造成皮肤继发感染性皮炎。

【诊断】

（1）根据临床症状诊断，如贫血、血便、消瘦、营养不良等均可考虑本病。

（2）采用饱和盐水漂浮法进行粪便检查，在显微镜下镜检，发现钩虫卵可确诊。

【治疗】

（1）阿苯达唑，犬、猫每千克体重 25mg，每日口服 1～2 次，连用 5～10d，交配期和妊娠早期禁用。

（2）甲苯达唑，口服每日口服 1～2 次，连用 5d，犬、猫体重不足 2kg 者，每次用药 50mg；体重 2～30kg 者，每次用药 100mg；体重大于 30kg 者，每次用药 200mg。禁用于妊娠犬、猫。

(3) 左旋咪唑，犬、猫每千克体重10～15mg，每日口服1次，连用3～5d。

(4) 其他抗蠕虫药的用法参考蛔虫病，另外还需对症治疗，如补液、补碱、强心、止血、消炎等。

【预防】注意环境卫生，及时清理粪便，发现或怀疑为本症的犬，及时进行隔离饲养。对幼犬及健康成年犬要定期进行驱虫。

课后思考题

一、名词解释

钩虫病

二、填空题

1. 钩虫病的病原有__________、__________、__________。

2. 犬钩口线虫病的感染途径为__________和__________。

三、简答题

1. 简述钩虫病的诊断、治疗及预防方法。

2. 简述犬钩口线虫的生活史。

工作任务4　犬心丝虫病

犬心丝虫体内扩散示意

本病是由丝虫科的犬心丝虫寄生于犬的右心室及肺动脉（少数见于胸腔、支气管）引起循环障碍、呼吸困难及贫血等症状的一种寄生虫病。除犬外，猫和其他野生肉食动物也可作为终末宿主。犬心丝虫在我国分布甚广，人偶被感染，引起肺部及皮下结节，病人出现胸痛和咳嗽症状。

【病原】犬心丝虫（又名犬恶丝虫）呈黄白色细长粉丝状。雄虫长120～160mm，尾部呈螺旋状卷曲，末端有11对尾乳突（肛前5对，肛后6对），交合刺两根，不等长；雌虫长250～300mm，尾端直，阴门开口于食道后端，距头端约2.7mm。胎生的幼虫称为微丝蚴，寄生于血液内，体长307～322μm，微丝蚴无鞘，周期性不明显，但以夜间出现较多。犬心丝虫的成虫常纠缠成几乎无法解开的团块，但也可能游离或被包裹而寄生于右心室和肺动脉中，也有个别案例寄生于肺动脉支和肺组织中。此外，还见于皮下和肌肉组织中。犬心丝虫的幼虫，多大量寄生于血液中，在新鲜液中作蛇行或环行运动，经常与血细胞相碰撞。

【生活史】犬心丝虫完成生活史需犬蚤、按蚊或库蚊作为中间宿主。寄生于右心室内的成虫，雌雄交配后，受精卵在雌虫的子宫内发育和孵化，向体外排出长约0.3mm的幼虫——微丝蚴。微丝蚴释在血液中可生存一年或一年以上，当中间宿主（主要是中华按蚊、白蚊、伊蚊、淡色库蚊等蚊类，另外，在猫蚤与犬蚤体内微丝蚴也可完成发育）吸食病犬体内的血液时，微丝蚴进入中间宿主体内，约经2周发育成为对犬有感染能力、体长约1mm的成熟子虫。当蚊等中间宿主叮咬犬体时，这些成熟子虫即从其口器逸出，于最短时间内钻进犬皮肤中，在皮下结缔组织、肌间组织、脂肪组织和肌膜下发育，感染后3～4个月，体

长可达3～11cm。然后进入静脉内，最后移行至右心室。移行至右心室的幼虫，如一股细丝，被称为未成虫。未成虫在右心室或肺动脉内继续发育3～4个月，便成为成熟的成虫。成虫寄生于右心室和后腔静脉、肝静脉、前腔静脉到肺动脉等血管内，该虫可寄生5～6年并在此期间内不断产生微丝蚴。

【流行病学】犬心丝虫在我国分布甚广，除犬外，猫和其他野生肉食动物也可被寄生。由于该寄生虫的生活史中所需的中间宿主是吸血昆虫——蚊等，因此，每年蚊子最活跃的6—10月为该病的感染期，其中感染最强期是7—9月。该病的感染率与经过的夏季成正比，大约经一夏的感染率为38%，经二夏的感染率为89%，经三夏的感染率为92%。犬的性别、被毛长短、毛色等与感染率无关。饲养环境与感染率有关，饲养在室外的犬感染率高，饲养在室内的犬感染率低。

【症状】最早出现的症状是咳嗽，运动时加重，病犬运动时易疲劳，随病程的发展病犬出现心悸，脉细而弱，心有杂音，肝肿大，肝触诊疼痛。腹腔积水，腹围增大，呼吸困难。末期贫血加重，逐渐消瘦衰弱至死。患该病的犬常伴发结节性皮肤病，以搔痒和倾向破溃的多发性灶状结节为特征。皮肤结节显示血管中心的化脓性肉芽肿炎症，在化脓性肉芽肿周围的血管内常见有微丝蚴。

【病理变化】心脏肿大，右心室扩张、瓣膜病、心内膜肥厚。肺贫血、扩张不全及肝变，肺动脉内膜炎和栓塞、脓肿及坏死等。发生肝硬变及肉豆蔻肝。肾实质和间质均有炎症病理变化。后期全身性贫血，各器官发生萎缩。

【诊断】

1. 根据临床症状 本病主要临床表现为心血管功能下降，多发生于2岁以上的犬，少见于1岁以内的犬。最早出现的症状是慢性咳嗽，但无上呼吸道感染的其他症状，运动时加重，或运动时病犬易疲劳。随着病情发展，病犬出现心悸亢进，脉细弱并有间歇，心内有杂音。肝区触诊疼痛，肝肿大。胸腔、腹腔积水，全身浮肿，呼吸困难。长期受到感染的病例，肺源性心脏病症状十分明显。末期，由于全身衰弱或运动时虚脱而死亡。病犬常伴发结节性皮肤病，以瘙痒和倾向破溃的多发性灶状结节为特征，皮肤结节为以血管为中心的化脓性肉芽肿，在其周围的血管内常见有微丝蚴。X线摄影可见右心室扩张，主动脉、肺动脉扩张。

2. 实验室检查 根据病史调查和临床症状可做出初步诊断，最后确诊应于夜晚采外周血液镜检，发现微丝蚴即可确诊。检查血液，可见微丝蚴在新鲜血液中进行蛇行和环行运动，经常与血细胞碰撞。具体检查方法是：用血液1mL加7%醋酸溶液或1%盐酸溶液5mL，常速离心2～3min后，倾去上清液，取沉淀物镜检，都易找到微丝蚴。在显微镜下检查，但要注意其与隐匿双瓣线虫微丝蚴的鉴别诊断：犬心丝虫微丝蚴一般长于300μm，尾端尖而直，隐匿双瓣线虫微丝蚴多短于300μm，尾端钝并呈钩状。

有条件的可进行血清学诊断，目前已有ELISA试剂盒用于临床诊断。

【治疗】犬心丝虫病的治疗分为驱杀成虫和驱杀幼虫微丝蚴。在确诊本病的同时，应对患犬进行全面的检查，然后分别针对寄生成虫和微丝蚴进行治疗，同时对患犬进行严格的监护，因为本虫寄生部位的特殊性，药物驱虫具有一定的危险性。

1. 驱除成虫 对于伴有咳嗽的患犬在驱杀成虫前可使用抗炎类皮质类固醇治疗，对于心脏功能障碍的病犬应先给予对症治疗（糖皮质激素、利尿剂、正性肌力药和补液）。与犬的治疗不同，不建议对猫使用杀成虫药，也不建议治疗确诊但无症状的患猫，但应当告诉猫主人可能出现猝死情况。伴有呼吸困难的猫可以给予皮质类固醇（泼尼松龙每千克体重1mg、每日2次或地塞米松每千克体重0.01～0.16mg、每日1次，连用3d）和支气管扩张剂等。所有犬心丝虫病阳性的猫都应该使用大环内酯类药物进行预防。

（1）硫砷酰胺钠，犬的剂量为每千克体重2.2mg，缓慢静脉注射，每天2次，连用2d。注射时严防药物漏出静脉。该药对病情严重的患犬较危险，有一定的肝肾毒性，对微丝蚴无效。

（2）美拉索明，犬深部肌内注射，用量为每千克体重2.5mg，每天2次，杀灭成虫的同时，适当控制微丝蚴，繁殖、妊娠和哺乳犬慎用。

（3）盐酸二氯苯砷，犬剂量为每千克体重2.5mg，用蒸馏水稀释成1%溶液，缓慢静脉注射，每隔4～5d一次，该药驱虫作用较强。

（4）酒石酸锑钾，每千克体重2～4mg，溶于生理盐水静注，1次/d，连用3次。

2. 驱除微丝蚴

（1）左旋咪唑。每千克体重11.0mg，每天1次，口服，用6～12d。治疗后第6天开始检查血液，当血液中微丝蚴转为阴性时停止用药。用药后，可能出现呕吐、神经症状、严重的行为改变和死亡；治疗超过15d，有中毒的危险性；该药不能和有机磷酸盐或氨基甲酸酯合用，也不能用于患慢性肾病和肝病的犬。

（2）伊维菌素。杀灭成虫治疗4周后，犬、猫按每千克体重0.05mg的用量，皮下注射或口服，如无不良反应，3周后进行微丝蚴检验。如果检验阴性，开始预防性给药；如果检验阳性，1周后复检。治疗4周后，应重新检测微丝蚴。

（3）倍硫磷是最有效的杀微丝蚴药物，7%倍硫磷溶液以每千克体重0.2mg的剂量皮下注射，必要时隔2周重复1次。倍硫磷是一种胆碱酯酶抑制剂，使用前后不要用任何杀虫剂或具有抑制胆碱酯酶活性的药物。

【预防】本病最有效的预防措施为药物预防，包括预防感染和预防蚊虫叮咬。

1. 海群生（乙胺嗪） 犬每千克体重6.6mg，在蚊虫季节开始到蚊活动季节结束后2个月内用药。在蚊虫常年活动的地方要全年给药。用药开始后3个月时检查一次微丝蚴，以后每6个月查1次。对已经感染心丝虫，在血中检出微丝蚴的犬禁用。

2. 硫乙砷胺钠 用量为每千克体重0.22mL，每天2次，连用2d，间隔6个月重复用药1次。对某些不能耐受海群生的犬，可用该药进行预防，一年用药2次，这样可以在临床症状出现前把心脏内虫体驱除。

3. 伊维菌素 犬每千克体重0.006mg，猫每千克体重0.024mg低剂量口服，1月一次可以达到有效的预防作用。

此外，在犬心丝虫病流行地区的猫，还可以采用米尔贝肟进行预防，每千克体重2mg，口服。

课后思考题

一、名词解释

犬心丝虫病

二、填空题

1. 犬心丝虫中间宿主是__________。

2. 每年蚊子最活跃的__________月为犬心丝虫病的感染期，其中感染最强期是__________月。

三、简答题

1. 简述犬心丝虫病的预防措施。

2. 简述犬心丝虫病的治疗方法。

3. 简述犬心丝虫的生活史。

4. 简述犬心丝虫病的症状及病理变化。

工作任务5　眼线虫病

眼线虫病又称为吸吮线虫病，是吸吮线虫寄生于哺乳类和鸟类泪管、瞬膜或结膜囊内，引起机体结膜炎、角膜炎，导致角膜糜烂、溃疡、混浊、穿孔，视力下降甚至失明的一种人兽共患病。

【病原】眼线虫病主要是由旋尾目、吸吮科、吸吮属的结膜吸吮线虫（又称丽内吸吮线虫）和加州吸吮线虫（又称加利福尼亚吸吮线虫）引起的。

结膜吸吮线虫又称华裔吸吮线虫，成虫细长，体表有显著的微细横纹，横纹边缘锐利呈锯齿状，在眼结膜囊内寄居时为淡红色，离开机体后，呈乳白色、半透明。头端钝圆，具有圆形的角质口囊，无唇。口囊外周具两圈乳突。雄虫长4.5～15.0mm、宽0.25～0.75mm，尾端弯曲，具交合刺两根，长短不一，形状各异。雌虫长6.2～20.0mm、宽0.3～0.85mm，生殖器官为双管型，子宫内充满虫卵。虫卵呈椭圆形，壳薄，大小为（54～60）μm×（34～37）μm，内含幼虫。卵在产出之前，卵壳已演变成包被幼虫的鞘膜。

【生活史】成虫主要在终末宿主犬、猫等动物的结膜囊及泪管内寄生，偶可寄生在人的眼部。雌虫在眼眶内排出具有鞘膜的初产蚴，当其中间宿主蝇等在宿主眼部舔食时，初产蚴随眼分泌物进入蝇的消化道，穿过中肠侵入血腔，经2次蜕皮发育为感染期幼虫并进入蝇的头部。当该蝇在舐食其他宿主眼部时，感染期幼虫进入终宿主眼部，在15～20d内幼虫再经2次蜕皮发育为成虫。从感染期幼虫进入终宿主至发育为开始产卵的成虫所需时间为50d左右。成虫寿命可达2年以上。

【流行病学】在我国重庆首次发现本虫寄生于犬的结膜囊内。人眼结膜吸吮线虫病例最早则发现于北京和福建。此后，国内外陆续有本虫寄生人眼的报道。本病多发生于亚洲地区，故称东方眼虫病。寄生于人眼的吸吮线虫除结膜吸吮线虫之外，还有加利福尼亚吸吮线虫（主要见于美国的加利福尼亚州，也曾见于西雅图）。

【症状】犬感染结膜吸吮线虫一般无明显表现，重者流泪，结膜潮红肿胀，翻开眼睑在眼角处可见到白色线状虫体。人一般在蝇类繁殖季节过后发病，表现结膜充血，羞明、流泪。

【诊断】本病自患眼取出虫体，镜下鉴定即可确诊。

【治疗】治疗方法简便，可用1%丁卡因、4%可卡因或2%普鲁卡因滴眼，待虫体受刺激从眼角爬出时用镊子或消毒棉签取出即可。然后用3%硼酸溶液冲洗结膜囊，并点滴抗生素。若虫体寄生在前房可行角膜缘切开取虫，术后进行抗炎等处理。虫体较多者，常需多次治疗。也可使用2.5%莫西菌素和10%吡虫啉滴剂，可在7d内杀死眼线虫；或口服米尔贝肟（每千克体重0.5mg），连用2次，间隔1周，也可杀死眼线虫。

【预防】预防本病的关键在于注意个人眼部卫生，特别是幼儿，应保持眼部清洁，以及灭蝇、防蝇等措施。

【公共卫生】成虫在人体多侵犯一侧眼，少数病例可双眼感染。主要在上下睑穹隆内，也寄生于泪腺、结膜下及皮脂腺管内。寄生虫数可多达21条。患者眼部病变可因虫体体表锐利的横纹摩擦、头端口囊吸附作用以及排泄分泌物的刺激作用而引起，导致炎症反应或形成肉芽肿。轻者无明显症状，也有眼部异物感、痒感、流泪、畏光、分泌物增多等临床表现。婴幼儿有不敢睁眼、以手抓眼的表现，常因家长发现患儿结膜有白色、线状小虫爬行而就诊。取出虫后症状消失。严重者可伴有结膜充血、小溃疡面形成或角膜混浊及眼睑外翻等。若虫体寄生在前房，可出现眼部丝状阴影移动感，睫状体充血、房水混浊、眼压增高，甚至视力下降。泪小管受损，可导致泪点外翻。

本虫主要分布于亚洲。在我国，迄今已报告人体结膜吸吮线虫病331例，分布于除青海、西藏、宁夏、甘肃、海南及台湾外的25个省份，其中以山东、湖北、江苏、河南、安徽、云南及河北报道的病例较多。儿童应注意眼的卫生，不玩弄犬、猫和兔等动物。注意环境卫生，做好防蝇措施以防止该病传播。

课后思考题

一、名词解释

眼线虫病

二、填空题

眼线虫成虫主要在终末宿主________、________等动物的________寄生，偶可寄生在人的眼部。

三、简答题

1. 简述眼线虫病的诊断、治疗及预防方法。
2. 简述结膜吸吮线虫的生活史及其症状。
3. 简述结膜吸吮线虫的形态特征。

工作任务6　其他线虫病

一、犬似丝线虫病

犬似丝线虫病由丝科、似丝属的似丝线虫寄生于犬的气管和肺中所引起的疾病。

【病原】主要有欧氏似丝线虫、贺氏似丝线虫、米氏似丝线虫。欧氏似丝线虫（欧氏类丝虫）寄生于气管和支气管，少见于肺实质。雄虫细长，尾端钝圆，交合伞退化，只有几个乳突，有2根短而不等长的交合刺。雌虫粗壮，阴门开口于肛门附近。虫卵卵壳薄，内含幼虫，幼虫尾部呈S状。贺氏似丝线虫与欧氏似丝线虫相似，寄生于犬的肺实质。米氏似丝线

虫寄生于犬的肺实质和细支气管。

【生活史】均属直接发育，生活史相似。在唾液或粪便中可见到第1期幼虫，幼虫立刻成为感染性幼虫。6周以内的幼犬可通过接触污染的粪便或被母犬舔舐等途径获得感染。

犬感染后，幼虫通过淋巴、门静脉系统移行至心脏和肺，然后移行至细支气管，寄生于气管分叉处。从感染到成熟约需10周。

【致病作用】虫体寄生在气管或支气管黏膜或黏膜下引起结节，结节为灰白色或粉红色，直径为1cm以下，呈息肉样，结节内有腔，结节可造成气管或支气管堵塞。结节发育很慢，严重感染时，气管分叉处有许多出血性病变覆盖。

【症状】症状的轻重取决于感染的严重程度和结节的数目。该病主要感染幼犬，表现为慢性症状，但有时可能引起死亡。最明显的临诊症状是顽固性咳嗽，呼吸困难，食欲不振，消瘦，某些感染群死亡率可达75%。

【诊断】用支气管窥镜检查或在痰液、粪便中发现幼虫即可确诊，但数量不会太多，必须细心检查。另外，雌虫产卵不是连续性的，必须进行多次检查。

【治疗】阿苯达唑，每千克体重25mg，口服，每日1次，连用5d为一疗程，停药2周后，再用药1次。

【预防】犬饲养场应执行严格的卫生消毒措施。

二、棘头虫病

犬棘头虫病是由少棘科、巨棘吻棘头属的蛭形巨棘吻棘头虫寄生于犬的小肠（以空场居多）所引起的疾病。也可感染猪、野猪、猫，偶见于人。

【病原】蛭形巨棘吻棘头虫，虫体较大，呈乳白色或淡红色、长圆柱形，前部较粗，后部较细，体表有明显的横纹。前端有一个可伸缩的吻突，呈球形，上有5～6列强大向后弯曲的小棘。雌虫长300～680mm；雄虫长70～150mm，尾部弯曲，呈长逗点状。

虫卵呈长椭圆形、深褐色，两端稍尖，大小为（89～100）μm×（42～56）μm，卵壳厚，有细皱纹，一端较圆，另一端较尖，两端有小塞状构造。卵内含有棘头蚴，棘头蚴的大小约为58μm×26μm。

【生活史】中间宿主是金龟子或其他甲虫的幼虫——蛴螬。

雌虫在犬的小肠内产卵，虫卵随粪便排出体外，被中间宿主吞食后，棘头蚴在中间宿主的肠内孵化，然后穿过肠壁进入体腔，发育为棘头体。经2～3个月后，发育为具有感染性的棘头囊。棘头囊长3.6～4.4mm，体扁，呈白色，吻突常缩入吻囊，易用肉眼观察到。幼虫在中间宿主体内的发育期限因季节不同而异，6月以前感染需3～4个月，6月以后感染需12～13个月。当甲虫发育为蛹并变为成虫时，棘头囊仍停留在他们体内，并能保持感染力达2～3年。犬吞食了含有棘头囊的甲虫幼虫、蛹、成虫时，均能造成感染。棘头囊在犬的消化道中脱囊，以吻突固着于肠壁上，经3～4个月发育为成虫。成虫生命期为10～24个月。

【流行病学】棘头虫繁殖力很强，每条雌虫每日排卵可达25万个以上，产卵期可持续约10个月。虫卵对外界环境中各种不利因素的抵抗力很强。在45℃环境中，长时间不受影响；在－16～－10℃低温条件下，可存活140d。在干燥与潮湿交替变换的土壤中，温度为37～39℃时，虫卵在368d内死亡。温度为5～9℃时可以生存551d。

金龟子类的甲虫是本病的感染来源。每年春、夏为感染季节，与甲虫幼虫出没相关联。犬的感染率和感染强度与地理、气候条件、饲养管理方式等都有密切关系。

【致病作用】棘头虫虫体以吻突牢牢地插入肠黏膜内，引起肠炎。吻突钩可以使肠壁组织遭受严重的机械性损伤，附着部位发生坏死和溃疡。吻突可以深入到浆膜层，形成小结节，呈现坏死性炎症。在炎症部位的组织切片上可以观察到吻突周围有嗜酸性细胞带，并有细菌。虫体有时穿过肠壁，引起发炎和肠粘连，可能因诱发泛发性腹膜炎而死亡。虫体以体表吸收营养，可造成宿主机体营养不良。

【症状】一般感染时症状不明显，有时只表现贫血、消瘦和发育停滞。严重感染时，病犬食欲减退，腹泻，粪便带血，腹痛。当虫体固着部位发生脓肿或肠穿孔时，体温升高到41℃，呼吸浅表，剧烈腹痛；后期继发腹膜炎，患犬表现为腹壁紧张，衰弱，不食，腹痛，卧地，多以死亡而告终。

【病理变化】患棘头虫病的宠物尸体消瘦，黏膜苍白。空肠和回肠的浆膜上可见灰黄色或暗红色的小结节，其周围有红色充血带。肠黏膜发炎。严重的可见到肠壁穿孔，吻突穿过肠壁，吸着在附近浆膜上引起粘连。肠壁增厚，有溃疡病灶。严重感染时，肠道塞满虫体，有时患病犬因肠破裂而死亡。

【诊断】根据流行病学资料、症状及在粪便中发现虫卵即可确诊。粪便检查可用直接涂片法和沉淀法。

【治疗】本病目前治疗尚无特效药，可试用左旋咪唑或丙硫苯咪唑。

【预防】定期进行粪便检查，发现病犬及时驱虫，以消除感染源。

课后思考题

一、名词解释

犬似丝线虫病　犬棘头虫病

二、简答题

1. 简述犬似丝线虫病的诊断、治疗及预防方法。
2. 简述犬似丝线虫的生活史。
3. 简述犬似丝线虫病的主要症状。
4. 简述犬棘头虫病的诊断、治疗及预防方法。
5. 简述犬棘头虫病的症状及病理变化。
6. 简述犬棘头虫的生活史。

模块 6　宠物原虫病

工作任务 1　原虫病概述

一、原虫形态构造

原虫为单细胞动物，体积微小，多数在 1～30μm 不等，有圆形、卵圆形、柳叶形或不规则形等形状，其不同发育阶段可有不同的形态。

1. 原虫的基本结构 原虫的基本结构主要包括细胞膜、细胞质和细胞核3部分。

（1）细胞膜。位于虫体表面，可保持原虫的完整性，并参与摄食、营养、排泄、运动、感觉等生理活动。有些寄生性原虫的细胞膜上有多种受体、抗原、酶类，甚至毒素。

（2）细胞质。中央区的细胞质称为内质，周围区的称为外质。内质呈溶胶状态，含有细胞核、线粒体、高尔基体等。外质呈凝胶状态，具有维持虫体结构的作用。鞭毛、纤毛的基部均包埋于外质中。

（3）细胞核。核多数为囊泡状（纤毛虫除外），由核膜、核质、核仁和染色质构成。染色质在核的周围或中央，大多数原虫只有一个核，有的具有两个大小相等或不等的核。细胞核与原虫的生理、繁殖有关。

2. 运动器官 原虫运动器官有鞭毛、纤毛、伪足和波动嵴。

3. 特殊细胞器 一些原虫有动基体和顶复合器等特殊的细胞器。

二、原虫的生殖

原虫的生殖有无性生殖和有性生殖两种方式。有的原虫以有性生殖和无性生殖交替进行，这种方式为世代交替。

（一）无性生殖

1. 二分裂 分裂由毛基体开始，依次为动基体、核、细胞，形成两个大小相等的新个体。通常鞭毛虫为纵二分裂，纤毛虫为横二分裂。

2. 裂殖生殖 细胞核先多次分裂，分成众多小核，细胞质向核周围集中，每个核周围的细胞质围绕着核构成新个体。这样就形成母细胞中含有若干虫体，故称裂殖体，裂殖体中的单个虫体称为裂殖子。1个裂殖体内可含有数十个裂殖子。球虫常以此方式生殖。

3. 孢子生殖 也是一种无性生殖。是在有性生殖的配子生殖阶段形成合子后，合子通过分裂和发育形成孢子囊。孢子囊内可形成多个子孢子，每个子孢子可发育形成一个新的虫体。有的不形成孢子囊，如隐孢子虫。

4. 出芽生殖 分为外出芽和内出芽两种形式。外出芽生殖是从母细胞边缘分裂出1个子个体，脱离母体后形成新的个体。内出芽生殖是在母细胞内形成两个或多个子细胞，子细胞成熟后，母细胞破裂，释放出两个或多个新子代虫体。

（二）有性生殖

1. 接合生殖 两个虫体结合，互相进行核质交换，核重建后分离，形成两个带有新核的个体。多见于纤毛虫。

2. 配子生殖 虫体在裂殖生殖过程中出现性分化，一部分裂殖体形成大配子体（雌性），一部分形成小配子体（雄性）。1个小配子体可产生若干小配子，而1个大配子体只产生1个大配子。大、小配子体发育成熟后分别形成大、小配子，小配子进入大配子内，结合形成合子。有的合子具有运动性，称为动合子；有的合子外表形成坚硬的被膜，称为卵囊。

三、原虫分类

目前，已知有10 000多种原生动物营寄生生活，故原虫分类十分复杂，至今尚未统一。根据原虫分类学家推荐的分类系统，下文主要介绍与宠物有关的部分原虫（表2-6-1）。

表 2-6-1 原虫的分类

门	纲	目	科	属
肉足鞭毛门	动鞭毛纲	动基体目	锥体科	锥体属、利什曼属
		双滴虫目	六鞭科	贾第属
		毛滴虫目	毛滴虫科	三毛滴虫属
			单毛滴虫科	组织滴虫属
顶复门	孢子虫纲	真球虫目	艾美耳科	艾美耳属、泰泽属、等孢属、温扬属
			隐孢子虫科	
			肉孢子虫科	弓形虫属
			血变原虫科	
			住白细胞虫科	
		梨形虫目	巴贝斯科	巴贝斯属
纤毛门	动基裂纲	毛口目	小袋科	小袋虫属

课后思考题

一、名词解释

二分裂生殖　裂殖生殖　孢子生殖　出芽生殖　接合生殖　配子生殖

二、填空题

1. 原虫由_________、_________和_________三部分组成。

2. 原虫的细胞质有_________质和_________质之分。

3. 原虫的细胞核多数为囊泡状（纤毛虫除外），由_________、_________、_________和_________构成。

4. 原虫的无性生殖形式有多种，包括_________、_________、_________和_________。

5. 有些合子具有运动性，称为_________，有些合子外被以较厚的有抵抗力的外膜，称为_________。

6. 原虫运动器官有_________、_________、_________和_________。

7. 弓形虫属于_________科_________属。

工作任务 2　弓形虫病

弓形虫病是由孢子虫纲、肉孢子虫科、弓形虫属的弓形虫引起的疾病。弓形虫寄生于犬、猫等多种动物及人的有核细胞，广泛分布于世界各地。对人致病严重，因此弓形虫病是重要的人兽共患病。犬和猫多为隐性感染，但有时也可引起发病。

【病原】刚地弓形虫在不同的发育阶段有不同的形态。在中间宿主犬和其他动物体内为速殖子，包囊和假包囊在终末宿主猫体内为裂殖体、配子体和卵囊。

1. 速殖子（滋养体） 呈弓形、梭形或香蕉形，一端尖一端钝圆。大小为（4～8）μm×（2～4）μm，多数在细胞内，也可游离于组织液内。姬姆萨染色或瑞氏染色后，细胞质呈浅蓝色，有颗粒，细胞核呈深蓝色，偏向钝圆一端。在急性感染时，速殖子在细胞内迅速增殖，使含虫的细胞膨大并形成假包囊（图 2-6-1），这种假包囊很容易破裂并迅速释放速殖子。

2. 包囊（组织囊） 可见于慢性病例的多种组织，以脑组织为多。包囊呈圆形或椭圆形，有很厚的囊壁，直径 8～100μm，含有数十至数千个慢殖子。

3. 裂殖体 呈圆形，直径 12～15μm，内含 4～24 个裂殖子。仅见于终末宿主猫的小肠上皮细胞内。

4. 配子体 存在于终末宿主猫的肠上皮细胞内。裂殖子经过数代裂殖生殖后变为配子体，大配子体的核致密，较小，含有着明显的颗粒；小配子体色淡，核疏松，后期分裂成许多小配子，每一个小配子有一对鞭毛。大小配子结合形成合子，继而发育为卵囊。

5. 卵囊 存在于终末宿主猫的小肠绒毛上皮细胞内。呈圆形或近圆形，大小为 10μm×12μm，随终末宿主猫粪便排出体外。经 2～5d 发育为孢子化卵囊，含有 2 个椭圆形孢子囊，每个孢子囊内有 4 个子孢子。

【生活史】由于宿主的广泛性和多种传播途径，弓形虫的生活史很复杂。终末宿主为猫及猫科动物，中间宿主为多种哺乳动物和鸟类，猫也可作为中间宿主。

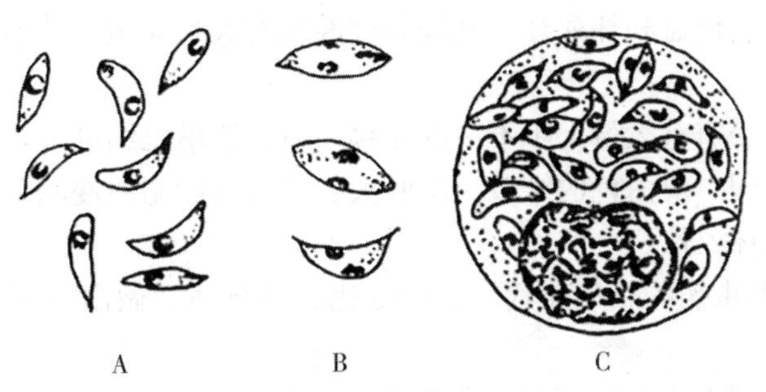

图 2-6-1 弓形虫速殖子

A. 游离于体液 B. 在分裂中 C. 寄生于细胞中

猫食入孢子化卵囊、慢殖子或速殖子等各阶段虫体后，虫体进入小肠上皮细胞，经过多次裂殖生殖，最后释放出裂殖子，发育成配子体，雌雄配子结合形成卵囊随粪便排出。在外界适宜的环境下，经 2～4d 发育为孢子化卵囊。侵入猫的一部分子孢子也可进入宿主淋巴和血液循环，分布到各个组织和器官，进行和在中间宿主体内一样的发育。

中间宿主吞食了孢子化卵囊、缓殖子或速殖子而感染。虫体通过淋巴或血液侵入全身组织，尤其是网状内皮细胞，在细胞质中以内出芽方式进行迅速增殖和大量破坏组织，出现假包囊。如果感染的虫株毒力很强，而且宿主又未产生足够的免疫力，即可引起弓形虫病的急性发病。反之，如果虫株毒力较弱，宿主又能很快产生免疫，则弓形虫的繁殖受阻，发病缓慢，或者成为没有症状的隐性感染，虫体就会在宿主的脑和其他脏器中形成包囊。

【致病作用】初次感染时，由于宿主未建立起免疫反应，在血流中的弓形虫很快侵入宿主的器官，在宿主的细胞内迅速繁殖。这种繁殖很快的虫体称为速殖子。速殖子可以充满整个细胞，导致细胞破裂，速殖子释出，又侵入新的细胞。虫体可以侵入脑、心脏、肺、肝、脾、淋巴结、肾、肾上腺、胰、睾丸、眼、骨骼肌以及骨髓等任何器官。

当宿主已具有免疫力时，弓形虫在细胞内增殖变慢，称为慢殖子。多个慢殖子聚集在细胞内，成为包囊。这种包囊周围没有明显的炎症反应。一旦宿主免疫力下降，包囊便开始破裂，虫体再次释出，形成新的暴发。因此，包囊是宿主体内潜在的感染来源。包囊最常见于脑和眼，其次为心肌和骨骼肌，而肝、脾和肺内少见。在慢性感染的宿主体内，因宿主免疫力强，包囊破裂后释出的抗原与机体的抗体作用，可发生无感染的过敏性坏死和强烈的炎症反应，形成肉芽肿。

【症状】犬、猫大都以隐性感染为主。

猫的症状分为急性型和慢性型。急性型主要表现为厌食、嗜睡，高热（体温 40℃以上），呼吸困难（呈腹式呼吸）等。有的出现呕吐，腹泻，过敏，眼结膜充血，对光反应迟钝，甚至眼盲。有的出现轻度黄疸。妊娠母猫可出现流产，不流产者所产胎儿常于产后数日死亡。慢性型的病猫时常复发，表现为厌食，嗜睡，体温在 39.7～41.1℃，发热期长短不等，可超过 1 周。有些猫腹泻，虹膜发炎，贫血。中枢神经系统症状多表现为运动失调，惊厥，瞳孔不均，视觉减弱甚至丧失，抽搐及后肢麻痹等。

犬的症状主要为发热，咳嗽，呼吸困难，精神沉郁，厌食，眼和鼻流分泌物，呕吐，黏膜苍白，运动失调、早产和流产等。

【病变】肺水肿是本病的特征性病变。猫急性和慢性病例均可见肺水肿，肺有分散的结节。肝肿大，边缘钝圆，有针尖大至绿豆大的黄色坏死灶。全身淋巴结表现不同程度的增生、出血或坏死。心肌出血和坏死灶。胸腔和腹腔积有大量淡黄色的液体。胃肠黏膜肿胀有出血。

犬剖检可见胃和肠道有大量大小不一的溃疡。肠系膜淋巴结肿大，切面常有范围不等的坏死区。肺有大小不同、灰白色的结节。脾肿大。肝有轻度脂肪浸润，少数病例有不规则的坏死灶。心肌有小的坏死灶。

【诊断】根据弓形虫病的临诊症状、病理变化和流行病学做出初步诊断，确诊必须查出病原体或特异性抗体。

1. 病原体检查 采集各脏器或体液做涂片、压片或切片检查虫体即可确诊。

2. 血清学检查 间接血凝试验、补体结合试验、荧光抗体技术、中和抗体试验和酶联免疫吸附试验等。

3. 动物接种试验 小鼠、豚鼠和兔子等对弓形虫非常敏感，可以用作试验动物。

4. 试剂盒诊断 也可用快速诊断试剂盒进行诊断。

【治疗】目前主要采用磺胺类药物治疗弓形虫病，常用的为磺胺嘧啶和乙胺嘧啶。磺胺嘧啶犬、猫每千克体重 15mg，每日 2 次，连用 28d；乙胺嘧啶犬、猫每千克体重 0.25～0.5mg，每日 1 次，连用 28d；或磺胺嘧啶和乙胺嘧啶联合使用，犬、猫乙胺嘧啶每千克体重 0.5mg，磺胺嘧啶每千克体重 30mg，每日 2 次，连用 7～10d，不建议超过 14d，每天补充叶酸（5mg/d）或者亚叶酸（每千克体重 1mg），可减轻毒副作用。

猫还可以使用盐酸克林霉素（每千克体重 10～12mg，口服，每日 2 次，连用 28d）或磷酸克林霉素（每千克体重 12.5～25mg，肌内注射，每日 2 次，连用 28d）。应注意在发病初期及时用药，如用药较晚，虽可使临床症状消失，但不能抑制虫体进入组织形成包囊，结果使动物成为带虫者。

【预防】最主要的措施为加强猫粪便的管理，防止污染环境、水源及饲料，体质弱或免疫抑制个体尽量减少接触；不饲喂宠物犬、猫生肉或未煮熟的肉，建议室内饲养，并减少其

捕食野生动物或小昆虫。

【公共卫生】弓形虫病是一种严重的人兽共患病。在妊娠期间或免疫功能低下期间弓形虫感染的风险会增高。与猫直接接触，特别是清除粪便并不是人感染弓形虫的直接风险因素，因为猫粪便中的卵囊还需要2～3d才能具有感染性。而摄入受污染的食物（食物未煮熟、果蔬未清洗、厨具污染）和接触污染土壤（园艺从业者）是人类最常见的感染途径。

课后思考题

一、名词解释

速殖子（滋养体）　包囊（组织囊）　配子体　卵囊

二、填空题

1. 弓形虫属于＿＿＿＿＿科、＿＿＿＿＿属。
2. 弓形虫滋养体姬姆萨染色后，细胞质呈＿＿＿＿＿色，有颗粒，细胞核呈＿＿＿＿＿色。
3. 在宿主细胞的细胞质内多个速殖子快速增殖，好像包在一个囊内，称为＿＿＿＿＿。
4. 弓形虫包囊具有一层很厚的囊壁，内含数十至数千个＿＿＿＿＿。
5. 弓形虫裂殖体见于终末宿主的＿＿＿＿＿细胞内。
6. 弓形虫体寄生于动物细胞内，因其发育阶段的不同，可分为5个类型：＿＿＿＿＿、＿＿＿＿＿、＿＿＿＿＿、＿＿＿＿＿、＿＿＿＿＿。

三、选择题

1. 从猫粪中排出的弓形虫发育阶段是（　　）。

A. 包囊　　B. 卵囊　　C. 裂殖子
D. 速殖子　　E. 配子体

2. 弓形虫的终末宿主是（　　）。

A. 犬　　B. 猫　　C. 狼
D. 狐　　E. 猪

3. 治疗弓形虫病的首选药物为（　　）。

A. 磺胺类药物　　B. 吡喹酮　　C. 拜耳205
D. 噻嘧啶　　E. 阿苯达唑

4. 不是弓形虫的传播途径是（　　）。

A. 经皮肤黏膜感染　　B. 经胎盘感染
C. 接触感染　　D. 经口感染

5. 弓形虫的主要致病阶段是（　　）。

A. 速殖子　　B. 缓殖子　　C. 裂殖体
D. 配子体　　E. 卵囊

四、简答题

1. 简述弓形虫在猫和其他动物体内的发育过程。
2. 简述弓形虫病的感染途径。
3. 简述犬、猫弓形虫病的诊断和治疗方法。

工作任务3 球虫病

犬、猫球虫病是由艾美耳科、等孢属的球虫寄生于犬和猫的小肠和大肠黏膜上皮细胞内所引起的疾病。一般情况下致病力较弱，严重感染时，可以引起肠炎。

【病原】

1. 犬等孢球虫 寄生于犬小肠，主要在小肠后1/3段，具有轻度至中度致病力。孢子化卵囊呈卵圆形或椭圆形，大小为（30.7～42.0）μm×（24.0～34.0）μm。孢子囊呈椭圆形，无斯氏体，有孢子囊残体。卵囊壁光滑，呈淡色或淡绿色。无卵膜孔、极粒和卵囊残体。卵囊内含2个孢子囊，每个孢子囊内含4个子孢子。孢子化时间在20℃时为2d。

2. 俄亥俄等孢球虫 寄生于犬小肠、结肠和盲肠。孢子化卵囊呈椭圆形或卵圆形，大小为（20.5～20.6）μm×（14.5～23.0）μm。无卵膜孔、极粒和卵囊残体。卵囊壁光滑，无色或淡黄色。孢子囊呈椭圆形，无斯氏体，有孢子囊残体。卵囊内含2个孢子囊，每个孢子囊内含4个子孢子。在自然环境下，孢子化时间在1周以内。

3. 伯氏等孢球虫 寄生于犬小肠后段和盲肠。孢子化卵囊呈球形或椭圆形，大小为（17～24）μm×（15～22）μm。无卵膜孔、极粒和卵囊残体。卵囊壁光滑，呈黄绿色。孢子囊呈卵圆形或椭圆形，无斯氏体，有孢子囊残体。卵囊内含2个孢子囊，每个孢子囊内含4个子孢子。

4. 猫等孢球虫 主要寄生于猫小肠，有时在盲肠，主要在回肠的绒毛上皮细胞内，具有轻微致病力。孢子化卵囊呈卵圆形，大小为（35.9～46.2）μm×（35.9～37.2）μm。无卵膜孔、极粒和卵囊残体。卵囊壁光滑，呈淡黄色或淡褐色。孢子囊呈卵圆形，无斯氏体，有孢子囊残体。卵囊内含2个孢子囊，每个孢子囊内含4个子孢子。在自然环境下，孢子化时间为2d或更短。

5. 芮氏等孢球虫 寄生于猫小肠、盲肠和结肠，具有轻微致病力。孢子化卵囊呈卵圆形或椭圆形，大小为（21.0～30.5）μm×（18.0～28.2）μm。无卵膜孔、极粒和卵囊残体。卵囊壁光滑，无色或淡褐色。孢子囊为宽椭圆形，无斯氏体，有孢子囊残体。卵囊内含2个孢子囊，每个孢子囊内含4个子孢子。在自然环境下，孢子化时间为2～4d。

等孢球虫孢子化卵囊有共同的形态构造特征（图2-6-2）。

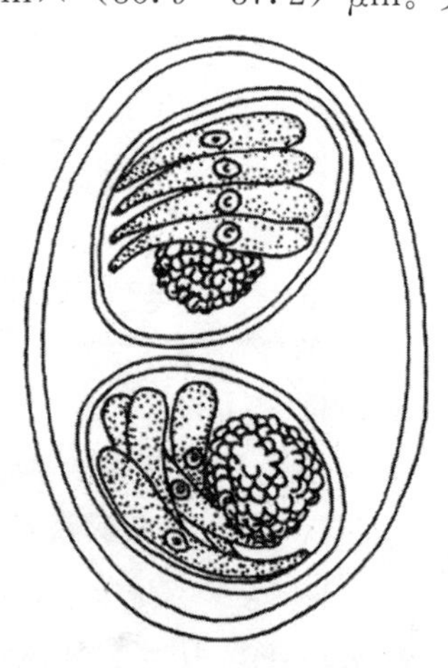

图2-6-2 等孢球虫孢子化卵囊模式

【生活史】上述几种球虫的生活史基本相似，可以分为3个阶段，即裂殖生殖、配子生殖、孢子生殖。随粪便排出的卵囊内含有一团卵囊质，此时的卵囊不具有感染能力。在外界适宜的条件下，经过一定时间完成孢子化，卵囊质发育为2个孢子囊，每个孢子囊内发育出4个香蕉形的子孢子，称为孢子化卵囊。此时，对犬、猫等具有感染能力。犬、猫等吞食后，子孢子在其小肠内释出，侵入小肠或大肠上皮细胞，进行裂殖生殖，即首先发育为裂殖体，其内含有8～12个或更多裂殖子。裂殖体成熟后破裂，释放出的裂殖子侵入新的上皮细

胞，再发育为裂殖体。一般经过3代裂殖发育后，进入配子生殖阶段。一部分裂殖子先后发育为大配子体、大配子，一部分先后发育为小配子体、小配子，大配子与小配子结合形成合子，合子最后形成卵囊壁变为卵囊随粪便排出体外。动物从感染孢子化卵囊到排出卵囊的时间为9～11d。一定时间后，如不发生重复感染，动物可以自动停止排出卵囊。

【致病作用与症状】球虫的主要致病作用是破坏肠黏膜上皮细胞。由于球虫的裂殖生殖和配子生殖均在上皮细胞内完成，当裂殖体和卵囊释放出的时候，可以破坏大量肠上皮细胞，导致出血性肠炎和肠黏膜上皮细胞脱落。轻度感染时一般不表现症状。严重感染时，患病动物于感染后3～6d发生水样腹泻或血便，轻度发热，精神沉郁，消化不良，食欲减退，消瘦，贫血。感染3周以后，症状可自行消失，大多数能自然康复。

【诊断】根据临诊症状做出初步诊断，确诊必须进行实验室检查。

粪便检查：用饱和食盐水漂浮法或直接涂片法检查粪便中的卵囊，但在感染初期，因卵囊尚未形成而不能检出。此时，可刮取肠黏膜做成压片，在显微镜下检查裂殖体。

【治疗】可选用下列药物：

（1）磺胺二甲氧嘧啶，犬、猫每千克体重50mg，口服，每天1次，连用5～20d；或第一天按每千克体重55mg，随后每千克体重27.5mg，口服，直至症状消失。

（2）磺胺嘧啶和甲氧苄啶联合用药，猫体重小于4kg，按每千克体重12.5～25mg磺胺嘧啶＋2.5～5mg甲氧苄啶，连用6d；体重大于4kg，按每千克体重25～50mg磺胺嘧啶＋5～10mg甲氧苄啶，连用6d。

（3）氨丙啉，犬每千克体重50～100mg，口服，每日1次，连用7～12d；猫每千克体重60～100mg的总剂量，口服，每日1次，连用7d。当出现呕吐等副作用时，应停止使用。

（4）妥曲珠利，犬每千克体重10mg，一次性口服，猫每千克体重15～20mg，一次性口服，感染严重的猫，可第二天重复给药1次。

（5）帕托珠利，犬每千克体重50mg，每日1次口服，连用3d；猫每千克体重20mg，口服2次，间隔7d，或每千克体重50mg，口服1次。

【预防】主要是搞好犬、猫的环境卫生，防止球虫感染，保持舍内通风干燥。也可用氨丙啉进行药物预防。

课后思考题

一、名词解释

猫等孢球虫　孢子化卵囊　裂殖体

二、填空题

1. 犬、猫球虫病是由__________科、__________属的球虫寄生于犬和猫的__________和__________黏膜上皮细胞内所引起的疾病。

2. 球虫的生活史基本相似，可以分为3个阶段，即__________、__________、__________。

3. 伯氏等孢球虫卵囊内含__________个孢子囊，每个孢子囊内含__________个子孢子。

三、选择题

1. 等孢属球虫孢子化卵囊的特征为（　　）。

A. 四个孢子囊，每个孢子囊内有 2 个子孢子

B. 两个孢子囊，每个孢子囊内有 4 个子孢子

C. 四个孢子囊，每个孢子囊内有 4 个子孢子

D. 无孢子囊，8 个子孢子直接裸露在卵囊内

E. 无孢子囊，4 个子孢子直接裸露在卵囊内

2. 以下哪种药物不是抗球虫的药。（　　）

A. 磺胺六甲氧嘧啶　　B. 吡喹酮

C. 磺胺二甲氧嘧啶　　D. 氨丙啉

四、简答题

1. 简述饱和食盐水漂浮法检查球虫卵的操作方法。

2. 简述犬、猫球虫的生活史。

3. 简述犬、猫球虫病的诊断和防治方法。

工作任务 4　巴贝斯虫病

犬巴贝斯虫病为巴贝斯科、巴贝斯属的寄生虫寄生于犬的红细胞内所引起的疾病。该病特征是严重贫血和血红蛋白缺乏，是一种急性发作的季节性疾病，对犬危害严重。

【病原】

1. 吉氏巴贝斯虫　虫体很小，多位于红细胞的边缘或偏中央，呈环形、原点形、椭圆形、小杆形等，也可见到成对的小梨籽形虫体，其他形状较少见。梨籽形虫体的长度为 1～2.5μm。原点形虫体为一团染色质，姬姆萨染色呈深紫色，多见于感染的初期。小杆形虫体的染色质位于两端，染色较深。在一个红细胞内可寄生 1～13 个虫体，大多为 1～2 个。环形的虫体为浅蓝色的细胞质包围一个空泡，有一团或两团染色质。

2. 犬巴贝斯虫　为大型虫体，典型虫体呈梨籽形（图 2-6-3），一端尖，一端钝，长 4～5μm，梨籽形虫体之间可以形成一定的角度。此外，还有环形、变形虫样等其他多种形状的虫体。一个红细胞可以感染多个虫体，有的可以达到 16 个。虫体还可见于肝、肺的内皮细胞和巨噬细胞中，这可能是因为吞噬了含虫体的红细胞。

【生活史】巴贝斯虫在发育过程中需要蜱作为终末宿主。吉氏巴贝斯虫的终末宿主为血红扇头蜱、镰形扇头蜱和长角蜱。犬巴贝斯虫的终末宿主主要为血红扇头蜱以及其他一些蜱。

蜱在吸动物血的同时，将巴贝斯虫的子孢子注入动物体内，子孢子进入红细胞内，以二分裂法、出芽法、裂殖生殖进行繁殖，形成裂殖体和裂殖子，红细胞破裂，释放出的虫体又进入新的红细胞。反复几代后形成大、小配子体。蜱再次吸血的时候，大、小配子体进入蜱的肠管进行配子生殖，形成大、小配子，而后结合形成合子。合子可以运动，进入各种器官反复形成更多的动合子。动合子进入蜱的卵细胞，在子代蜱发育成熟

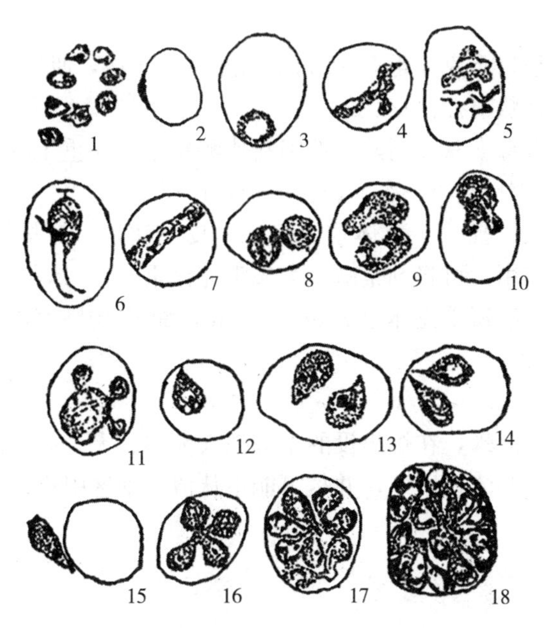

图 2-6-3 犬巴贝斯虫

1. 游离于血内的巴贝斯虫 2. 边缘型 3～9. 各种形式的巴贝斯虫 10. 形成 2 个芽体
11. 形成 3 个芽体 12～14. 巴贝斯虫 15. 游离的巴贝斯虫
16. 形成 4 个芽体 17～18. 含有多个芽体

和吸血时，进入子代蜱的唾液腺，进行孢子生殖，形成子孢子。在子代蜱吸血时，将巴贝斯虫子孢子传给动物。

【流行病学】蜱既是巴贝斯虫的终末宿主也是传播者，所以本病的分布和发病季节，与蜱的分布和活动季节有密切关系，在夏秋季节多发。

原来认为犬巴贝斯虫病主要发生在热带地区，然而，随着犬的流动性增加以及温带地区蜱的存在，在热带地区之外发生的病例越来越多。目前，该病已蔓延到全世界。另外，已从狐狸、狼等多种动物体内分离到犬巴贝斯虫，说明这些动物在本病的流行上具有重要意义。

在我国主要流行吉氏巴贝斯虫，呈地方性流行，对犬危害严重。与其他动物的巴贝斯虫病不同，幼犬和成年犬对巴贝斯虫病一样敏感。

【致病作用】虫体在红细胞内繁殖，使红细胞崩解，导致溶血性贫血，从而引起黄疸。巴贝斯虫本身具有酶的作用，可使动物血液中出现大量扩血管活性物质，如血管活性肽、激肽释放酶等，引起低血压性休克综合征。激活动物的凝血系统，导致血管扩张、淤血，从而引起组织器官缺氧，损伤器官。

【症状】该病多呈慢性经过。病初动物精神沉郁，嗜睡，四肢无力，身躯摇摆，发热，呈不规则间歇热，体温在 40～41℃，食欲减退或废绝，营养不良，明显消瘦，渐进性贫血。结膜苍白，黄染。常见化脓性结膜炎。从口、鼻流出具有不良气味的液体。尿液呈黄色至暗褐色，如酱油样，少数病犬有血尿，血液稀薄。常在病犬耳根部、前臂内侧、股内侧、腹底部等皮肤薄、被毛少的部位找到蜱。

【诊断】根据症状、流行病学特点、血涂片检查发现虫体和体表检查发现蜱即可确诊。

【治疗】

(1) 三氮脒，犬、猫每千克体重3～5mg，配成1%溶液，肌内注射，间隔5d再用药1次。同时，应根据相应症状对症治疗。

(2) 阿托伐醌和阿奇霉素联合用药，按阿托伐醌每千克体重15mg，8h给药一次，阿奇霉素每千克体重10mg，24h给药一次，联合用药，连用10d。

(3) 硫酸喹啉脲，犬、猫每千克体重0.5mg，皮下注射。对早期病例疗效较好。如出现肌肉震颤、流涎等副作用，可将剂量减少为每千克体重0.3mg，多次给药。

(4) 咪唑苯脲，犬、猫每千克体重2.5～5.0mg，配成10%溶液，肌内注射，间隔24h重复1次。

【预防】

(1) 预防的关键在于灭蜱，在蜱出没的季节消灭犬体、犬舍以及运动场的蜱。

(2) 在引进犬时要在非流行季节，并尽可能不从流行地区引进。

课后思考题

一、选择题

1. 犬巴贝斯虫寄生于犬的（　　）。

A. 红细胞　　B. 浆细胞　　C. 巨噬细胞

D. 淋巴细胞　　E. 中性粒细胞

2. 2009年9月，某犬场的比特犬在引进20d左右时，犬群中有犬出现红尿、厌食、发热、精神欠佳等症状。其中就诊的症状较重的3只成年雄犬体温达40～41℃. 可视黏膜苍白、黄染，触诊脾肿大，病犬步态不稳、乏力。粪便检查潜血呈强阳性，细小病毒阴性。硫酸铵法鉴定为血红蛋白尿。

(1) 根据病犬的症状，应选择的继续诊断方法是（　　）。

A. 漂浮法收集粪便中虫卵或原虫

B. 沉淀法收集粪便中虫卵或原虫

C. 取尿静置或离心后检查虫卵

D. 做血液涂片进行瑞氏染色，检查红细胞内是否有虫体

E. 检查是否有脱毛、皮肤上脓疱

(2) 根据临床症状、实验室检验结果确诊此3只犬为犬巴贝斯虫感染。可选用的治疗药物为（　　）。

A. 贝尼尔　　B. 伊维菌素　　C. 左旋咪唑

D. 吡喹酮　　E. 敌百虫

3. 3只发病犬，体温升高，贫血，开始在眼圈周围脱毛形成特殊的“眼镜”，然后体毛大量脱落，形成湿疹。该病病原可能是（　　）。

A. 巴贝斯虫　　B. 艾美耳球虫　　C. 小袋纤毛虫

D. 利什曼原虫　　E. 弓形虫

二、简答题

简述巴贝斯虫病的流行病学、致病作用及诊治方法。

工作任务5 阿米巴病

阿米巴病是由内变形科、内变形属的溶组织内变形虫寄生于犬、猫的大肠黏膜，而导致的亚急性、慢性原虫病，也可感染猴、人、猪等。临床上表现为顽固性、出血性腹泻。

【病原】溶组织内变形虫的虫体形态多变，在其生活史的不同阶段的呈现不同形态，主要包括滋养体和包囊两种形态。滋养体有大小之分，大滋养体对机体有致病作用，也称为致病体；小滋养体对机体无害，呈共生状态，也称共生体。

大滋养体存在于患病动物肠道和新鲜粪便中，直径为10～60μm，运动活泼，内外质区分明显，内质透明，运动时，外质伸出，形成伪足。因以红细胞为营养，故内质内含有细胞核及被吞噬的红细胞。小滋养体，直径为7～20μm，内质内不含红细胞，只含细菌，常见于亚临床感染机体的粪便中。

包囊呈圆形，直径为5～20μm，外层有一层透明的囊壁。未成熟包囊有1～2个核，多含有糖原泡和杆状拟染色体；成熟包囊有4个核，糖原泡和拟染色体多已消失。

【生活史】动物因食入包囊而感染。包囊在宿主的肠道内脱囊，以二分裂的方式进行繁殖，形成滋养体。滋养体有伪足，可以运动，侵入肠壁，破坏组织，致使肠壁局部坏死，形成溃疡。滋养体变为包囊，随粪便排出体外。

【症状】急性病例表现为严重腹泻，导致死亡。慢性病例表现为间歇性或持续性腹泻，厌食，里急后重，体重下降。

【诊断】通过显微镜在粪便中发现滋养体或包囊即可确诊。

【治疗】犬可用甲硝唑，每千克体重10mg，口服，每天2次，连用1周。或用呋喃唑酮，每千克体重2mg，口服，每天3次，连用1周。

课后思考题

一、选择题

1. 溶组织内变形虫依靠（　　）运动。
   A. 鞭毛　B. 伪足　C. 动基体　D. 包囊
2. 犬溶组织内变形虫寄生于犬的（　　）。
   A. 肝　B. 淋巴　C. 大肠黏膜　D. 脾
3. 溶组织内变形虫的感染阶段是（　　）。
   A. 大滋养体　B. 包囊　C. 小滋养体　D. 囊后滋养体
4. 最可能从什么样的标本中检出溶组织内变形虫包囊？（　　）
   A. 肝脓肿穿刺液　B. 黏液脓血便　C. 脓血痰液　D. 肠脓肿穿刺液
5. 阿米巴病的典型病理变化是（　　）。
   A. 肠壁组织溶解破坏而形成溃疡
   B. 形成虫卵肉芽肿
   C. 虫体在宿主细胞内大量繁殖导致细胞被破坏
   D. 虫体代谢产物引起炎症反应
   E. 抗原抗体复合物所致的变态反应

6. 确诊阿米巴病的主要依据是（　　）。
   A. 酱红色黏液性粪便　　B. 脓血便
   C. 有腥臭味粪便　　D. 粪便中查到滋养体
7. 粪检溶组织内变形虫包囊的常用方法是（　　）。
   A. 粪便生理盐水直接涂片法　　B. 碘液染色法
   C. 离心沉淀法　　D. 饱和食盐水浮聚法

二、简答题

1. 简述溶组织内变形虫的生活史及危害。
2. 简述犬、猫阿米巴病的诊断和防治方法。

模块 7　宠物节肢动物病

工作任务 1　节肢动物病概述

节肢动物病是指由一类节肢动物（主要是蜱螨类和昆虫类）引起的疾病。节肢动物是动物界中种类最多的一门，大多数营自由生活，少数危害动物而营寄生生活或作为生物传播媒介传播疾病。

（一）致病昆虫的形态结构

虫体左右对称，躯体和附肢（如足、触角、触须等）既分节，又呈对称结构。体表称为外骨骼。当虫体发育体形变大时则蜕去旧表皮而产生新的表皮，这一过程称为蜕皮。

1. 蛛形纲　虫体呈椭圆形或圆形，分头胸和腹两部，也有的头、胸、腹融合为一个整体。身体分为假头和躯体。假头突出在躯体前或位于前端腹面，由口器和假头基组成，口器由 1 对螯肢、1 对须肢、1 个口下板组成。成虫有 4 对足。一般有单眼。在体表一定部位有几丁质硬化而形成的板或颗粒样结节。以气门或书肺呼吸。

2. 昆虫纲　主要特征是身体明显分为头、胸、腹三部分。头部有触角 1 对，胸部有足 3 对，腹部无附肢。

（1）头部。有眼、触角和口器。复眼 1 对，有的为单眼。触角在头部前面两侧。口器是采集器官，因采集方式不同，形态构造亦不相同，主要有咀嚼式、刺吸式、刮舐式、舐吸式及刮吸式 5 种。

（2）胸部。分为前胸、中胸和后胸，各胸节的腹面均有分节的足 1 对，称为前足、中足和后足。多数昆虫中胸和后胸的背侧各有翅 1 对，称为前翅和后翅。有些昆虫的翅完全退化，如虱、蚤等。

（3）腹部。由 8 节组成，但有些昆虫由于腹节互相愈合，只有 5～6 节，如蝇类。腹部最后几节变成外生殖器。

（4）内部。体腔内充满血液，称为血腔，循环系统为开管式。多数用鳃、书肺或气门呼吸。具有触、嗅、味、听觉及平衡器官。具有消化和排泄系统。雌雄异体，有的为雌雄

异形。

(二)节肢动物的生活史

蛛形纲的虫体为卵生，从卵孵出的幼虫，经过若干次蜕皮变为若虫，再经过蜕皮变为成虫，其间的形态和生活习性上基本相似。若虫和成虫在形态上相同，只是体形小和性器官尚未成熟。

昆虫纲的昆虫多为卵生，极少数为卵胎生。发育经过卵、幼虫、蛹、成虫4个形态与生活习性都不同的阶段，这一过程称为完全变态；有的不经过无蛹期，称为不完全变态。发育过程中都有变态和蜕皮现象。

(三)分类

节肢动物分类较为复杂，隶属于节肢动物门，主要是蛛形纲、蜱螨目中的硬蜱科、软蜱科、疥螨科、皮刺螨科、痒螨科、肉食螨科；昆虫纲双翅目；虱目中的毛虱科、血虱科、短角羽虱科、长角羽虱科，蚤目中的蚤科。

课后思考题

一、名词解释

完全变态　不完全变态

二、填空题

1. 昆虫纲主要特征是身体明显分为________、________、________三部分。

2. 昆虫纲的昆虫发育经过________、________、________、________4个形态与生活习性都不同的阶段。

3. 昆虫纲的昆虫多数用________、________或________呼吸。

工作任务2　疥螨病

犬疥螨示意

疥螨病是由疥螨科、疥螨属和背肛螨属的螨寄生于犬、猫皮肤所引起的疾病，又称为“癞”。

【病原】犬疥螨呈圆形，微黄色，背面稍隆起，腹面扁平，大小为0.2～0.5mm。口器为假头，假头后方有一对粗短的垂直刚毛。肢粗短，第1、2对足突出体缘。雄螨第1、2、4对足的末端有吸盘，第3对足有刚毛；雌螨第1、2对足的末端有吸盘，第3、4对足有刚毛。吸盘有柄。虫体背面有细横纹、锥突、鳞片和刚毛。虫卵呈椭圆形，大小为50μm×10μm（图2-7-1）。

猫背肛螨，其形态构造与疥螨大体相似，只是虫体比疥螨小，背面的鳞片、锥突和刚毛细小不等。

【生活史】螨的发育过程属于不完全变态，要经过卵、幼虫、若虫和成虫4个阶段。雌、雄虫交配后，雄虫死亡，雌虫在宿主表皮内挖凿隧道（图2-7-2），产出的卵孵化为幼虫，蜕化变为若虫，再蜕化变为成虫。整个发育过程需要2～3周。雌虫产卵后3～5周死亡。猫背肛螨的生活史与疥螨相似。

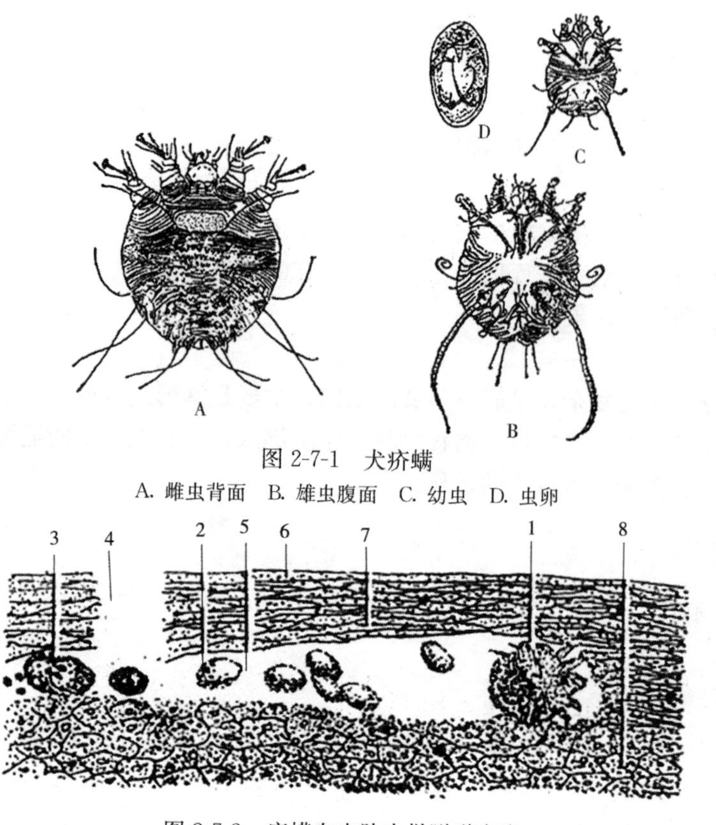

图 2-7-1 犬疥螨

A. 雌虫背面 B. 雄虫腹面 C. 幼虫 D. 虫卵

图 2-7-2 疥螨在皮肤内做隧道产卵

1. 雌螨 2. 卵 3. 先产出的卵已发育成幼虫 4. 隧道口 5. 隧道
6. 皮肤表面 7. 角质层 8. 细胞层

【症状】由于螨采食时直接刺激，以及分泌有毒物质的刺激，使皮肤出现剧痒和炎症。幼犬症状严重，病变一般先起始于头部（口、鼻、眼及耳部）和胸部，后遍及全身。病变部位发红，有小丘疹、水疱或脓疱，水疱、脓疱破溃后形成黄色痂皮。患病动物有剧烈痒感，常因摩擦而使患部脱毛严重。

猫背肛螨主要寄生在猫的面部、鼻、耳以及颈部等处。感染严重时，可使皮肤增厚、龟裂，出现棕色痂皮，常引起死亡。

【诊断】对有明显症状的螨病病例，根据流行病学特点、临诊症状做出初步诊断；刮取患部皮屑放在显微镜下检查，发现螨虫即可确诊。

【治疗】

（1）在使用药物治疗前，应先用温肥皂水刷洗患部，除去污垢和痂皮。

（2）伊维菌素，每千克体重 0.05mg，皮下注射，每周 1 次，连续使用 2 周。

（3）5%溴氰菊酯，配成 0.005%～0.008%溶液，在患部涂擦，间隔 7～10d，再用 1 次。

（4）10%硫黄软膏，涂于患部，每天重复一次，连用 2 周。

（5）如瘙痒症状严重，可使用皮质激素类药物或抗组胺类药物；如皮肤开裂，应使用抗生素以防细菌感染。

【预防】保持饲养场光照充足、通风良好、干燥；对患病犬、猫及早隔离治疗，对同群进行预防性杀螨；被污染的场所及用具用杀螨剂处理；多发季节（夏季及前后）避免去公共

草坪等处遛犬。

课后思考题

一、选择题

1. 下列不属于体外寄生虫的是（　　）。
   A. 软蜱　B. 华枝睾吸虫　C. 疥螨
   D. 痒螨　E. 硬蜱
2. 疥螨的寄生部位是（　　）。
   A. 体毛　B. 表皮　C. 血液
   D. 脂肪　E. 肌肉
3. 疥螨的主要传播途径是（　　）。
   A. 经皮肤感染　B. 经口感染　C. 自体感染
   D. 接触感染　E. 经胎盘感染
4. 疥螨在机体寄生，主要摄取（　　）。
   A. 血液　B. 组织液　C. 淋巴液
   D. 角质组织　E. 肌肉组织
5. 疥螨实验诊断方法为（　　）。
   A. 粪便涂片检查　B. 血液涂片检查　C. 活组织检查
   D. 患部皮屑检查　E. 免疫学方法检查

二、简答题

1. 简述疥螨病的症状。
2. 简述疥螨病的诊治方法。

工作任务3　蠕形螨病

犬蠕形螨示意

犬蠕形螨病是由蠕形螨科、蠕形螨属的犬蠕形螨寄生于犬的毛囊或皮脂腺内所引起的皮肤病。犬蠕形螨亦能引起猫发病。

【病原】虫体细而长，呈半透明乳白色、蠕虫状。体长为0.25～0.3mm，宽约0.04mm，全体分为颚体、足体、末体三部分。口器位于颚体，足体有4对很短的足，末体细长，上有横纹密布。雄虫的生殖孔开口于背面，雌虫的生殖孔在腹面（图2-7-3）。

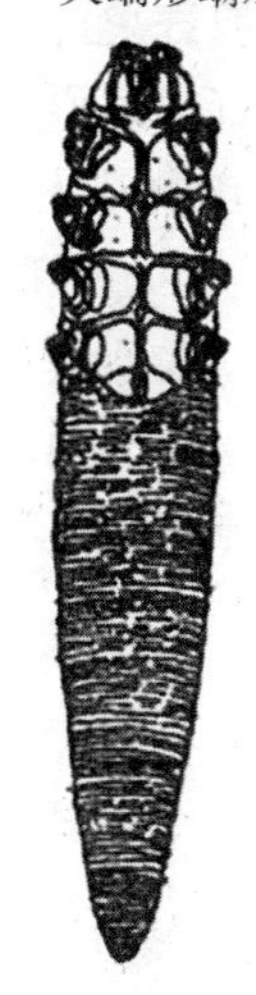
图2-7-3　犬蠕形螨

【生活史】发育过程经过卵、幼虫、若虫和成虫阶段，全部在宿主上进行。

雌虫在宿主毛囊或皮脂腺内产卵，卵孵化出幼虫，幼虫蜕皮变为前若虫，再蜕皮变为若虫，最后蜕皮变为成虫。全部发育期为25～30d。

【症状】本病多发生于5～6月龄的幼犬。尤其在犬身体瘦弱，缺乏营养或维生素时，发病的可能性会更大。常寄生于面部与耳部，严重时可蔓延到全身。患部脱毛，皮肤增厚、发红并有糠麸样鳞屑，随后皮肤变为淡蓝色或红铜色，如化脓菌感染则产生小脓疱，流出脓汁和淋巴液，干涸后形成痂皮，严重者常因贫血及中毒而死亡。

【诊断】根据症状做出初步诊断；切破皮肤上的结节或脓疱取其内容物，置于载玻片上，加甘油水溶液，再加盖玻片，于低倍镜下观察，发现虫体，即可确诊。

【治疗】

（1）5%碘酊外用，每天6～8次。

（2）苯甲酸苄酯33mL、软肥皂16g、95%酒精51mL，混合，间隔1h涂擦2次或每天涂擦1次，连用3d。

（3）伊维菌素，每千克体重0.05mg，皮下注射，每周1次，连续使用2周。

（4）对重症病犬除局部应用杀虫剂外，还应全身应用抗生素治疗，防止细菌继发感染。

【预防】参见疥螨病。

课后思考题

选择题

1. 寄生于毛囊与皮脂腺内的螨类是（　　）。
   A. 痒螨　B. 疥螨　C. 蠕形螨　D. 皮刺螨
2. 治疗犬蠕形螨病的首选药物是（　　）。
   A. 吡喹酮　B. 三氮脒　C. 伊维菌素
   D. 左旋咪唑　E. 氯硝柳胺
3. 蠕形螨最常见的感染部位是（　　）。
   A. 腹部　B. 四肢　C. 胸部　D. 面部
4. 对于蠕形螨下列哪项是错误的？（　　）
   A. 俗称毛囊虫
   B. 可引起过敏性鼻炎
   C. 成虫有4对足
   D. 生活史分卵、幼虫、若虫和成虫四个时期
5. 对蠕形螨皮炎的诊断可采用（　　）。
   A. 活组织检查法　B. 挤脂检查法　C. 血液涂片法检查
   D. 免疫学方法　E. 以上方法均有应用价值
6. 关于蠕形螨的形态特征，描述错误的是（　　）。
   A. 螨体细长呈蠕虫状　B. 虫体分颚体、足体、末体三部分
   C. 有3对足　D. 足粗短　E. 末体后端尖细

工作任务4　耳痒螨病

耳镜检查犬耳螨

犬耳螨示意

耳痒螨病是由痒螨科、耳痒螨属的犬耳痒螨寄生于犬、猫外耳道所引起的疾病。

【病原】犬耳痒螨雄虫体长0.35～0.38mm，第3对足的端部有两根细长的毛，雌虫体长0.46～0.53mm，第4对足不能伸出体边缘，第3、4对足无吸盘（图2-7-4）。

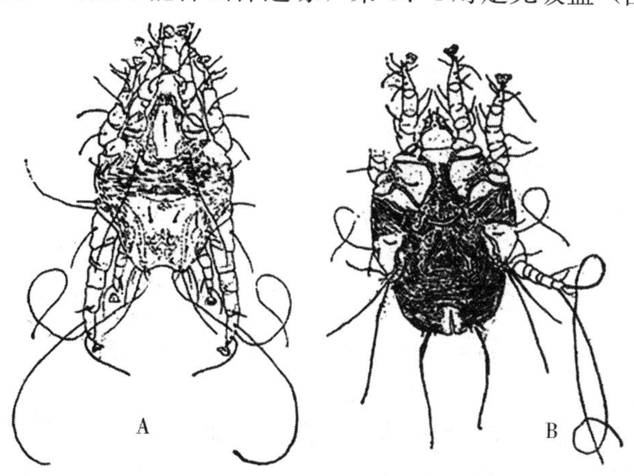

图2-7-4 犬耳痒螨
1. 雄虫 2. 雌虫

【症状】耳痒螨寄生于犬、猫的外耳道内，以淋巴液、渗出液为食。有时由于细菌继发感染，病变可深入中耳、内耳及脑膜等。患病宠物表现摇头、搔抓或摩擦患耳，耳道内有一种暗褐色的蜡质和渗出物，有时有鳞状痂皮。用耳镜检查耳道可发现细小的白色或肉色的耳痒螨在暗褐色的渗出物上运动，在放大镜或低倍显微镜下检查渗出物可见犬耳痒螨。如侵害脑膜，病犬出现癫狂症状。

【治疗】用刺激性小的油（如矿物油）或耳垢溶解剂注入耳道内，轻轻按摩以助清洁。在清洁过程中可用金属环清除紧贴在鼓膜上的渗出物，清洁后再用杀螨剂。（耳垢溶解剂配方：油酸三乙基对苯烯基苯酚多肽冷凝物10%、丙二醇89.5%、氯乙醇0.5%，混匀。）

酞酸二甲酯（邻苯二甲酸二甲酯24%、棉籽油76%），取1～2mL注入耳道内并轻揉，也可敷于耳壳和脚，每3～4d一次，直至痊愈。

保护型油基质溶液，适量滴注入耳道内，每天1次。溶液配方为：间苯二酚5%、氧化锌4%、杜松油1%、炉甘石2%、纯木醋酸0.4%、氢氧化锌8%。

严重病例，应每天用杀螨剂全身处理，以杀死不在外耳道内的螨。如存在炎症病变，应在炎症部位涂抹氢化可的松新霉素软膏，或用杀虫药液（每毫升含噻苯达唑40mg、硫酸新霉素3.2mg、地塞米松1mg）5～15滴，滴入耳道内，直到炎症消退为止。

课后思考题

选择题

1. 防治耳痒螨病的药物是（　　）。

A. 氨丙啉　　B. 吡喹酮　　C. 地克珠利　　D. 伊维菌素

2. 耳痒螨对机体的危害主要是（　　）。

A. 引起皮炎　　B. 吸入后可引起变态反应

C. 误食后引起消化道疾病　　D. 可作为传播疾病的媒介

E. 以上情况均可以发生

工作任务5 蜱虫病

犬蜱虫除虫

犬蜱示意

【病原】蜱分为硬蜱和软蜱，寄生于多种动物的体表。

1. 硬蜱 是指硬蜱科的各属蜱，又称草爬子、犬豆子、壁虱、扁虱。

寄生于犬体表的硬蜱主要有血红扇头蜱、长角血蜱、二棘血蜱、草原革蜱和微小牛蜱等。下面以血红扇头蜱为例讲述。

血红扇头蜱的体型中等，雄虫长2.7～3.3mm，宽1.6～1.9mm，雌虫长宽约2.8mm×1.6mm。虫体呈长椭圆形，背腹扁平，背面有几丁质盾板。由假头与躯体两部分组成：假头基呈三角形，有眼，气门板呈逗点状，有肛后沟。

发育过程包括卵、幼虫、若虫和成虫4个阶段，雌、雄蜱在动物体表进行交配，交配后吸饱血的雌蜱离开宿主落地，藏在缝隙内或土块下产卵。虫卵呈卵圆形、黄褐色，胶着成团，经2～4周孵化出幼虫。幼虫爬到宿主体表吸血，经过2～6d吸饱血后落到地面，蜕化变为若虫。若虫再侵袭动物，再经2～8d吸饱血后再落到地面，蛰伏数十天，蜕化变为成蜱。成蜱需要6～20d吸饱血。雌虫产卵后1～2周内死亡，雄虫一般能活1个月左右。成蜱在饥饿状态下可存活一年。

血红扇头蜱主要生活在农区和野地，活动季节为每年的4—9月。

2. 软蜱 寄生于犬体表的软蜱主要有锐缘蜱属和钝缘蜱属等。

软蜱呈卵圆形或长卵圆形，显著的特征是：躯体背面无盾板，具弹性的革质表皮，上有乳头状或颗粒状或圆的凹陷或星形的皱褶等结构，假头隐于虫体腹面前端的头窝内，背面看不到，大多数无眼，腹面有肛前沟、肛后沟和生殖沟。幼蜱和若蜱形态与成蜱相似，但生殖孔尚未形成，幼蜱有3对足。

其发育过程也包括卵、幼虫、若虫和成虫4个阶段。由虫卵孵化出幼虫，幼虫和若虫在犬体表吸血和蜕化，若虫阶段有1～7期，最后一期若虫吸饱血后离开犬体表蜕化变为成虫。整个发育过程一般需要1～12个月，软蜱对干燥环境有较强的适应能力，寿命可达15～25年，耐饥饿能力强。

【致病性与症状】硬蜱、软蜱均是吸血动物，并且吸血量很大，雌虫饱食后体重可增加50～250倍。大量寄生在动物体表，损伤皮肤，病犬出现痛痒、烦躁不安，经常摩擦、抓挠或舐咬皮肤，引起寄生部位出血、水肿、炎症和角质增生，或继发伤口蛆病。由于大量吸食血液，常引起贫血、消瘦、发育不良等。如大量寄生于犬后肢，可引起后肢麻痹；如寄生在趾间，可引起跛行。蜱的唾液腺能分泌毒素，可使动物发生厌食、体重减轻和代谢障碍。

蜱还能传播病毒性、细菌性传染病和某些原虫病，如出血热、布鲁氏菌病、巴贝斯虫病等。其中对动物危害较严重的巴贝斯虫病和泰勒虫病必须通过硬蜱传播。已证实拉合尔钝缘蜱可传播布鲁氏菌病和Q热。

【防治】消灭犬体表的蜱，可采用徒手捉或用煤油、凡士林等油类涂于寄生部位，使蜱窒息后用镊子拔除。拔出时应使蜱体与犬的皮肤成垂直状，以避免蜱的假头断落在犬体内，引起局部炎症。捉到的蜱应立即杀死。

可用0.1%辛硫磷、1%敌百虫、0.05%蝇毒磷、0.5%毒杀芬、0.5%马拉硫磷等药液

对犬的体表进行喷洒、药浴或洗刷，注意防止犬舔食。也可用苏云金杆菌的制剂，涂洒于犬的体表，能使蜱死亡率达70%～90%。

消灭犬舍内的蜱，可以用泥巴堵塞犬舍内所有的缝隙和裂口，然后用石灰乳粉刷，或用0.75%滴滴涕喷洒、用敌敌畏块状烟剂熏杀。

课后思考题

一、选择题

1. 硬蜱生活史中吸血的阶段是（　　）。

A. 雌蜱　　B. 雄蜱　　C. 幼虫
D. 若虫　　E. 以上各期均可

2. 区别软蜱与硬蜱的主要依据之一是（　　）。

A. 体色的差异　　B. 体积大小的不同　　C. 盾板的有无
D. 颚体形态区别　　E. 以上情况均可

3. 关于蜱的陈述不正确的是（　　）。

A. 硬蜱多在夜间侵袭宿主，吸血时间较长
B. 软蜱多栖息于圈舍、野生动物洞穴及房屋的缝隙中
C. 蜱在叮刺吸血时多无痛感
D. 蜱常寄生在皮肤较薄、不易被搔动的部位
E. 蜱的幼虫、若虫、成虫都吸血

4. 对于软蜱下列选项错误的是（　　）。

A. 颚体位于躯体前端的腹面
B. 躯体背面无盾板
C. 是传播蜱媒回归热的主要媒介
D. 软蜱寿命短，1～2个月即死亡

二、简答题

1. 简述硬蜱的发育史。
2. 简述软蜱的发育史。
3. 简述蜱感染的诊断与治疗方法。
4. 简述硬蜱与软蜱的形态区别。

工作任务6　虱　病

犬毛虱示意

虱病是由毛虱科、毛虱属的毛虱寄生于犬、猫体表所引起的疾病。

【病原】犬啮毛虱，也可在猫身上发现。雄虱长约1.74mm，雌虱长约1.92mm。淡黄色具褐色斑纹，虱体扁平，分头、胸、腹三部分。头部比胸部宽，无眼，具触角1对，咀嚼式口器，胸部有3对粗短的足。

近状猫毛虱，虫体长约1.2mm，呈淡黄色，腹部呈白色，具黄褐色条纹，头部呈三角形。

【生活史】虱的发育属不完全变态，包括卵、若虫和成虫 3 个阶段。雌、雄虱交配后，雄虱死亡，雌虱产卵于宿主毛上，卵经 7～10d 孵化为若虫，若虫经 3 次蜕皮变为成虱。整个发育期约为 1 个月。毛虱一生均在宿主体表度过，离开宿主，在外界只能生存2～3d。

【致病作用与症状】毛虱以毛和皮屑为食，采食时引起动物皮肤瘙痒和不安，影响采食和休息。因啃咬而损伤皮肤，可引起湿疹、丘疹、水疱和脓疱等，严重时导致犬、猫脱毛、食欲不振、消瘦、幼犬和幼猫发育不良。

【诊断】根据临诊症状以及在犬、猫体表发现虱体可确诊。

【治疗】用 0.5%西维因或 0.1%林丹涂擦患部。伊维菌素，每千克体重 0.05mg，皮下注射，一周后再注射一次。

【预防】加强平时饲养管理，保持犬、猫舍清洁干燥、通风、光照充足，饲养密度适宜。对犬、猫要定期检查，发现虱病及时治疗。

课后思考题

选择题

1. 下列哪种节肢动物的幼虫期可致病（　　）。
   A. 蚊　　B. 蝇　　C. 白蛉　　D. 虱
2. 毛虱以（　　）为食。
   A. 血液　　B. 毛和皮屑　　C. 淋巴液　　D. 肌肉
3. 对虱的防控措施中，有效的是（　　）。
   A. 消灭鼠类保虫宿主　　B. 搞好环境卫生，及时清理垃圾
   C. 注意饲喂卫生　　D. 以上措施均有效

工作任务7　蚤　　病

犬跳蚤示意

蚤病是由蚤科、蚤属的蚤类寄生于犬、猫等动物体表所引起的疾病。本病主要症状为皮炎。

【病原】犬栉首蚤、猫栉首蚤也是犬复孔绦虫的传播媒介。虫体呈深褐色，雄虫长不足 1.0mm，雌虫长可超过 2.5mm（图 2-7-5）。

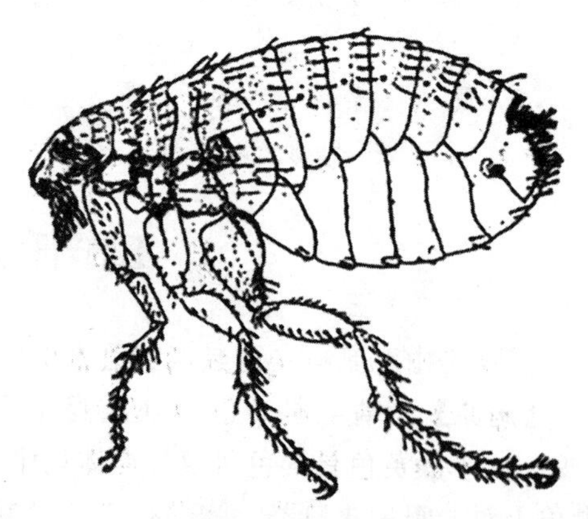

图 2-7-5　猫　蚤

【生活史】发育史属于完全变态。经过卵、幼虫、蛹、成虫 4 个阶段。雌蚤在宿主被毛和窝巢中产卵，卵从毛上掉下，在适宜的条件下，2～4d 孵化为幼虫。幼虫以成虫排出的粪便及未消化的血块和宿主脱落的皮屑等有机物为食，继续发育成蛹。蚤成虫无论雌雄均需要吸食血液才能生存或繁殖，但其抗饥饿能力很强。

【症状】由于蚤寄生时刺激皮肤，引起瘙痒，犬、猫不停地蹭痒引起皮肤炎症，出现脱毛、皮肤破溃，被毛上有蚤的黑色排泄物，下背部

和脊柱部位有粟粒大小的结痂。

【诊断】根据临诊症状，在犬、猫体表上发现跳蚤和黑色排泄物即可诊断。

【治疗】有机磷酸盐类制剂、氨基甲酸酯类制剂对蚤类都非常有效，但都有一定的毒性，使用时一定要谨慎，特别是猫很敏感。目前，市场上有多种驱蚤喷剂和滴剂供选择。

【预防】及时清扫犬、猫饲养场所，保持清洁、干燥；对周围环境用杀虫剂喷雾除虫；对犬、猫进行驱虫治疗。

课后思考题

一、选择题

1. 蚤对犬、猫的最主要危害是（　　）。

A. 破坏体毛　　B. 破坏血细胞　　C. 扰乱营养代谢

D. 扰乱免疫功能　　E. 吸血和传播疾病

2. 不属于动物体外寄生虫的是（　　）。

A. 蜱　　B. 螨　　C. 虱

D. 蚤　　E. 蛔虫

3. 蚤通常产卵在宿主的巢穴中，其幼虫孵出后即（　　）。

A. 爬到宿主身上吸血　　B. 吐丝做茧变蛹　　C. 在宿主毛内寄生

D. 在宿主耳壳内寄生　　E. 以成蚤排出的血粪或宿主的皮屑为食而进行发育

4. 蚤的吸血习性是（　　）。

A. 仅雌蚤吸血　　B. 仅雄蚤吸血　　C. 雌雄蚤均吸血

D. 蚤生活史各期均可吸血　　E. 仅幼虫阶段吸血

二、简答题

1. 简述蚤的生活史。

2. 简述蚤病的防治方法。

模块8　观赏鸟的寄生虫性疾病

工作任务1　鸟类绦虫病

鸟类绦虫病是由绦虫纲的虫体寄生于鸟类引起的一种寄生虫病。寄生于观赏鸟类的绦虫种类很多，大多数绦虫的宿主特异性很强，仅寄生于一种鸟或亲缘关系甚密的数种鸟，50%野生鸟可感染绦虫。

【病原】寄生于鸟类的绦虫一般呈扁平带状、乳白色，最大的体长可达250mm，最小的长仅4mm。常见的有赖利绦虫、剑带绦虫、戴文绦虫、片形皱褶绦虫等。赖利绦虫是能引起鸟类发生明显疾病的绦虫（图2-8-1）。

【症状和病理变化】绦虫致病作用主要是机械刺激、阻塞肠管、代谢产物的毒素作用及夺取营养物质等。由于头节小钩和吸盘的刺激可损伤肠上皮而引起肠炎；虫体聚集成团时导致肠阻塞，严重时导致肠破裂；虫体的代谢产物有时可引起神经症状。

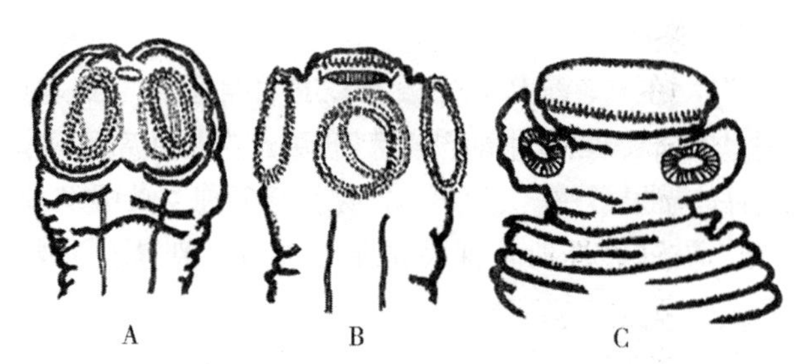

图 2-8-1 赖利绦虫头节
A. 四角赖利绦虫 B. 棘沟赖利绦虫 C. 有轮赖利绦虫

患绦虫病的鸟食欲下降，羽毛松乱、无光泽、脱毛期延长，消瘦，精神不振。经常腹泻，粪便稀薄，混有血液和黏液，腹痛。雏鸟和幼鸟发育迟缓或受阻，成鸟产卵率下降，繁殖能力降低。有时由于大量绦虫寄生，宿主可能发生肠梗阻或肠穿孔，引起腹膜炎。突然从栖杠上摔下来，或抽搐、昏迷，或瘫痪不能站立、不能行走和飞翔，头颈扭曲，或倒地打转。出现异嗜、营养不良、体重减轻、逐渐衰竭等，严重者死亡。

【流行特点】观赏鸟中金丝雀、太平鸟、画眉、燕雀、鹦鹉、文鸟、珍珠鸡、天鹅、绿头鸭、鸳鸯、丹顶鹤、鸵鸟等均可被绦虫寄生。

绦虫发育过程中都需中间宿主，中间宿主一般为蚯蚓、陆地蜗牛、蛞蝓、蚂蚁、剑水蚤、家蝇、食粪甲虫和鱼类等，因不同种的绦虫而异。成虫寄生于肠道内，孕卵节片随鸟粪便排出体外，节片在外界破裂，虫卵逸出，四处散播。当虫卵被中间宿主吞食后，六钩蚴逸出，发育为似囊尾蚴。当鸟类吞食了含有似囊尾蚴的中间宿主后，则幼虫在鸟的肠道内发育为成虫。

【诊断】本病无特征性症状，生前诊断可通过粪便检查，发现有孕节或虫卵即可确诊；剖检在小肠内发现虫体可确诊。

【防治】

1. 治疗方法

（1）丙硫苯咪唑，按每千克体重 15～20mg 的用量，每日 1 次口服，连服 1～2d，15～20d 后重复一次。

（2）吡喹酮，按每千克体重 60mg 的用量，连用 1～3d。

（3）硫氯酚，按每千克体重 20～50mg 的用量，口服。

（4）氯硝柳胺，按每千克体重 50～60mg 的用量，口服。

2. 防治措施

（1）定期驱虫。养鸟者在用药物驱虫时，必须在鸟粪便中找到绦虫的头节，才算达到驱虫的目的。最好每年对鸟类驱虫 2～3 次，保证鸟类的身体健康。

（2）消灭中间宿主。注意搞好卫生，粪便集中处理，消灭鸟绦虫的中间宿主。

（3）加强管理。饲养场要保持清洁、干燥，潮湿环境有利于中间宿主的生长。

课后思考题

一、名词解释

鸟类绦虫病

二、填空题

绦虫头节小钩和吸盘的刺激可损伤肠上皮而引起__________；虫体聚集成团时导致__________，严重时导致__________；虫体的代谢产物有时可引起__________。

三、判断题

（ ）1. 绦虫寄生会引起宿主营养不良。

（ ）2. 绦虫寄生主要损伤肠道，不会引起神经症状。

四、简答题

1. 观赏鸟绦虫病有哪些主要特征？

2. 如何防治观赏鸟绦虫病？

工作任务2 鸟类蛔虫病

本病是由禽蛔科、禽蛔属的多种蛔虫引起的。鸟类蛔虫主要寄生于鸟类的小肠，偶见于嗉囊、胃和食道。

【病原】本病病原以鸡蛔虫和鸽蛔虫最常见。鸡蛔虫呈黄白色，是较粗大的线虫，体表有横纹，头端有三片唇，各唇片的游离缘具有小齿。雄虫长2.6～7cm，雌虫比雄虫大得多长6.5～11cm，雄虫交合刺等长或不等长，并具有圆形或椭圆形的肛前吸盘，雌虫无肛前吸盘（图2-8-2）。虫卵呈椭圆形，内含一个卵细胞，卵壳厚而光滑。

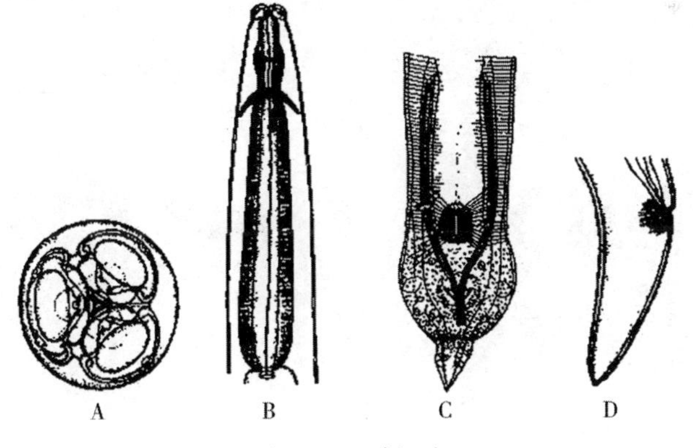

图2-8-2 鸡蛔虫

A. 头端顶面 B. 虫体头部 C. 雄虫尾部 D. 雌虫尾部

【症状和病理变化】幼虫在小肠壁生长时，可损伤肠绒毛，引起肠黏膜炎症。成虫寄生于小肠，可损伤肠黏膜，造成肠黏膜炎症、出血；大量感染时，虫体缠绕成团，阻塞肠道，甚至引起肠破裂；虫体大量吸收营养，产生有毒的代谢产物，宿主出现神经症状、发育不良等。

常表现的症状为精神沉郁，行动迟缓，呆立，翅膀下垂，羽毛蓬乱、无光泽，贫血，消化机能紊乱，腹泻和便秘交替发生，有时稀粪中带有血液，生长发育迟缓。蛔虫寄生过多时，常引起肠梗阻，甚至肠破裂，引起鸟的死亡。神经症状表现为歪颈或突然抽搐，从栖杠上摔下，或在地上打转。严重者逐渐衰弱而死亡。

【流行特点】蛔虫为直接发育。雌虫产卵随粪排出，在适宜的环境下，经几天发育为感染性虫卵（内含第二期幼虫）。易感鸟类吞食感染性虫卵而感染，幼虫在宿主胃或小肠中孵出，幼虫到十二指肠后段，在肠绒毛深处或钻入肠黏膜内，大约经过2周发育，然后返回肠腔逐渐发育为成虫。自感染至发育为成虫需1～2个月。蚯蚓和蚱蜢等可作为贮藏宿主。

蛔虫感染一般在潮湿温暖季节，主要在春季、夏季和秋季。主要寄生于鹦鹉、红面鹤、丹顶鹤、孔雀、鸠翠鸟、燕雀、画眉、八哥等观赏鸟以及鸡、鸭、鹅、鸽、鹌鹑等禽类。在温热潮湿地区、环境卫生差的地方，蛔虫病流行更为广泛。

【诊断】通过粪便检查和尸体剖检，在粪便中发现虫卵或体内发现大量成虫可确诊。

【防治】

1. 治疗药物　治疗可选用阿苯达唑、左旋咪唑、噻苯达唑等药物。

2. 预防措施

（1）每年定期检查鸟类粪便中的虫卵，如有蛔虫卵，立即驱虫，或每年定期驱虫。

（2）经常对观赏鸟舍、运动场及鸟笼消毒，可用5%氢氧化钠溶液或用火焰消毒。

（3）鸟场的鸟粪应经发酵处理，搞好环境及鸟舍、鸟场和鸟笼的清洁卫生。

（4）鸟食用的水果、青饲料、蔬菜尽量用水洗干净，减少感染机会。

（5）饮料中添加足够的维生素A、B族维生素及矿物质，以增强鸟类对蛔虫的抵抗力。

课后思考题

一、名词解释

鸟类蛔虫病

二、填空题

1. 蛔虫感染一般在＿＿＿＿＿＿季节。

2. 鸟类蛔虫主要寄生于鸟类的＿＿＿＿＿＿，偶见于＿＿＿＿＿＿、＿＿＿＿＿＿和＿＿＿＿＿＿。

三、判断题

（　　）蛔虫为直接发育。

四、简答题

1. 观赏鸟蛔虫病有哪些主要症状和病理变化?

2. 如何防治观赏鸟蛔虫病?

工作任务3　鸟类球虫病

观赏鸟球虫病是由一种或多种球虫寄生引起的疾病，几乎所有的鸟类都可被感染，发病率和死亡率都高，雏鸟比成年鸟的易感性高。本病一年四季均可发生，是对养鸟业危害极大的一种内寄生虫病。

【病原】球虫卵囊呈椭圆形、圆形，颜色为无色、淡黄色或淡绿色，囊壁有两层。有些种类在卵囊前端有微孔或微孔帽（极帽），卵囊内含一团原生质。卵囊在外经过孢子生殖后形成孢子化卵囊，因具有感染性又称感染性卵囊，卵内不含或含有一个至多个孢子囊，每个

孢子囊内含一个或多个子孢子，数目因种不同而异。子孢子呈长形，一端钝圆，另一端稍尖，或呈腊肠形。有些球虫具有卵囊或孢子囊残体（图 2-8-3）。

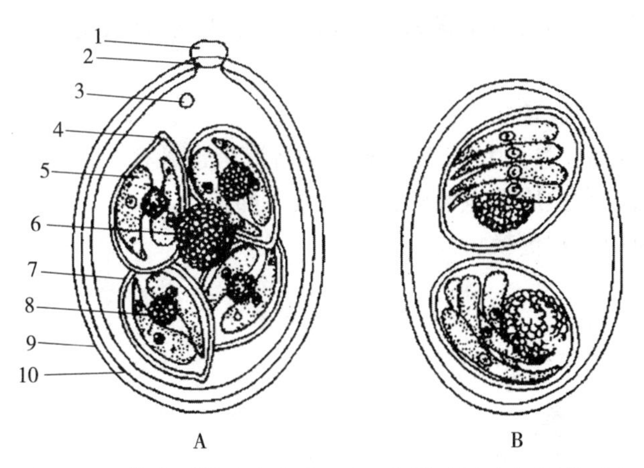

图 2-8-3　艾美耳属球虫卵囊（A）和等孢属球虫卵囊（B）
1. 极帽　2. 卵膜孔　3. 极粒　4. 斯氏体　5. 子孢子　6. 卵囊残体
7. 孢子囊　8. 孢子囊残体　9. 卵囊壁外层　10. 卵囊壁内层

【症状和病理变化】患病鸟表现精神萎靡，食欲不振或废绝、口渴、消瘦、体重减轻、羽毛松乱、无光泽。营养不良、贫血、脱水弓背、似有腹痛、翅下垂、闭目、呆立、腹泻或轻度腹泻。排水样粪便或黏液性绿色粪便或棕色黏液粪便，带血。观赏鸟球虫病呈急性或慢性经过，尤其对雏鸟和幼鸟危害最大。有的病鸟逐渐衰竭而死亡；有的病鸟出现震颤、跛行或昏厥；有的病鸟经过轻度或中度感染后幸存下来，并对球虫感染产生了免疫力。

病变主要表现为小肠、盲肠和直肠黏膜出血、坏死，肠黏膜上有干酪样物覆盖，肠臌气，肠壁增厚。

【流行特点】鸟类是该病主要传染源，凡被带虫鸟污染过的饲料、饮水、土壤和用具等，都有球虫卵囊存在，鸟类感染球虫的途径主要是食入感染性卵囊。人及其衣服、用具等以及某些昆虫都可成为机械传播者。球虫病一年四季均可发生，在潮湿多雨、气温较高的梅雨季节更易暴发，饲养管理条件不良、卫生条件恶劣时，也最易发病。

鸟类感染的球虫主要是艾美耳属球虫和等孢子属球虫，艾美耳属球虫主要感染鸡形目、鸽形目、雁形目、鹤形目、鹈形目、鹦形目和鸻形目的鸟类；等孢子属球虫主要感染雀形目、鹤形目、隼形目、佛法僧目、鸻形目、鹦形目、鹗形目、鸡形目鸟类。

【诊断】根据流行病学特点、症状、粪便检查发现虫卵或剖检发现虫体确诊。粪便检查方法是：取新鲜粪便，用饱和食盐水漂浮法和甘油盐水涂片镜检，可发现圆形的卵囊。

【防治】

1. 治疗方法

（1）磺胺二甲基嘧啶，每日每千克体重 66mg，拌料，连用 3～5d。

（2）氨丙林（0.012%），连用 3～5d，可预防球虫病；0.006%～0.025%浓度，连续饮水 7d，以后药量减半，饮水 14d。

（3）克球多，治疗用 0.006%拌料，连喂 8d。

（4）磺胺二甲氧嘧啶，每日每千克体重 15～20mg，每日 1 次口服，连用 3～6d。

(5) 新诺明，每日每千克体重30～35mg，分2次服，连用3～6d。

(6) 甲硝唑，每日每千克体重30～40mg，分3次服，连用7～10d。

(7) 治疗球虫病时应加喂维生素A或鱼肝油、维生素B_2或复合维生素B，以增加疗效。

2. 预防措施

(1) 保持环境卫生，以预防为主。

(2) 严格执行消毒制度，用5%热氢氧化钠溶液消毒鸟舍、运动场、垫料和鸟笼。

(3) 饲养的水盆、食盆用热氢氧化钠溶液或煮沸消毒。

(4) 沙土和垫料应经常更换。

课后思考题

一、名词解释

鸟类球虫病

二、判断题

(　　) 1. 球虫病主要通过消化道传播。

(　　) 2. 球虫主要寄生在小肠、盲肠和直肠，易引起出血性肠炎。

(　　) 3. 春季是球虫病的高发季节。

三、简答题

1. 如何治疗鸟类球虫病？

2. 如何预防鸟类球虫病？

工作任务4　鸟类组织滴虫病

鸟类组织滴虫病是由单毛滴虫科、组织滴虫属的火鸡组织滴虫寄生于鸟类盲肠和肝引起的一种原虫病。因病原的寄生部位特殊，故该病又称为盲肠肝炎；因患该病时火鸡常常出现头颈部淤血而呈黑色，故也称为黑头病，常造成雏火鸡大批死亡。

【病原】火鸡组织滴虫（Histomonas meleagridis）虫体呈多形性，根据其寄生部位分为肠型虫体和组织型虫体。肠型虫体生长在盲肠腔和培养基中，虫体近似球形，直径为3～16μm，有一条粗壮的鞭毛，长6～11μm，细胞核呈球形、椭圆形或卵圆形（图2-8-4）。组织型虫体生长于肝和盲肠上皮细胞内，无鞭毛，呈圆形或变形虫形，直径为8～17μm，具伪足。

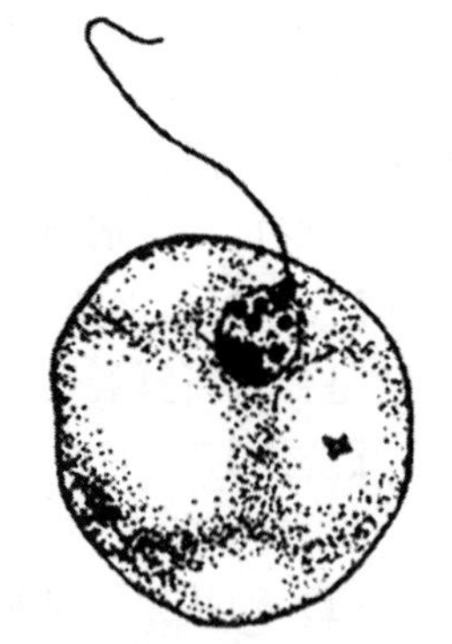

图2-8-4　火鸡组织滴虫

【症状和病理变化】早期症状是粪便呈硫黄色，精神沉郁、翅膀下垂、步态不稳、头部可能发绀变黑。随着病情的发展，病火鸡表现呆滞、垂翅站立、闭眼、头下垂贴近身体。成年火鸡常为慢性经过，呈进行性消瘦。幼龄火鸡的发病率和死亡率都很高，可达100%。其他鸟类的症状也可见精神不振，呆滞、食欲减退甚至废绝，羽毛松乱，腹泻、粪便呈淡黄色或淡绿色，有时带血。

组织滴虫病的特征性病变发生在盲肠和肝。表现为两侧盲肠肿大、盲肠壁增厚，黏膜上

常有溃疡，盲肠内常有黄色、灰色或绿色的干酪样肠芯；发生盲肠壁溃疡，甚至盲肠穿孔，从而发生腹膜炎。肝会有不规则、环形、下陷的病变，这种下陷的病变常围绕着一个呈同心圆的边界，构成组织滴虫病的特征性病变；下陷病变的颜色变化很大，经常是黄色到灰色，也可能是绿色或红色，病变区直径常为1～2cm，有的坏死区可能融合成片。

【流行特点】鹧鸪和竹鸡、松鸡等均可发生严重感染，鸡、孔雀、珍珠鸡、鹌鹑、环颈雉等也能感染。此病最易发生于3～12周龄的幼龄火鸡。异刺线虫的感染性虫卵可携带火鸡组织滴虫，这是一个典型的超寄生现象的例子。异刺线虫卵在外界通常被蚯蚓吞食，故而火鸡组织滴虫常受到多重保护，可存活几个月到几年。当含虫卵的蚯蚓被鸟类吞咽进入肠道内孵化时，组织滴虫逸出而侵入盲肠壁，从而引起疾病。除蚯蚓外，蚱蜢、土鳖虫及蟋蟀等节肢动物亦能充当传播媒介。鸡是异刺线虫和组织滴虫的一个贮藏宿主，因而被认为是最重要的传染源。

【诊断】用加温约40℃的生理盐水稀释盲肠黏膜刮取物，制作悬滴标本，置显微镜下检查。或取肝、肾组织涂片，经姬姆萨染色镜检。

【防治】

1. 治疗方法

(1) 甲硝唑，每日每千克体重30～40mg，分2～3次口服，连用7～10d。本药能有效的杀灭毛滴虫，而且比较安全。

(2) 二甲硝咪唑，以0.05%的比例混入饮水。

(3) 用0.2%碘溶液让病鸟饮用，7d为1疗程。此方法简单、方便、疗效较好。也可用于预防用药。

(4) 青蒿素，每日每千克体重15mg，首日加倍，分2次服，隔6～8h口服第二次，第2d、第3d各服1次。

2. 防治措施

(1) 加强饲养管理，增加营养。

(2) 搞好清洁卫生，对鸟舍、运动场等定期消毒。

(3) 定期驱虫，包括驱除异刺线虫。

(4) 使鸟类远离鸡舍。

课后思考题

一、名词解释

鸟类组织滴虫病

二、填空题

1. 鸟类组织滴虫病因病原的寄生部位特殊，故又称为__________；患该病时火鸡常常出现头颈部淤血而呈黑色，故也称为__________。

2. 鸟类组织滴虫病早期症状是粪便呈__________色，成年火鸡常为慢性经过，呈进行性__________。

三、判断题

(　　) 1. 鸟类组织滴虫主要感染成年鸟，幼年鸟不易感。

(　　) 2. 鸟类组织滴虫病主要可采用甲硝唑和二甲硝咪唑进行治疗。

四、简答题

1. 如何治疗鸟类组织滴虫病?

2. 如何预防鸟类组织滴虫病?

模块9　观赏兔的寄生虫性疾病

工作任务1　兔球虫病

兔球虫病是由艾美耳属的多种球虫寄生于兔肠上皮细胞、肝、胆管引起的一种多型性、高度感染性、多发、危害严重的一种原虫病。4～5月龄兔的感染率可高达100%，死亡率达70%。临床症状主要为消瘦、贫血、腹泻和虚弱。

【病原】国内记载寄生于兔的艾美耳球虫有16种。其中斯氏艾美耳球虫寄生在肝和胆管内，致病力最强。大型艾美耳球虫寄生在空肠、回肠，致病力较强。肠艾美耳球虫寄生在空肠、回肠，黄艾美耳球虫寄生在空肠、回肠、盲肠和结肠，松林艾美耳球虫寄生在回肠，这几种球虫的致病力等级都是强。中型艾美耳球虫寄生在空肠、十二指肠，无残艾美耳球虫寄生在小肠中部，这两种球虫的致病力较强。

随粪便排出的球虫称为球虫卵囊，呈卵圆形或者椭圆形，在外界适宜的条件下发育成熟，具有侵袭性。

【症状和病理变化】球虫的种类不同，其寄生部位不同，可分为肠型、肝型及混合型，临床上多为混合型。轻者一般不表现临床症状，严重的表现为食欲减退或者废绝，精神沉郁，动作迟缓，俯卧不起，眼、鼻分泌物增多，眼结膜苍白或者黄染，唾液分泌增加，口腔周围污染粪便，腹泻或者腹泻与便秘交替出现。病兔尿频或者常呈排尿姿势，后肢肛门周围沾满粪便。腹围扩大，肝区触诊敏感，疼痛。后期出现神经症状，极度衰竭死亡，耐过者生长发育不良。

【流行特点】该病我国各地均有分布，发病季节多集中在春暖多雨季节，各种品种的家兔对球虫都比较易感，尤其是断乳至3月龄的幼兔感染后最严重。成年兔一般多为带虫者成为传染源。本病主要是经口食入含有孢子化卵囊的水与饲料感染，苍蝇也可携带虫卵传染本病。营养不良、环境卫生差是促使发病的主要原因。

【诊断】

1. 临床检查　根据症状、病理变化及流行情况进行初步诊断。进一步的确诊需要通过实验室检查。

2. 实验室检查　取病死兔肝结节制成压片，或者取肠道黏膜制成涂片，在显微镜下观察，均能发现大量椭圆形、双层膜外壳的球虫卵囊。

【防治】

1. 治疗方法　治疗药物：磺胺间甲氧嘧啶（SMM），按照0.01%浓度掺入饲料中，连续用药3～5d，为一个疗程，间隔一周后再用药一个疗程。

2. 预防措施　保持周围生活环境清洁、干燥；兔笼、用具等定期用沸水、火焰消毒，

或在阳光下暴晒杀灭虫卵，定期清除粪便，经常清洗饮水、饲料用具。

课后思考题

一、名词解释

兔球虫病

二、填空题

1. 兔球虫病多集中在__________多雨季节，各种品种的家兔对球虫都比较易感，尤其是__________至__________的幼兔感染后最严重。

2. 国内寄生于兔的艾美耳球虫有16种，其中斯氏艾美耳球虫寄生在__________和__________内，致病力最强；大型艾美耳球虫寄生在__________和__________，致病力较强。

三、简答题

1. 简述兔球虫病的主要临床症状。

2. 简述兔球虫病的防治措施。

工作任务2　兔螨虫病

兔螨虫病是由痒螨或疥螨等引起兔的一种高度接触性皮肤寄生虫病，以剧痒和逐渐消瘦、死亡为特征的一种慢性、顽固性皮肤寄生虫病，也是人兽共患病。

【病原】引起兔螨虫病的主要是疥螨和痒螨。

【症状和病理变化】

1. 疥螨病　由兔疥螨和兔背肛螨引起的。一般先在头部和掌部无毛或者少毛部位（如脚掌面、耳缘面、鼻尖、口唇、眼圈等部位）出现灰白色痂皮，之后蔓延到其他部位。兔有痒感，频频用嘴啃咬患部，引起病变部位发生炎症、脱毛、结痂、皮肤增厚、龟裂，导致采食量下降，最终消瘦、贫血，甚至死亡。

2. 痒螨病　主要是由兔痒螨和兔足螨引起的。病兔表现为频频回头。检查耳根、外耳道内有黄色痂皮和分泌物，或在外耳道、脚掌下面的皮肤发生炎症和皮痂。

【流行特点】该病在国内大部分地区都有分布，发病率高达40%以上，严重者可以引起死亡。带虫兔和病兔是主要的传染源，主要通过接触感染，也可以通过污染的环境、笼具和用具间接感染。不同年龄的兔均可以感染，但幼龄兔尤为严重。一年四季均可发病，但多见于秋末、冬季和早春。阴暗、潮湿、阳光不足易诱发本病。人类和犬、猫等多种动物对痒螨和疥螨易感。

【诊断】

1. 临床检查　根据症状、病理变化及流行情况进行初步诊断。进一步的确诊需要通过实验室检查。

2. 实验室检查　无菌操作取病兔患部被毛、痂皮和结痂，分别置于载玻片上加入2%氢氧化钾溶液1～2滴，压片，在显微镜下观察，可发现疥螨、痒螨和虫卵。

【防治】

1. 治疗方法 伊维菌素是目前治疗本病最有效的药物，包括粉剂、胶囊、针剂。可以根据具体情况选用。

螨净（二嗪农）治疗，按照1∶5 000比例稀释涂擦患部。

治疗应与消毒兔笼和周围环境同时进行，不宜进行药浴，可以进行患部局部涂抹。

2. 预防措施 兔笼及周围的环境定期利用火焰或2%敌百虫水溶液进行消毒。

课后思考题

一、名词解释

兔螨虫病

二、填空题

1. 兔螨虫病不同年龄的兔均可以感染，__________尤为严重，其中__________、__________和阳光不足易诱发本病。

2. 兔螨虫病是由__________或__________等引起的一种皮肤病。

三、简答题

1. 简述兔螨虫病的主要临床症状。

2. 简述兔螨虫病的防治措施。

工作任务3　兔豆状囊尾蚴病

兔豆状囊尾蚴病是豆状带绦虫的中绦期幼虫（豆状囊尾蚴）寄生在兔的肝、肠系膜和网膜等引起的疾病。

【病原】豆状带绦虫寄生于犬、猫和狐狸等野生食肉动物的小肠内，成熟绦虫排出孕卵节片，兔食入这种含孕卵节片的饲料或受虫卵污染的饲草而感染，六钩蚴便从卵中钻出，进入肠壁血管，随着血液循环达到肝。钻出肝膜，进入腹腔，在肠系膜、胃网膜等处发育为豆状囊尾蚴。豆状囊尾蚴虫体呈囊泡状，大小如豌豆，囊内含有透明液体和一个小头结。

【症状和病理变化】豆状囊尾蚴的寄生部位不同，临床症状也不同：豆状囊尾蚴在肝移行时，病兔可视黏膜黄染，精神沉郁，常卧于一角，腹泻，逐渐消瘦，急性发作时突然死亡；如果寄生在腹腔时，脏器受到压迫，导致机能障碍，发生腹膜炎，影响生长发育。在胃、肠系膜、肝、肾及腹壁上可见数量不等的黄豆大小水泡样的豆状囊尾蚴。肝表面可见灰白色条纹。病情较重者腹水增多，肝肿大。

【流行特点】该病在全国各地一年四季均可发生，冬季为高发期。开食后的兔均可被感染。

【诊断】

（1）根据症状、病理变化及流行情况进行初步诊断。进一步的确诊需要通过实验室检查。

（2）实验室检查。可以用间接血凝试验进行诊断。

【防治】

1. 治疗方法

吡喹酮：每千克体重100 mL，口服，每日1次，连用3d。

阿苯达唑：每千克体重40 mg，口服，每日1次，连用3d。

2. 预防措施 饲养兔时周围的尽量避免饲养犬、猫，防止饲料、饲草、饮水被犬、猫粪便污染。

课后思考题

一、名词解释

兔豆状囊尾蚴病

二、填空题

1. 成虫主要寄生在犬等肉食动物的小肠内，豆状带绦虫的中绦期幼虫（豆状囊尾蚴）主要寄生在兔的__________、__________和__________。

2. 兔豆状囊尾蚴病主要是通过__________感染，家兔常因吞食被豆状带绦虫的孕卵节片或者虫卵污染的饲草或者饮水而感染。

三、简答题

1. 简述兔豆状囊尾蚴病的主要临床症状。

2. 简述兔豆状囊尾蚴病的防治措施。

工作任务4 兔栓尾线虫病

兔栓尾线虫病，又名兔蛲虫病，是蛔虫目、栓尾属的兔栓尾线虫寄生于兔的盲肠、结肠引起的一种消化道线虫病，也是一种感染率较高的内寄生虫病。临床上主要表现为消化不良、逐渐消瘦、腹泻，以及尾部脱毛和皮炎。

【病原】栓尾线虫呈白线头样，成虫寄生在兔盲肠、结肠内。

【症状和病理变化】少量感染时，一般不出现临床症状。严重感染时，病兔表现心神不宁，肛门因有蛲虫活动而有痒感，不时啃舐肛门，病兔背毛蓬乱无光，精神沉郁，食欲减退甚至废绝，逐渐消瘦，腹泻，粪便中有乳白色线头样栓尾线虫。剖检可见大肠内有栓尾线虫，主要病变为盲肠、结肠黏膜损伤，甚至引起大肠炎，即大肠黏膜上分散数量不等，大小不一的溃疡灶。

【流行特点】该病为我国大部分地区的常见、多发病，本病影响兔的生长发育，严重时也可以引起死亡。带虫兔和病兔是主要的传染源。兔经口吞食含有幼虫的虫卵感染本病，主要经过消化道感染。家兔和野兔均易感，感染率可以达到30%～50%。

【诊断】

（1）根据症状、病理变化及流行情况进行初步诊断，进一步确诊需要通过实验室检查。

（2）实验室检查。粪便中检查到虫卵即可确诊。虫卵卵壳薄，一侧扁平，大小为（95～103）μm×（43～56）μm。或剖检病死兔时，在盲肠、结肠发现多量虫体可以确诊。虫体透明、呈乳白色，雄虫长4～5mm，雌虫长9～11mm。

【防治】

1. 治疗方法

(1) 注射伊维菌素，每千克体重0.3～0.4mg，皮下注射，7～14d后重复给药。

(2) 阿苯达唑（抗蠕敏），每千克体重10mg，口服，每日1次，连用3d。

(3) 左旋咪唑，每千克体重5～6mg，口服，每日1次，连用2d。

2. 预防措施 加强兔笼的卫生管理，对食盒，饮水用具定期消毒。每年可以选用丙硫苯咪唑或者伊维菌素对家兔进行2次驱虫。

课后思考题

一、名词解释

兔栓尾线虫病

二、填空题

1. 兔栓尾线虫病主要经过__________感染。

2. 兔栓尾线虫呈__________样，成虫寄生在兔__________、__________内。

三、简答题

1. 简述兔栓尾线虫病主要临床症状。

2. 简述兔栓尾线虫病的防治措施。

模块10 观赏鱼的寄生虫性疾病

工作任务1 观赏鱼指环虫病

指环虫病是由指环虫科、指环虫属的多种虫体寄生于鱼鳃等部位所引起的疾病。

【病原】指环虫是一类较小的单殖吸虫，能像蚂蟥运动似地伸缩，均为雌雄同体、卵生。产卵数少，在温暖季节可不断产卵、孵化。主要有以下4种：

1. 鳃片指环虫 寄生于鱼鳃、皮肤和鳍。虫体扁平，长0.192～0.529mm，宽0.072～0.136mm。虫体呈乳白色，前端背面有4个黑色眼点，呈方形排列，2对头器。肠分为2支，末端相连成环。后端有1个呈圆盘状的固着器，上有1对中央大钩，内突上侧有1对三角形的付片，边缘有7对小钩。具睾丸1个，在虫体中部稍后。贮精囊附近有前列腺。交接器结构较复杂，由交接管和支持器两部分构成。具卵巢1个，在睾丸之前。生殖孔位于腹面，近肠管分支处。阴道口在体侧，其附近有角质的支持构造，膨大的受精囊与阴道相接，再由此有一小管接输卵管。梅氏腺在子宫基部周围。卵黄腺较发达，在虫体两侧和肠管周围，见图2-10-1。

2. 鳙指环虫 寄生于鳙的鳃部。边缘有小钩7对，中央大钩分叶明显，基部较宽。腹联结片略呈倒“山”形，背联结片稍似菱角状，左右两部分较细长。交接管为弧形尖管，基部呈半圆形膨大。支持器端部形似贝壳状，覆盖于交接管，基部略呈三角形。

3. 小鞘指环虫 体长0.998～1.4mm。中央大钩粗壮。联结片呈矩形而宽壮，在中部

及两端略有扩伸，中部似有空缺。辅助片呈Y形。交接管粗壮呈弓状弯曲。支持器基部呈棒状，与一几丁质鞘管相连。

4. 坏鳃指环虫 寄生于鲫、锦鲤、金鱼的鳃丝，热带鱼的鳃。其联结片呈“一”字形。交接管呈斜管状，基部稍膨大，并带有较长的基座。支持器末端分出两叉，其中一个叉横向钩住交接管。

指环虫虫卵较大，呈卵圆形，一端有一小柄，其末端呈小球状。

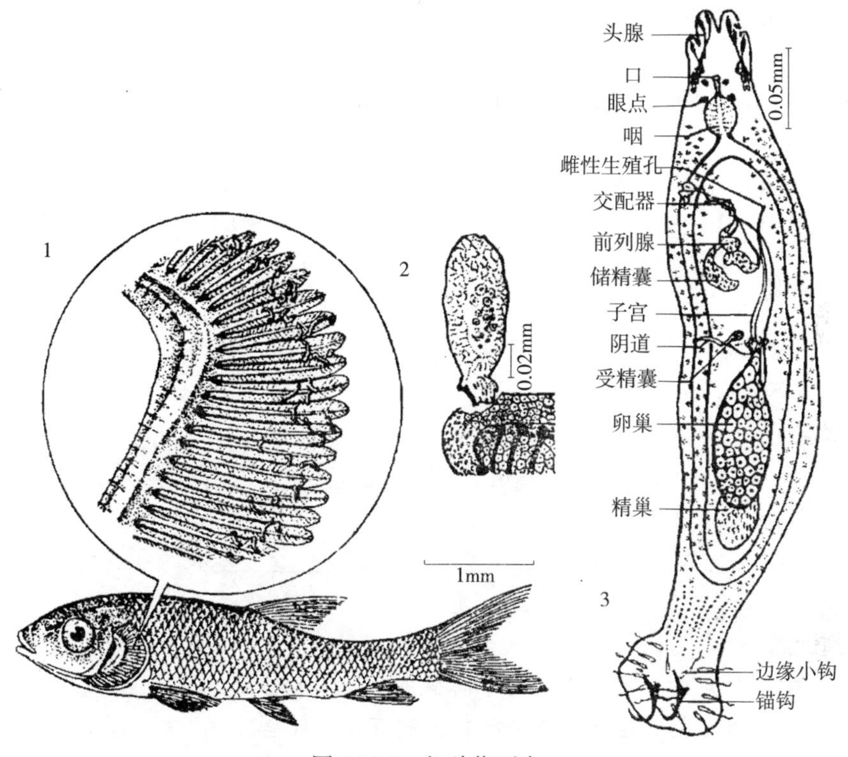

图 2-10-1 鳃片指环虫

1. 患病鱼鳃 2. 患病鱼鳃及指环虫 3. 指环虫结构

【生活史】指环虫不需要中间宿主，终末宿主为锦鲤、金鱼、热带鱼和鳙等。受精卵自虫体排出后，由于其上有附属结构，虫卵容易漂浮于水面，或附着在其他物体及宿主鳃上。当水温为28～30℃时，经1～3d孵化发育成幼虫。幼虫带有5簇纤毛，借纤毛在水中游动，遇到适宜的宿主即附着于鳃上，脱去纤毛定居发育为成虫。如果幼虫在24h内遇不到适宜的宿主，则会自行死亡。

【症状和病理变化】指环虫病在鱼种阶段发病较多，对幼鱼危害很大。指环虫靠其后固着器寄生于鱼的鳃上，少量寄生时，无明显症状。大量寄生时，随着虫体增大，鳃丝受到破坏，妨碍呼吸。后期鱼鳃明显肿胀，鳃盖张开难以闭合，鳃丝呈暗灰色且黏液增多。病鱼不安，呼吸困难，有时急剧侧游，在水草丛中或缸边摩擦，企图摆脱指环虫的侵扰。晚期病鱼精神呆滞，游动缓慢，食欲不振或不摄食，贫血，逐渐消瘦，极度虚弱，最终因呼吸受阻而窒息死亡。

【流行特点】指环虫病是一种常见多发病，主要危害观赏鱼苗、鱼种、幼鱼和小型鱼。该病的分布很广，各地普遍流行，发病水温为20～25℃，主要在夏、秋两季流行，越冬鱼种池在初春温度适宜时容易发生。

【诊断】根据临床症状与流行情况可初步诊断。严重感染的病鱼，甚至肉眼可见鳃丝上布满灰白色物，用镊子轻轻取下，置于盛有清水的培养皿中，明显可见蠕动的虫体；或剪取鳃丝置于低倍镜下镜检，平均每个视野10个左右虫体，即可确诊。

【防治】

（1）对于室内水族缸内的观赏鱼，可用加热棒将水温提升到25℃以上，并保持恒温。

（2）鱼种放养前用浓度为20mg/kg的高锰酸钾溶液浸洗，水温10～20℃，浸洗15～30min。

（3）水塘大规模养殖时，用生石灰带水清塘，杀灭病原体，用量为每公顷水深1m，用生石灰900kg。

（4）水塘消毒，用2.5%敌百虫粉全池遍洒，使池水浓度为1～2mg/kg；或用90%晶体敌百虫与面碱合剂（1∶0.6）全池遍洒，使池水浓度为0.1～0.24mg/kg，效果很好。

课后思考题

一、名词解释

观赏鱼指环虫病

二、填空题

1. 观赏鱼的指环虫病的主要病原是__________、__________、小鞘指环虫和__________等4种。

2. 指环虫主要危害__________、__________、__________和小型鱼，主要寄生在鱼的__________。

三、判断题

（　　）1. 指环虫的生活史中需要中间宿主。

（　　）2. 指环虫的幼虫在外界的抵抗力和存活力较差。

（　　）3. 指环虫肉眼可见。

四、简答题

1. 简述观赏鱼指环虫病的主要临床症状。

2. 简述观赏鱼指环虫病的防治措施。

工作任务2　观赏鱼三代虫病

三代虫病是由三代虫科、三代虫属的多种虫体寄生在鱼的皮肤和鳃等部位所引起的一种单殖吸虫病。该病对观赏鱼危害严重，临床主要表现为病鱼游动缓慢、黏液增多、呼吸困难等。

【病原】以鲢三代虫和鲩三代虫最为常见。

1. 鲢三代虫　寄生于鲢、鳙等的皮肤、鳍、鳃上。虫体扁平呈叶片状，体长0.315～0.51mm，宽0.074～0.136mm。无眼点，前端有头器1对。虫体后端有1个圆盘状的固着盘，上有1对中央大钩，8对呈伞形排列的边缘小钩，2根联结片。头部腹面有口，下接葫

芦状的咽，食道短，其后是分支的盲肠。雌雄同体，胎生。虫体的后部有固着盘，固着盘之前有1个新月形的卵巢，卵巢之前有1个睾丸，雌、雄生殖孔分别开口于虫体前端肠的分叉处。

2. 鲩三代虫 寄生于草鱼皮肤和鳃。虫体背联结片两端的前缘常具有一尖刺状突起，见图2-10-2。

另外，还有细锚三代虫、秀丽三代虫，寄生于金鱼、锦鲤和热带鱼鱼苗的体表和鳃上。

【生活史】终末宿主主要是金鱼、锦鲤、热带鱼、鲢、鳙和草鱼等。三代虫营胎生生殖，在成虫的身体中部，可见到1个椭圆形的第二代胚胎，在第二代胚胎中孕育着第三代胚胎，有时甚至可见到“第四代”，故称之为“三代虫”。胎儿较活泼，在即将离开母体时，母体中部突然隆起，虫体便从此处逸出，在水中遇到适应的宿主，即附着于宿主皮肤、鱼鳃等处发育成成虫。

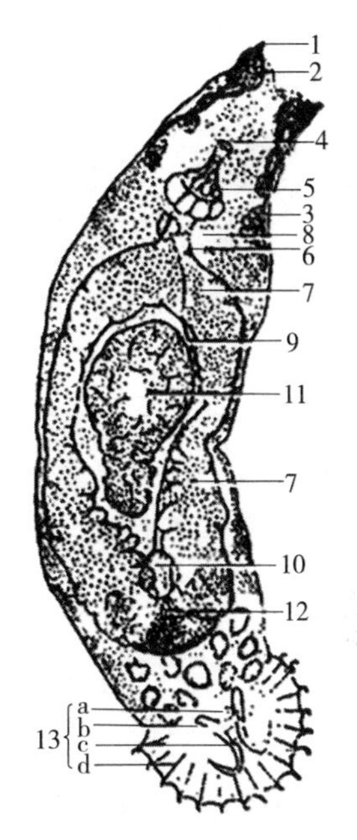

图2-10-2 鲩三代虫

1. 头刺 2. 头器 3. 头腺 4. 口 5. 咽 6. 食道 7. 肠 8. 交配器 9. 输精管 10. 精巢 11. 胚胎 12. 卵巢 13. 后固着器（a. 背联结片 b. 腹联结片 c. 中央大钩 d. 边缘小钩）

【症状和病理变化】对成年鱼或体形较大的鱼危害较小，无明显的临床症状。幼鱼初期鱼体褪色而变得苍白无光泽，皮肤上有一层灰白色黏液，鱼鳍下垂，末端卷曲且逐渐裂开，病鱼呈现极度不安状态，时而狂游于水中，时而急剧侧游于水底，在水草丛中或缸边撞擦，企图摆脱寄生虫的骚扰。继而食欲不振，游动迟缓，逐渐消瘦，严重时引起死亡。虫体寄生在鱼鳃上可导致呼吸困难，不久即窒息死亡。

三代虫寄生数量多时，可刺激鱼体分泌大量黏液，严重时鳃丝肿胀、粘连，出现斑点状淤血。

【流行特点】该病在我国分布广泛，其中以湖北和广东较严重。本病全年均可发生，尤其是春末夏初或室内越冬时容易流行。该病危害多种淡水鱼类和海水鱼类，虫体在成鱼、鱼种和鱼苗体上都可寄生，但对鱼苗、鱼种危害严重。

虫体繁殖时最适宜水温为20℃左右，因而4—5月繁殖最盛，亦是本病流行的季节。

【诊断】将病鱼放在盛有清水的培养皿中，可见有活动的蛭状小虫。低倍显微镜检查时，如果每个视野有5～10个虫体时，就可引起鱼的死亡。肉眼观察，可见病鱼鳃瓣缺损，鳃部黏液分泌增多，切片观察可见寄生部位组织坏死，即可确诊。

【防治】治疗最常用的药物一般首选福尔马林溶液，其剂量一定要足，否则会产生耐药性。可选用低浓度和高浓度两种方法。低浓度（20～40μL/L）药浴24h，更换1/2水；高浓度（200～250μL/L）药浴1h，更换90%的水。还可选用20mg/kg的高锰酸钾溶液浸浴病鱼。由于病鱼被三代虫寄生时需氧量较大，故在治疗时需要不断地充气增加溶氧量。

课后思考题

一、名词解释

三代虫病

二、填空题

三代虫病的病原以__________和__________最为常见。

三、判断题

(　　)1. 三代虫为雌雄异体，胎生。

(　　)2. 三代虫病对所有的鱼危害都较大。

(　　)3. 三代虫肉眼可见。

四、简答题

1. 简述观赏鱼三代虫病的主要临床症状。

2. 简述观赏鱼三代虫病的防治措施。

工作任务3　观赏鱼双穴吸虫病

双穴吸虫病又称复口吸虫病、白内障病或瞎眼病，是由双穴科、双穴属多种吸虫的尾蚴寄生于鱼类的血管和眼球内所引起的疾病。

【病原】主要有湖北双穴吸虫的尾蚴——湖北尾蚴（图2-10-3），倪氏双穴吸虫的尾蚴——倪氏尾蚴和匙形双穴吸虫的囊蚴。

尾蚴分为体部和尾部两部分。身体密被小刺。体部前端为1个头器，下方为一个肌质的咽，并有前咽，肠管分为两支。体中部有一个腹吸盘，其后有2对黏腺细胞，并有管通到头器内，体部末端有1个排泄囊。尾部分尾干和尾叉两部分，在水中能弯曲。尾蚴在水面静止时尾干弯曲，呈“丁”字形，运动时在水的上层上下游动，有明显的趋光性。

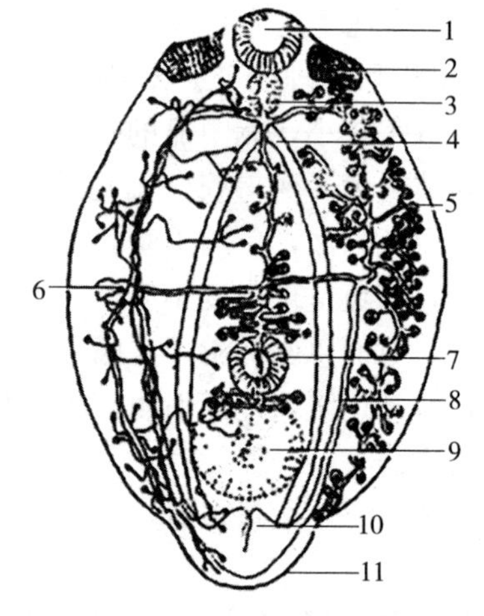

图2-10-3　湖北双穴吸虫的囊蚴

1. 口吸盘　2. 侧器　3. 咽　4. 肠　5. 石灰质体　6. 焰细胞　7. 腹吸盘　8. 侧集器　9. 黏附器　10. 排泄囊　11. 后体

囊蚴分为前后两部分。虫体呈卵圆形，扁平透明。大小为0.4～0.5mm。前端有1个口吸盘，两端各有1个侧器官。口吸盘下方为咽，接着为两条分支状的肠管，伸到体后端。身体后半部有1个腹吸盘，大小与口吸盘相似，其下有1个椭圆形的黏附器。虫体还分布着许多呈颗粒状发亮的石灰质体。

【生活史】成虫寄生于终末宿主鸥鸟肠道中，虫卵随其粪便落入水中孵出毛蚴。毛蚴在水中游动钻入中间宿主椎实螺体内（主要为斯氏萝卜螺、克氏萝卜螺），在肝和肠外壁处经无性繁殖发育成胞蚴、尾蚴。尾蚴移至螺的外套腔内，然后逸出至水中。尾蚴在水中呈有规律的间歇性运动，时沉时浮，集中于水的上层。遇到补充宿主（金鱼、锦鲤、鲢和鳙等鱼

类)，即迅速叮在鱼的体表，脱去尾部，钻入鱼体。湖北尾蚴从肌肉钻进附近的血管移行至心脏，上行至头部，从视血管进入眼球；倪氏尾蚴从肌肉穿过脊髓，向头部移行进入脑室，再沿视神经进入眼球水晶体内，发育成囊蚴。鸥鸟吞食病鱼后，囊蚴在其体内发育为成虫，见图 2-10-4。

水温在 25～35℃时，虫卵在水中经 3 周左右孵出毛蚴，毛蚴在水中如找不到中间宿主，4h 后开始死亡，9h 全部死亡。尾蚴进入鱼体移行到眼球内需 1 个月左右发育成囊蚴。

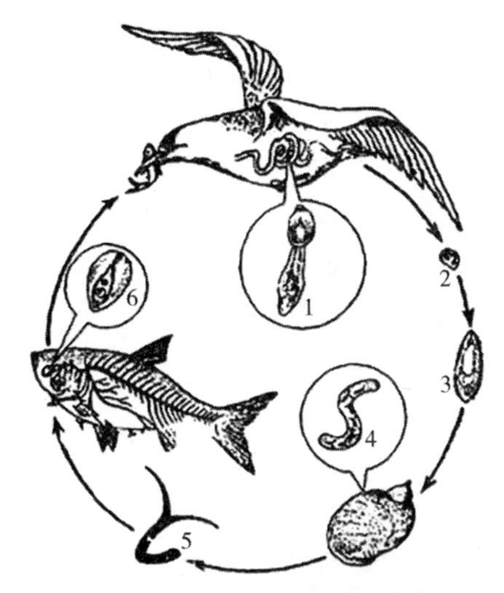

图 2-10-4　双穴吸虫的生活史

(中国淡水养鱼经验总结委员会，1992. 中国淡水鱼类养殖学.)

1. 寄生鸥鸟肠中的成虫　2. 虫卵　3. 在水中的毛蚴　4. 在椎实螺中的胞蚴

5. 在水中的尾蚴　6. 钻入鱼眼中的囊蚴

【症状和病理变化】慢性感染基本不会造成死亡，但会引起眼球混浊，呈乳白色，严重感染的病鱼成失明或水晶体脱落。病鱼最显著的病变为头部充血。尾蚴移行至鱼的血管和心脏时，可造成血液循环障碍；在脑血管移行时引起充血；钻入鱼鳃时，使其血管阻塞充血；从血管侵入眼球，使血管显著扩张，亦可导致眼出血和白内障，部分鱼水晶体脱落。有些鱼 1 只眼睛患病而形成独眼，俗称“独眼病”，不但影响观赏，而且影响生长发育；有的观赏鱼两只眼睛都受到侵害而失明，导致不能正常摄食，鱼体发黑瘦弱或极度瘦弱而死亡。

急性感染时表现为病鱼运动失调，在水面跳跃式游泳、挣扎，继而游动缓慢，有时鱼头朝下，鱼尾转上，在水面旋转，失去平衡；或头向下、尾向上漂浮水中，严重者侧卧水面静止不动，如同死鱼。病鱼出现体弯曲现象（体弯症），这是由于尾蚴在通过神经移行至脑室过程中，损伤神经和脑组织所致，使骨骼变形、肌肉收缩。病鱼从出现运动失调到死亡，有时只需几分钟。一般病鱼出现体弯症后数天之内死亡。

【流行特点】双穴吸虫病主要危害金鱼、锦鲤、鲢、鳙和草鱼等鱼类。发病率高、死亡快，病鱼死亡率可达 60%以上。本病在每年 5—8 月广泛流行于华中地区，尤其靠近水库、湖泊、河流养殖区等大水域地区多发。对鱼种危害较大，特别是夏花鱼，可造成大量死亡。1 龄以上的龙睛患病较为普遍。

【诊断】根据病鱼眼睛发白等异常变化可做出初步诊断。取出眼睛剪破后，取出水晶体放在生理盐水中，刮下水晶体表层，用显微镜镜检，或在光亮处肉眼观察，如发现有大量双穴吸虫即可确诊。

鱼苗、鱼种急性感染时，如眼睛中虫体数量较少，眼睛一般不发白。此时，可以观察病鱼头部是否充血、鱼体是否弯曲、在池中是否游动异常；同时了解当地是否有较多鸥鸟，并检查池中是否有椎实螺，螺体内是否有大量双穴吸虫尾蚴，有助于诊断。

【防治】防治的基本原则是切断虫体生活史的某个环节。

（1）消灭中间宿主，进水时要经过过滤，以防中间宿主随水带入，水族箱或水池里一旦发现椎实螺应立即清除。

（2）鱼池用生石灰或茶籽饼进行彻底清塘，每公顷水深 1 m，用生石灰1 500～2 250kg 或 750kg 茶籽饼，带水清塘。

（3）全池遍洒晶体敌百虫以杀灭尾蚴。次数根据塘中诱辅中间宿主的效果及螺感染强度、感染率而定；用块状生石灰按 150～225mg/kg，化浆全池泼洒，以杀灭虫卵和毛蚴。

（4）用 0.7mg/kg 浓度的硫酸铜全池遍洒，重复 2 次。

课后思考题

一、名词解释

双穴吸虫病

二、填空题

1. 观赏鱼双穴吸虫病的主要病原是＿＿＿＿＿的＿＿＿＿＿、＿＿＿＿＿的＿＿＿＿＿和匙形双穴吸虫的囊蚴等三种。

2. 双穴吸虫的中间宿主是＿＿＿＿＿和＿＿＿＿＿，补充宿主是＿＿＿＿＿和＿＿＿＿＿，终末宿主是＿＿＿＿＿。

三、判断题

（ ）1. 双穴吸虫病多发于寒冷季节。

（ ）2. 双穴吸虫病对所有的鱼危害都较大 。

（ ）3. 双穴吸虫肉眼可见。

四、简答题

1. 简述观赏鱼双穴吸虫病的主要临床症状。

2. 简述观赏鱼双穴吸虫病的防治措施。

工作任务 4　观赏鱼锚头鳋病

锚头鳋病又称为“铁锚头病”“针虫病”“生钉”，是由锚头鳋科、锚头鳋属的锚头鳋寄生于鱼类的鳃、皮肤、鳍、眼、口腔等处引起的疾病，是淡水鱼类常见且危害较大的一种寄生虫病。

【病原】锚头鳋的身体分为头、胸、腹三部分。只有雌性成虫营永久性寄生生活，无节幼体营自由生活，桡足幼体营暂时性寄生生活。虫体在开始营永久性寄生生活时，体形发生了巨大变化：虫体拉长，体节合成一体呈圆筒状，并且发生了扭转；头部触角和胸部附肢（游泳足）萎缩退化，头胸部长出腹角和背角，顶端中央有一个半圆形头叶。雌性虫体在生

殖季节，生殖孔处常悬挂着一对绿色长条形的卵囊，囊内含卵粒几十个至数百个。腹部钝圆，短而分3节，但分节不明显，在末端有1对细小的尾叉和数根刚毛。

危害较大的种类主要有：草鱼锚头鳋，虫体长6.6～12mm，背角呈H形，腹角2对，前一对为蚕豆状，以“八”字或钳形排列在头叶的两旁，后一对基部宽大，向前方伸出拇指状的尖角。生殖节前突稍隆起，分为2叶或不分叶。寄生于草鱼体表、鳍和口腔等处。还有多态锚头鱼鳋、鲤锚头鳋等，寄生于鱼类的体表、口腔、鳍及眼部，见图2-10-5、图2-10-6。

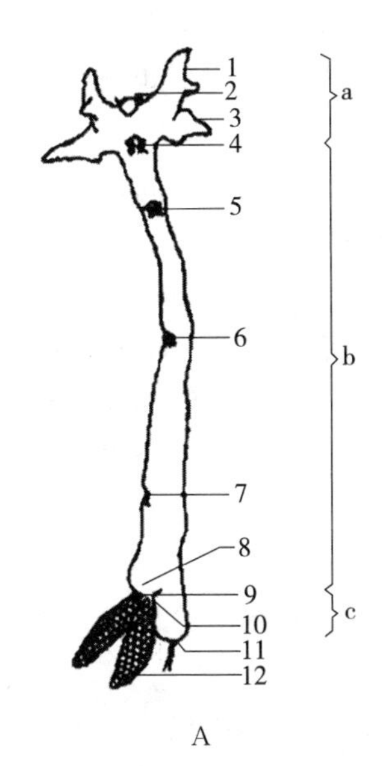

A

图2-10-5 锚头鳋雌体

a. 头胸部 b. 胸部 c. 腹部

1. 腹角 2. 头叶 3. 背角 4. 第一胸足 5. 第二胸足 6. 第三胸足 7. 第四胸足 8. 生殖节前突起 9. 第五胸足 10. 排卵孔 11. 尾叉 12. 卵囊

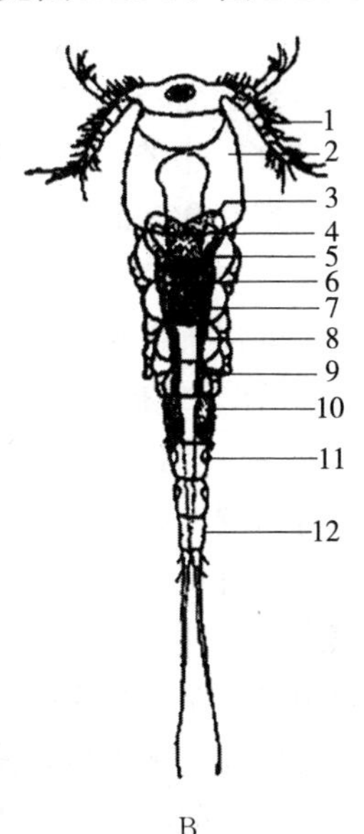

B

图2-10-6 锚头鳋雄体

1. 第一触角 2. 头胸部 3. 输精管 4. 精子带 5. 精细胞带 6. 增殖带 7. 睾丸 8. 黏液腺 9. 第五胸节 10. 精荚囊 11. 呼吸窗 12. 第三腹节

【生活史】由于温度不同，锚头鳋自产卵囊到孵化所需要的时间亦不同。无节幼体自卵孵化出后，经4次蜕皮发育为第五无节幼体，再经1次蜕皮即发育为第一桡足幼体。桡足幼体虽能在水中自由游动，但必须在鱼体上暂时性寄生，再经4次蜕皮发育为第五桡足幼体。第五桡足幼体交配后，雄虫死亡，雌性锚头鳋一生只交配1次，受精后的第五桡足幼体寻找合适宿主营永久性寄生生活。

寄生在鱼体的虫体，随寄生时间的推移，从形态上分“童虫”“壮虫”和“老虫”三个阶段。“童虫”状如细毛，呈白色，无卵囊；“壮虫”身体透明，肉眼可见体内肠蠕动，在生殖孔处有一对绿色卵囊，用手触动虫体可竖起；“老虫”虫体混浊不透明，变软，体表常有些原生动物附生。

【症状和病理变化】锚头鳋头胸部插入鱼的鳞片下和肌肉里，而胸腹部则裸露于鱼体外，在寄生部位，肉眼可见针状的病原体，犹如在鱼体上插入小针，故该病又称之为“针虫病”。发病初期，病鱼急躁不安，食欲减退，身体消瘦发黑，游动缓慢，终至死亡。由于虫体前端钻在宿主组织内，后半段露出在鱼体外，“老虫”的体表又常有大量累枝虫、藻类和水霉等附生，因此严重感染时，鱼体上好似披着蓑衣，故也有“蓑衣病”之称。虫体大量寄生在鱼的口腔内时，可引起口不能闭合、不能摄食而死亡。小鱼患病后，还可引起鱼体畸形弯曲而失去平衡，甚至鳋的头部钻入宿主内脏，病鱼很快死亡。

锚头鳋寄生在鲢、鳙等鳞片较小的鱼体表，可引起周围组织红肿、炎症，因溢血出现“石榴子”样红斑；寄生在草鱼、鲤等鳞片较大的鱼皮肤上，寄生部位的鳞片被“蛀”成缺口，鳞片色泽较淡，在虫体寄生处亦出现充血的红斑，但肿胀一般不明显。

【流行特点】该病流行区域较广，尤以广东、广西、福建等地最为严重，感染率高，感染强度大，4—10月为流行季节。主要发生在鱼种和成鱼阶段，引起鱼种死亡和影响亲鱼的生长繁殖。在发病高峰季节，鱼种能在短期内出现暴发性感染，造成鱼种大批死亡。金鱼、锦鲤感染率较高，热带鱼中的中华鲭鲅、虎纹鲃偶有感染。

锚头鳋的发育和寿命长短与水温有很大关系：水温低时，发育时间长，寿命长。锚头鳋在水温12～33℃时均可繁殖，在水温25～37℃时只能活20d；在春、秋季则可活1～2个月；秋季感染的锚头鳋大多数在冬季死亡，少数可在鱼体上越冬，最长可活5～7个月。

【诊断】在体表发现虫体即可诊断。将病鱼取出放在解剖盘里，仔细检查体表、鳃、口腔和鳞片等处，可看到一根根似针状的成虫。将虫体拔出，虫体酷似铁锚，头部有一对铁锚状角，虫体近末端处有一对白色卵囊。童虫较小，体细如毛发，白色透明无卵囊，需用放大镜仔细观察方可看到。

【防治】

（1）利用锚头鳋对宿主的选择性，可采用轮养法，以达到预防的目的。禁止用湖水、池水、水库水直接饲养观赏鱼，防止感染。

（2）鱼种放养前用浓度为10～20mg/kg的高锰酸钾溶液浸洗10～30min，可杀死暂时性寄生的桡足幼体。如已有成虫寄生，则需用浓度为10mg/kg的高锰酸钾溶液浸洗1～2h。

（3）发病池用90%的晶体敌百虫全池遍洒，使池水浓度为0.3～0.5mg/kg，每7～10d遍洒1次，“童虫”阶段，至少需施药3次，“壮虫”阶段施药1～2次，“老虫”阶段可不施药，待虫体脱落后，即可获得免疫力。本法能有效地杀死锚头鳋幼虫，以控制病情发展，减少鱼种死亡。

（4）鱼感染时，用镊子拔去虫体，用1%高锰酸钾溶液涂抹伤口约30s，放入水中，次日再涂抹1次。

课后思考题

一、名词解释

锚头鳋病

二、填空题

1. 锚头鳋病的主要病原是________、________和________等三种。

2. 锚头鳋病的成虫分为“________”“________”和“________”等三个阶段。

3. 锚头鳋病又称为________、________、________和“蓑衣病”等。

三、判断题

（　）1. 锚头鳋病的无节幼体需要中间宿主。

( ) 2. 锚头鳋的存活时间与温度有关。

( ) 3. 锚头鳋肉眼可见。

四、简答题

1. 简述观赏鱼锚头鳋病的主要临床症状。
2. 简述观赏鱼锚头鳋病的防治措施。

项目 3　宠物检疫技术

模块 1　检疫的基础理论

工作任务 1　检疫概述

（一）动物检疫的概念

动物检疫是指为了预防、控制动物疫病，防止动物疫病的传播、扩散和流行，保护养殖业生产和人体健康，由法定的机构、法定的人员，依照法定的检疫项目、标准和方法，对动物、动物产品进行检查、定性和处理的一项带有强制性的技术行政措施。

（二）动物检疫的任务

动物检疫是兽医卫生工作的一个重要组成部分，动物检疫最根本的任务就是通过对动物和动物产品的检查和处理，达到防止动物疫病传播扩散、保护养殖业生产和消费者身体健康的目的，促进对外贸易经济的正常发展。

具体来说，动物检疫的任务包括国内动物检疫和出入境动物检疫两方面。

1. 国内动物检疫　是按照国家或地方政府的规定，对饲养场养殖的动物、乡镇集市交易的动物及动物产品和各省（直辖市、自治区）、市、县之间运输的动物及动物产品进行规定病种的检疫，以防止动物疫病和人兽共患病在全国各地区间传播。

根据动物及其产品的动态和运转形式，国内动物检疫包括产地检疫、屠宰检疫、运输检疫监督和市场检疫监督等。

2. 出入境动物检疫　是按照我国出入境动物检疫的有关法规、国际动物卫生法典以及我国与贸易国签订的有关协议，对出入国境的动物及动物产品进行规定疫苗的检疫。既不允许境外动物疫病传入境内，也不允许将境内的动物疫病传出。

出入境动物检疫包括进境检疫、出境检疫、过境检疫及运输工具检疫。

（三）动物检疫的作用

检疫的作用如下：①监督检查；②防止患病动物进入流通；③消灭某些疫病；④及时发现、收集、整理、分析动物疫情；⑤保护消费者合法权益，保障人民身体健康。

课后思考题

一、名词解释

动物检疫

二、填空题

动物检疫的任务包括__________检疫和__________检疫两方面。

三、简答题

1. 简述动物检疫的任务。
2. 简述动物检疫的作用。

工作任务2 动物检疫的范围及对象

一、动物检疫的范围

1. 动物检疫的实物范围

（1）国内动物检疫的范围。主要是动物和动物产品，包括以下：

①动物范围：猪、牛、羊、马、骡、驴、鹿、骆驼、兔、犬、鸡、鸭、鹅及人工饲养、合法捕获的其他动物。

②动物产品范围：主要有生皮、原毛、精液、胚胎、种蛋以及未经加工的胴体、脂肪、脏器、血液、绒、骨、角、头、蹄等。兽药、兽药制剂、新兽药、兽药新制剂、单一饲料、配合饲料、预混合饲料、浓缩饲料、饲料添加剂和新饲料、新饲料添加剂等。

（2）进出境动物检疫的范围。

①动物、动物产品、其他检疫物：动物是指饲养、野生的活动物，如畜、禽、兽、蛇、虾、蟹、贝、蚕、蜂等。动物产品是指来源于动物未经加工或经加工但仍有可能传播疫病的产品。其他检疫物指动物疫苗、血清、诊断液、动物性废弃物。

②装载动物、动物产品和其他检疫物的装载容器、包装物。

③来自动物疫区的运输工具。

（3）动物及其产品运载工具。包括车、船、飞机、包装物、饲料和铺垫材料、饲养工具等。

2. 动物检疫的性质范围

（1）生产性检疫。农场、牧场、部队、集体或个人饲养畜禽的检疫。

（2）贸易性检疫。对进出境、市场贸易、屠宰的畜禽及其产品的检疫。

（3）非贸易性检疫。国际邮包、展品、援助、交换、赠送以及旅客携带的动物和动物产品的检疫。

（4）观赏性检疫。动物园的观赏性动物、艺术团体的演出动物等的检疫。

（5）过境检疫。对通过国境的列车、飞机等运载的动物和动物产品的检疫。

3. 动物检疫对象的概述 动物检疫对象是指动物检疫中各国政府或世界动物卫生组织（OIE）规定的应检疫的动物疫病（传染病和寄生虫病），包括：①人兽共患疫病；②危害性大而目前预防控制有困难的动物疫病；③急性、烈性动物疫病；④我国尚未发现的动物疫病。

4. 全国动物检疫对象 为集中力量、统一行动、抓住重点、兼顾一般，预防、控制和扑灭动物疫病，我国对动物疫病实行分类管理。根据动物疫病对养殖业生产和人体健康的危害程度，《中华人民共和国动物防疫法》（以下简称《动物防疫法》）把动物疫病分为三类：

（1）一类疫病（17 种）。是指对人和动物危害严重，需要采取紧急、严厉的强制预防、控制、扑灭等措施的疫病，包括：口蹄疫、猪水疱病、猪瘟、非洲猪瘟、高致病性猪蓝耳病、非洲马瘟、牛瘟、牛传染性胸膜肺炎、牛海绵状脑病、痒病、蓝舌病、小反刍兽疫、绵羊痘和山羊痘、高致病性禽流感、新城疫、鲤春病毒血症、白斑综合征。

（2）二类疫病（77 种）。是指可能造成重大经济损失，需要采取严格控制、扑灭等措施，防止扩散的疫病。

①多种动物共患病（9 种）。伪狂犬病、狂犬病、炭疽、产气荚膜梭菌病、副结核病、布鲁氏菌病、弓形虫病、棘球蚴病、钩端螺旋体病。

②牛病（8 种）。牛结核病、牛传染性鼻气管炎、牛恶性卡他热、牛白血病、牛出血性败血病、牛梨形虫病（牛焦虫病）、牛锥虫病、日本血吸虫病。

③绵羊和山羊病（2 种）。山羊关节炎/脑炎、梅迪-维斯纳病。

④猪病（12 种）。猪繁殖与呼吸综合征（猪蓝耳病）、猪流行性乙型脑炎、猪细小病毒病、猪丹毒、猪肺疫、猪链球菌病、猪传染性萎缩性鼻炎、猪支原体肺炎、旋毛虫病、猪囊尾蚴病、猪圆环病毒病、副猪嗜血杆菌病。

⑤马病（5 种）。马传染性贫血、马流行性淋巴管炎、马鼻疽、马巴贝斯虫病、伊氏锥虫病。

⑥禽病（18 种）。鸡传染性喉气管炎、鸡传染性支气管炎、鸡传染性法氏囊病、鸡马立克氏病、产蛋下降综合征、禽白血病、禽痘、鸭瘟、鸭病毒性肝炎、鸭浆膜炎、小鹅瘟、禽霍乱、鸡白痢、禽伤寒、鸡败血支原体感染、鸡球虫病、低致病性禽流感、禽网状内皮组织增殖症。

⑦兔病（4 种）。兔病毒性出血病、兔黏液瘤病、野兔热、兔球虫病。

⑧蜜蜂病（2 种）。美洲幼虫腐臭病、欧洲幼虫腐臭病。

⑨鱼类病（11 种）。草鱼出血病、传染性脾肾坏死病、锦鲤疱疹病毒病、刺激隐核虫病、淡水鱼细菌性败血症、病毒性神经坏死病、流行性造血器官坏死病、斑点叉尾鮰病毒病、传染性造血器官坏死病、病毒性出血性败血症、流行性溃疡综合征。

⑩甲壳类病（6 种）。桃拉综合征、黄头病、罗氏沼虾白尾病、对虾杆状病毒病、传染性皮下和造血器官坏死病、传染性肌肉坏死病。

（3）三类疫病（63 种）。是指常见多发、可能造成重大经济损失，需要控制和净化的。

①多种动物共患病（8 种）。大肠杆菌病、李氏杆菌病、类鼻疽、放线菌病、肝片吸虫病、丝虫病、附红细胞体病、Q 热。

②牛病（5 种）。牛流行热、牛病毒性腹泻/黏膜病、牛生殖器弯曲杆菌病、毛滴虫病、牛皮蝇蛆病。

③绵羊和山羊病（6 种）。肺腺瘤病、传染性脓疱、羊肠毒血症、干酪性淋巴结炎、绵羊疥癣、绵羊地方性流产。

④马病（5 种）。马流行性感冒、马腺疫、马鼻腔肺炎、溃疡性淋巴管炎、马媾疫。

⑤猪病（4 种）。猪传染性胃肠炎、猪流行性感冒、猪副伤寒、猪短螺旋体痢疾。

⑥禽病（4 种）。鸡病毒性关节炎、禽传染性脑脊髓炎、传染性鼻炎、禽结核病。

⑦蚕、蜂病（7 种）。蚕型多角体病、蚕白僵病、蜂螨病、瓦螨病、亮热厉螨病、蜜蜂

孢子虫病、白垩病。

⑧犬、猫等动物病（7 种）。水貂阿留申病、水貂病毒性肠炎、犬瘟热、犬细小病毒病、犬传染性肝炎、猫泛白细胞减少症、利什曼病。

⑨鱼类病（7 种）。鮰类肠败血症、迟缓爱德华氏菌病、小瓜虫病、黏孢子虫病、三代虫病、指环虫病、链球菌病。

⑩甲壳类病（2 种）。河蟹颤抖病、斑节对虾杆状病毒病。

⑪贝类病（6 种）。鲍脓疱病、鲍立克次体病、鲍病毒性死亡病、包纳米虫病、折光马尔太虫病、奥尔森派琴虫病。

⑫两栖与爬行类病（2 种）。鳖腮腺炎病、蛙脑膜炎败血金黄杆菌病。

世界动物卫生组织（OIE）出版的《国际动物卫生法典》将动物疫病分为 A、B 两种，A 类疫病是指超越国界，具有非常严重而快速的传播潜力、引起严重社会经济或公共卫生后果，并对动物和动物产品国际贸易具有重大影响的传染病。B 类疫病是指在国内对社会经济或公共卫生具有影响，并在动物和动物产品国际贸易中具有明显影响的传染病。A 类疫病包括 15 种动物疫病，B 类包括 66 种动物疫病。

5. 进境动物检疫对象　农业部和国家质量监督检验检疫总局 2013 年发布第 2013 号联合公告，实施新修订的《中华人民共和国进境动物检疫疫病名录》(以下简称《名录》)，以防止境外动物传染病、寄生虫病传入我国，保护我国畜牧业、渔业生产和公共卫生安全。

《名录》根据动物疫病危害程度分为三类，共计 206 种疫病。其中一类传染病、寄生虫病 15 种，具有危害严重、传播迅速、难以扑灭和根除，可造成严重的经济社会或公共卫生后果的特点。二类和三类传染病、寄生虫病分别有 147 种和 44 种。206 种疫病按照易感动物种类细分为人兽共患病、牛病、马病、猪病、禽病、羊病、水生动物病、蜂病以及其他动物病。

二、动物检疫的分类及处理

1. 动物检疫的分类　为了有效地预防、控制和消灭动物疫病，必须根据动物疫病的发生和流行特点，在容易造成疫病传播的各个环节上进行动物检疫。特别是动物及其产品作为商品进入交易流通时，很容易把疫病散布开来，这就要求在交易流通中的动物及其产品，不允许患有或带有规定应检疫的疫病及其病原体。根据动物及其产品在交易流通中的动态形式，动物检疫在总体上分为国内动物检疫（简称内检）和出入境动物检疫（简称外检）两大类，各自又包括若干种检疫（表 3-1-1）。

表 3-1-1　动物检疫的分类

<table>
<tr><td rowspan="9">动物检疫的分类</td><td rowspan="5">国内动物检疫</td><td>产地检疫</td><td rowspan="5"></td></tr>
<tr><td>屠宰检疫</td></tr>
<tr><td>检疫监督</td></tr>
<tr><td>无规定动物疫病区动物检疫</td></tr>
<tr><td>检疫审批</td></tr>
<tr><td rowspan="4">出入境动物检疫</td><td>进境检疫</td><td rowspan="2">含贸易性和非贸易性检疫</td></tr>
<tr><td>出境检疫</td></tr>
<tr><td>过境检疫</td><td rowspan="2"></td></tr>
<tr><td>运输工具的检疫</td></tr>
</table>

2. 国内动物检疫 为了保护各省、直辖市、自治区免受动物疫病的侵袭，防止疫病蔓延扩大，由各省、直辖市、自治区动物卫生监督机构对进入、输出或路过本地区以及原产地的动物、动物产品进行检疫及动物卫生监督，称为国内检疫，包括产地检疫、屠宰检疫、检疫监督等。

3. 进出境动物检疫 为了维护国家主权和国际信誉，保护我国养殖业生产和人体健康，既不允许境外动物疫病传入，也不允许将动物疫病传出国境。为此，我国在对外开放的口岸和出入境动物业务集中的地点设立口岸出入境检验检疫机构，依法实施出入境动物检疫。国境口岸动物检疫也可有以下几种情况。

（1）进出境检疫。我国规定，对向我国输入动物、动物产品或其他检疫物的，货主或者其代理人应当在进境前或者进境时向进境口岸出入境检验检疫机构报检；在输出报检时，应当提供贸易合同或者协议。输入或输出的动物和动物产品，应当由口岸出入境检验检疫机构实施检疫，经检疫合格的，准予入境或出境；不合格者依法分别处理。

我国规定，携带、邮寄国家明令禁止进境的动物、动物产品进境的，做退回或者销毁处理。携带国家规定禁止进境名录以外的动物、动物产品进境的，在进境时向海关申报并接受口岸出入境检验检疫机构检疫。邮寄国家明令禁止进境名录以外的动物、动物产品进境的，由口岸出入境检验检疫机构在国际邮件互换局实施检疫，经检疫合格者放行。

（2）运输动物过境检疫。我国规定，要求运输动物过境的，必须事先征得中国国家出入境检验检疫机构同意，并按照指定的口岸和路线过境。承运人或者押运人要持货运单和输出国家或者地区政府动物检疫机构出具的检疫证书，在进境时向口岸出入境检验检疫机构报检。过境的动物经检疫合格的，准予过境，出境口岸不再检疫。不合格者不准过境。

（3）运输工具检疫。口岸出入境检验检疫机构对来自动植物疫区的船舶、飞机、火车，无论是否装载物品，都必须依法实施检疫，可以登船、登机、登车实施现场检疫。必要时，进境的车辆，由口岸出入境检验检疫机构做防疫消毒处理。装载动物、动物产品出境的运输工具应当符合动物检疫和防疫的规定，在装载前应当在口岸检疫机构的监督下进行消毒，发现危险性病原或者达不到国家标准的，进行除害处理后方可装运。

4. 动物检疫的处理 动物检疫处理是指对检出的患病动物及其污染环境的处理。

（1）动物检疫处理的意义。及时而合理地进行动物检疫处理，可以防止疫病扩散，不仅是动物防疫工作的重要措施，而且也是人类卫生保健工作的重要措施。只有做好检疫后的处理，才算真正完成了动物检疫工作的任务。所以，检疫处理是动物检疫工作的重要内容和环节。

（2）动物检疫结果的分类。动物检疫结果有合格和不合格两类。

①合格动物及动物产品。通过动物检疫，符合产地检疫（或屠宰检疫）合格的出证条件，属于合格的动物及动物产品，应由官方兽医出具检疫证明。检疫证明包括书面证明（如动物检疫合格证明、动物产品检疫合格证明）、检疫印章和检疫标识。

②不合格动物及动物产品。通过动物检疫，不符合产地检疫（或屠宰检疫）合格的出证条件，属于不合格的动物及动物产品。对于不合格动物及动物产品，应由官方兽医出具动物检疫处理通知单，并按照有关规定及时而正确地处理。

5. 宠物入境检疫及处理 根据《中华人民共和国进出境动植物检疫法》及其实施条例，入境宠物应在检验检疫机关指定的隔离场所隔离检疫。物主携带宠物入境后，必须如实向检验检疫机构申报，申报时阅读并确认下列事项：

（1）每人每次入境限带1只犬或猫。申报时，物主必须提交输出国家或地区官方机构出具的动物健康证书、疫苗接种证书以及个人入境证明等相关文件。

（2）入境宠物必须在出入境检验检疫局动物隔离场圃接受隔离检疫，使用统一提供的饲料。隔离期间禁止物主进入隔离场探望宠物。

（3）物主委托出入境检验检疫局认证认可的动物医院负责宠物在隔离期间的检疫、饲养、护理、疫病诊断，并一次性交纳隔离7d的所有费用，隔离超过7d的，饲养、护理及发生的其他费用另计。

（4）宠物在隔离场隔离7d后，如相关疫病检测项目的结果全部为阴性，检验检疫机构可允许宠物在物主家中继续隔离观察到满30d为止。

（5）宠物隔离检疫满7d后，对符合继续到物主家中隔离条件的，物主可以到隔离场领取宠物，检验检疫机构凭物主正本护照和出入境人员携带物留验/处理凭证放行；不符合放行条件或其他原因需要在隔离场暂养的，宠物继续在隔离场隔离检疫，最多30d，满30d后，对检疫合格的宠物，物主必须到隔离场领取宠物，物主逾7d不领取或留下的联系方式7d内无法与物主取得联系的，该宠物视作无主物。

（6）隔离期间，宠物因饲料和环境改变、应激反应、疾病等非人为因素和其他不可抗因素造成伤残甚至死亡的，检验检疫机构不承担责任。

（7）宠物在隔离期间被检出狂犬病的，一律作扑杀处理；被检出其他疫病的，物主可选择治疗和放弃治疗，愿意治疗的，物主必须与动物医院签订协议，并支付治疗费用。放弃治疗或治疗失败的，检验检疫机关根据相关规定对宠物进行处理。

宠物入境检疫过程见图3-1-1。

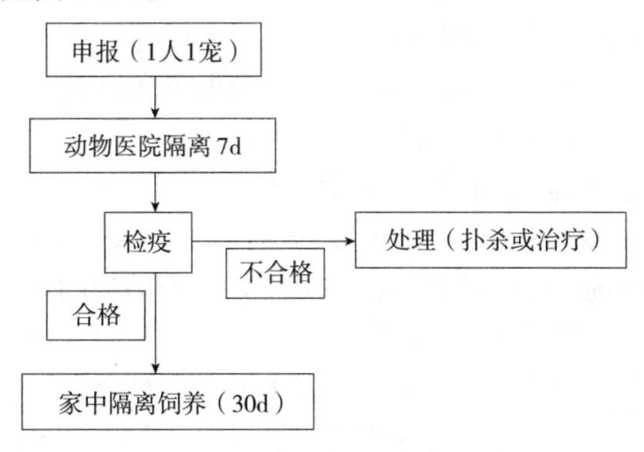

图3-1-1　宠物入境检疫过程

课后思考题

一、名词解释

动物检疫　动物检疫对象

二、填空题

国内动物检疫的范围包括__________和__________。

三、简答题

1. 简述进出境动物检疫的范围。

2. 我国规定的一类动物疫病有哪些？

3. 检疫动物如何处理？

四、论述题

试述宠物入境检疫及处理的内容及意义。

模块2　检疫的基本技术

工作任务1　动物检疫方法

动物疫病有数百种，它们的发病有其共同的规律性，但各种疫病由于病原不同而各有特点，因此，必须综合应用有关理论和技术，探讨其共性和特殊性，才能对每种动物疫病做出迅速而准确的诊断。常用的检疫方法有流行病学调查法、临诊检查法、病理学检查法、病原学检查法、免疫学检查法等，近年来分子生物技术也在动物检疫中得到了比较广泛的应用。这些方法并不是诊断每一种疫病都要使用，而是根据不同的情况，应用其中的几种方法。

一、流行病学调查

流行病学调查是指某种疫病发生后，在疫区内对该病的感染和发病情况、传染来源、传播途径及各种自然因素和社会条件所进行的了解、观察和分析。实际上是对所发生的疫病和与之相关的各种因素的全面调查。动物检疫人员应深入现场，经过仔细观察和调查，获得第一手资料，再经过认真的分析，一方面对流行病学做出正确判断，另一方面及时采取合理的防疫措施，尽快控制传染病的蔓延，最终将其消灭。

1. 产地检疫和市场检疫监督中的流行病学调查

（1）当前疫情调查。①查清当前疫病的发病时间、地点、蔓延过程、流行范围和分布；②查清有关数率，即疫病流行区内各种动物的数量，发病动物的种类、数量、性别、年龄、感染率、发病率、患病率、致死率、死亡率。

（2）疫情来源的调查。①进行本地调查，即本地以往是否发生过该种疫病，若发生过，当时流行情况和防控措施，有无养殖档案相关记录可查；②进行邻地调查，当本地以往未发生过该病时，可调查邻地是否发生了该疫病；③现场调查，即此次发生疫情前，是否从外地引进过畜禽、畜禽产品以及饲料等，所引进畜禽的原输出地是否发生过类似的疫病。

（3）传播途径的调查。①调查饲养管理，即当地饲养管理方法、放牧情况、畜禽流动情况及采购情况；②调查当地畜禽卫生防疫情况；③调查当地疫病的传播因素。

（4）自然与社会情况的调查。自然情况包括发病地区的地形、河流、气候、昆虫、野生动物以及交通状况等；社会情况包括当地人民生产、生活情况，有关干部、业务技术人员及有关人员对疫情的态度等。

2. 出入境检疫、运输检疫监督和宰前检疫的流行病学调查　主要有以下4个方面：

（1）产地情况的调查。①调查畜禽的来源、品种、年龄、性别；②调查产地疫情情况；③调查免疫接种情况。

（2）采购地情况的调查。①调查采购地有无疫情；②调查采购、集中、圈养和中转过程中，有无发病和死亡；③调查何时、何地经过何种检疫。

（3）运输情况的调查。①调查运出时间、运输方式、途中饲养情况和动物健康情况；②调查途经的地点及沿途有无疫情。

（4）疫情动态的调查。①调查所在地疫情动态；②了解邻近地区疫情动态；③了解国内其他地区疫情动态；④了解国际疫情动态。

二、临诊检查

临诊检查是诊断动物疫病的最基本的方法，它是利用人的感官或借助一些简单的器械（如体温计、听诊器等）直接对动物外貌、动态、排泄物、体温、脉搏、呼吸等进行检查。通过对动物进行群体检查和个体检查、一般检查和系统检查，以发现某些症状，结合流行病学调查资料，往往可以做出初步检疫结论。在临诊检查中，一般遵循先群体检查、后个体检查的原则。

（一）群体检查

群体检查是指对待检动物群体进行现场临诊观察，其目的是通过动物群体症状的观察，对整群动物的健康状况做出初步评价，并从群体中把病态动物挑出来，做好病号标记，留待进行个体检疫。

群体检查通常把同一地区或把同一批来源的动物划为一群，也可以把一圈或一舍动物划为一群。禽、兔、犬还可按笼、箱、舍划群。运载畜禽检疫时，可登车、船、机舱进行群体检查，或在卸载后集中进行群体检查。

群体检查一般采用静态、动态、饮食状态的观察，即所谓“三态”检查法：

1. 静态观察 检疫人员深入圈舍、车、船、仓库，在动物保持自然的状态下，仔细观察其表现，如对外界事物的反应能力，站立或卧睡姿势，被毛、呼吸、反刍（反刍动物）状态等。注意有无异常站立或卧睡姿势，有无咳嗽、气喘、呻吟、战栗、流涎、嗜睡、独立一隅等异常现象。

2. 动态观察 经过静态观察后，再看动物被驱赶过程中的反应，重点观察动物的起立姿势、行动姿势、精神状态等，注意有无站立不稳、行动困难、跛行、屈背拱腰、离群掉队以及喘息、咳嗽等异常现象，从中发现可疑患病动物。

3. 饮食状态 观察在畜群进食过程中，观察其采食和饮水情况，注意有无少食少饮、不食不饮、吞咽困难、呕吐、流涎或异常鸣叫等情况。动物在进食后或进食期间（奶牛等）一般都有排粪、排尿的习惯，借此机会再观察其排粪、排尿姿势，并注意有无粪便干燥、腹泻、尿少、尿色发红等异常现象。

经上述检查发现有异常现象的动物，应予以标记、隔离，待进一步检查。

（二）个体检查

个体检查是指对群体检疫时所检出的患病动物和可疑病态动物，进行系统的个体临诊检查。个体检查的目的是初步判定该动物是否患病（尤其是是否患有规定检疫的疫病），然后再根据具体情况进行实验室检疫。

若群体临诊检疫未发现可疑患病动物，必要时可抽出10%做个体检查。若抽检中发现传染病，应继续抽检10%，必要时全部进行个体复查。但当产地或启运地动物检疫机构发有检疫合格证书，与运输的动物相符，在运输途中和到达目的地时经群体检疫未发现异常或死亡时，可不再做个体检查。个体检查方法包括检测体温、视诊、触诊、听诊和叩诊。

1. 检测体温 体温显著升高的动物，一般都视为可疑患病动物。如果怀疑是由于运动、曝晒、运输、拥挤等应激因素导致的体温升高，应让动物充分休息后（一般休息 4h）再测体温。当动物的体温低于正常体温以下时，称为体温过低，见于大失血、内脏破裂、休克、虚脱、极度衰弱和传染病的濒死期等。检测体温的方法，哺乳动物多检测直肠温度，禽类检测翼下温度。

2. 视诊和触诊 通常一起进行，主要包括以下内容。

（1）精神状态的观察。健康动物的兴奋与抑制保持着动态平衡，对外界反应敏锐。当平衡失调时，动物就出现兴奋或抑制。精神兴奋是中枢神经机能亢进的结果。轻度兴奋常见于脑膜炎等，重度兴奋常见于狂犬病等。精神抑制为中枢神经机能障碍的另一种表现形式。轻度抑制常见于各种热性疫病，重度抑制表现为嗜睡甚至昏迷，常见于侵害中枢神经的传染病、中毒病、代谢病等。

（2）可视黏膜的检查。可视黏膜包括眼结膜和口腔、鼻腔、阴道的黏膜。黏膜具有丰富的毛细血管，根据其颜色的变化，可推断血液循环状态和血液成分的变化。

①眼结膜苍白是贫血的表现，急速苍白见于大出血，肝、脾等内脏破裂；逐渐苍白见于慢性消耗性疾病。

②结膜潮红是充血的表现，弥漫性潮红见于眼病及各种急性传染病；树枝状充血常见于脑炎及心脏病。

③结膜黄染是血液中胆红素增多的表现，见于肝疾病、胆管阻塞、溶血性疾病等。

④结膜蓝紫（发绀）见于伴有心肺功能障碍的重症病程中。

⑤结膜有出血点或出血斑，见于败血症、血斑病、牛蕨中毒、巴贝斯虫病、马传染性贫血等。

（3）被毛和皮肤检查。健康畜禽的被毛（羽毛）光泽柔润，不易脱落。在患慢性消耗性疾病或内寄生虫病时，往往被毛粗乱无光泽，易断和易脱落；患疥螨和湿疹的动物，患部脱毛，伴有皮肤增厚、变硬、擦伤，啃咬患部。皮肤的检查主要包括检查皮肤的气味、温度、湿度、弹性、颜色、是否有肿胀和皮疹等。

（4）排泄检查。动物排泄情况能提示消化系统和泌尿系统的情况。排泄检查主要检查排泄动作和排泄物。

①排泄动作包括排粪、排尿疼痛、努责、里急后重、失禁等。

②排泄物性状包括粪便干硬（便秘）、稀薄（腹泻）、颜色和气味异常等。

③腹泻见于肠卡他、肠炎、副伤寒、猪瘟、仔猪痢疾、结核病及副结核病等。

④便秘多见于各种热性传染病、慢性胃肠卡他和胃肠弛缓。

⑤排泄带痛可见于腹膜炎、肠炎和泌尿道炎症。

⑥里急后重是直肠黏膜炎症和顽固性腹泻的表现。

⑦粪、尿失禁常见于脑脊髓疾病或顽固性腹泻。

（5）体表淋巴结检查。检查体表淋巴结多来用触诊，主要是触感淋巴结的大小、硬度、温度、敏感性和移动性。

健康的牛可摸到下颌淋巴结、颈浅背侧淋巴结、髂下淋巴结和乳房上淋巴结。对马通常

只检查下颌淋巴结。而猪、羊的体表淋巴结不易触及，只有在肿大的情况下才可触到。

淋巴结急性肿胀是由于病原微生物及其毒素侵害的结果，特征是体积增大，变硬，增温，有压痛反应。下颌淋巴结急性肿胀见于马腺疫、急性鼻疽、牛结核病、咽炎等；体表淋巴结均肿大时，见于牛白血病和泰勒虫病等。

（6）脉搏检查。现在通常借助心脏听诊来代替脉搏检查。脉搏数增多，见于热性病（体温每升高1℃，脉搏增加8～10次）、疼痛性疾病、贫血、心力衰竭及某些中毒病；脉搏数减少，可见于引起颅内压增高的疾病、房室传导阻滞及动物濒死期等。

（7）呼吸系统检查。呼吸数增多在临床上最常见，如发热性疾病；呼吸数减少，见于脑积水、生产瘫痪和气管狭窄等。

正常时动物的呼吸为胸腹式，若变为胸式呼吸，则病变在腹部；若变为腹式呼吸，病变多在胸部。呼吸困难多见于呼吸器官本身疾病、心力衰竭、循环障碍、中毒等。

如果呼吸系统有炎症，可流出较多鼻液。鼻液呈粉红色或鲜红色而混有许多小气泡，可能是肺气肿、肺充血、肺出血。

3. 叩诊 胸部叩诊主要判断叩诊音的变化，肺存在较大范围炎症或肝变区时呈浊音，胸腔积液时呈水平浊音，有轻度浸润或水肿时呈半浊音，肺泡充气而同时肺泡弹性降低时呈鼓音。

4. 听诊 肺部听诊时，肺泡呼吸音增强见于发热性疾病和支气管肺炎，肺泡呼吸音减弱或消失见于慢性肺泡气肿或支气管阻塞等；当支气管黏膜上有黏稠分泌物、支气管黏膜发炎肿胀或支气管痉挛时，可听到干啰音，是支气管炎的典型症状；当支气管中有大量稀薄的液状分泌物时，可听到湿啰音，见于支气管炎、各型肺炎、肺结核等侵及小支气管的情况。

三、病理学检查

患各种疫病而死亡或为了确诊而处死的动物尸体，多呈现一定的病理变化，可作为诊断的重要依据。病理学检查方法主要包括病理解剖学检查法、病理组织学检查法、组织细胞学检查法和分泌物检查法等。

1. 病理解剖学检查 主要是应用病理解剖学知识，对动物尸体进行剖检，观察其病理变化。

尸体剖检时，应先观察尸体外表，注意其营养状况、皮毛、可视黏膜及天然孔的情况。进行剖检时，应在严密消毒和隔离情况下进行，以防剖检时的血、尿等污染而引起病原扩散，造成疾病的流行。如果怀疑为患烈性传染病（如炭疽、狂犬病等）的动物尸体，则严禁剖检。

在进行尸体剖检时，应采用重点检查和系统检查相结合的方法进行，目的是找到典型病理变化，做出初步分析和诊断。

动物检疫中用的病理学检查法不同于病理学的尸体剖检，其特点是以能检查出是哪种疫病为限，一般不宜扩大检查范围，只是在某些情况下找不出病死的原因时，才做全面系统的病理剖检。

2. 病理组织学检查 对肉眼看不清楚或疑难疫病，病理剖检难以得出初步结论时，应采取病料做组织切片，在显微镜下观察其细微的病理变化，借以帮助诊断。

3. 组织细胞学检查 动物机体组织细胞学检查对鉴别肿瘤和炎症反应具有很高的使用

价值。对查明传染病病原如细菌、病毒包含体、真菌、支原体和寄生虫也有一定的意义。

（1）淋巴结的细胞学检查。淋巴结的炎症病变由于病因不同，有中性粒细胞、嗜酸性粒细胞和巨噬细胞出现，有时还可检出传染性病原体（如细菌、真菌或寄生虫等）。另外，如在正常淋巴结中发现大量肥大细胞，则表明有转移性肿瘤存在。

（2）皮肤和皮下组织的检查。主要目的是鉴别诊断炎症和非炎症，非炎症病理损害属于肿瘤性还是非肿瘤性的。在炎症过程中，炎性细胞（如中性粒细胞、巨噬细胞、嗜酸性粒细胞、淋巴细胞和浆细胞）占优势，甚至还可见到病原体。

4. 体液和分泌物的检查 体液及分泌物的材料更易获得，对某些疾病的诊断、检验也具有一定的价值。体液包括渗出液和漏出液，来源于炎症和非炎症，异常增多者为体腔积液。分泌物来自器官（各个天然孔），其性质视感染和非感染而定，其中较有诊断意义的是母畜在病理期以及在发生性行为和处于分娩期时阴道的分泌物。

四、病原学检查

利用兽医微生物学和寄生虫学的方法检查动物疫病的病原体，是诊断动物疫病的一种比较可靠的方法。

1. 细菌性疫病的病原学检查 病原菌的鉴定通常依据细菌的形态、生化反应、抗原性等进行检查。

（1）病原菌的形态学观察。细菌形态上的差别比较容易观察出来。常依据形态特点（显微镜下菌体的形态和菌落的形态学）进行分类。

（2）病原菌的生化试验。不同菌类的新陈代谢产物不同，可以通过检查其代谢产物而区别开。通常根据细菌的生化特性确定到种。

（3）血清学试验。细菌细胞、鞭毛、荚膜以及毒素上的抗原物质在血清学反应上是具有特异性的，通过用血清学试验可进行细菌属内分群和种内分型。

2. 病毒性疫病的病原学检查 动物病毒性疫病的病原鉴定通常分为分离培养鉴定和血清学鉴定。

（1）病毒的分离培养鉴定。病毒的初步鉴定，主要是在详细调查流行病学的基础上，有目的地采取病料，初步鉴定分离培养的病毒。

（2）病毒的血清学鉴定。采用血清学试验方法鉴定病毒的种类。

3. 寄生虫性疫病的病原学检查 动物寄生虫性疫病的病原检查，通常采用虫卵及幼虫检查法和虫体检查法。

（1）寄生虫虫卵及幼虫的检查。常采取粪便检查，建立确诊。

（2）寄生虫虫体的检查。寄生虫体检查多采用肉眼观察、放大镜观察和显微镜检查建立确诊。血液寄生虫应采血染色镜检，组织内寄生虫采取寄生部位组织镜检，外寄生虫采取皮屑镜检，大体型的虫体可用肉眼或放大镜检查。

五、免疫学检查

免疫学检查是利用抗原和抗体特异性结合的免疫学反应进行诊断。用于检疫的免疫学方法主要有血清学试验和变态反应。

1. 血清学试验 血清学试验可采用已知抗体来鉴定未知抗原或采用已知抗原来检测未

知抗体（血清）。

由于血清学试验的特异性强、敏感性高，可为确诊提供可靠依据。常用的有凝集试验、琼脂凝胶免疫扩散试验、补体结合试验、红细胞凝集试验、中和试验等，还有酶联免疫吸附试验、免疫酶技术、免疫荧光技术、免疫电镜技术等，为动物疫病的检疫开辟了广阔的途径。

2. 变态反应法 疫病在传染过程中引起以细胞免疫为主的第Ⅳ型变态反应，具有很高的特异性和敏感性。

六、分子生物学技术检查

1. 核酸探针技术 核酸探针是指带有标记物的已知序列的核酸片段，它能和与其互补的核酸序列杂交，形成双链，所以可用于待测核酸样品中特定基因序列的检测。每一种病原体都具有独特的核酸片段，通过分离和标记这些片段就可制备出探针，用于检测任何特定病原微生物，并能鉴别密切相关的毒（菌）株和寄生虫。

2. PCR技术 PCR技术主要用于传染病的早期诊断和不完整病原检验，还可鉴别比较近似的病原体，如蓝舌病病毒与流行性出血热病毒，不同种类的巴贝斯虫等。

3. 限制性核酸内切酶图谱分析 限制性核酸内切酶图谱分析技术通过酶切消化微生物DNA，然后电泳染色呈现大小不一的片段，对这些片段的迁移率及数量进行分析，便可了解到病原微生物遗传物质的一定特性，从而推断出DNA间存在的相似性或差异性，是病原变异、毒株鉴别、分型及了解基因结构和进行流行病学研究的有效方法，对动物检疫具有很重要的实用意义。

4. 寡核苷酸图谱分析 寡核苷酸图谱分析是指核酸或核酸片段经 T_1 核酸酶切割后电泳，少数分子质量较大的酶切核酸片段在聚丙烯酰胺凝胶上分布特点的比较。因为它是通过少数核酸片段来了解整个核酸的特征，如同根据指纹特点识别人，进而推断案情，因此又称为指纹图谱分析（analysis of finger-print map）。该方法操作简便，敏感度高，能显示出核酸间细小的差别，特别是对RNA病毒的鉴别，病毒遗传变异鉴定及有效区别疫苗株和野毒株，对动物的检疫具有重要的意义。目前广泛用于口蹄疫病毒、蓝舌病病毒、脊髓灰质炎病毒、禽反转录病毒、马脑脊髓炎病毒、水疱性口炎病毒、轮状病毒等病原的检疫，其分析结果有时被仲裁机构作为处理经济纠纷的依据。

5. 核酸序列分析 遗传信息存在于4种单核苷酸（A、G、C、T/U）按不同顺序连接而成的核酸分子中，迅速准确地测定基因组的核酸序列，对于识别病原，揭示疫病变化规律是任何方法都不可相比的。

6. 限制性核酸片段多态性分析 每一限制性核酸内切酶在切割DNA分子时都有固定的切点顺序，DNA分子中核苷酸排列顺序的变化有可能使该切点丢失或增加。由于不同生物群体的DNA序列千差万别，因而用同一限制性内切酶消化后，所得DNA片段的长度分布也是千变万化的。这种酶切片段长度分布的多样性就称为限制性片段长度多态性（restriction fragment length polymorphism，RFLP）。RFLP主要用于生物群体的遗传分析，但也可用于动物检疫中病原体的检测。在研究肾型钩端螺旋体时，采用RELP技术几乎可将肾型钩体型内各血清亚型区分出来。DNA扩增片段长度多态性分析（amplification fragment length polymorphism，AFLP）、聚合酶链反应/限制性片段长度多态性分析法

（PCR/RFLP）和随机扩增多态性 DNA（RAPD），可用于对多种病原微生物进行分类和鉴定。

7. 基因芯片技术 基因芯片技术是一种高效、快速，同时测定基因组成千上万个基因活动的新技术，能用于揭示所有的基因转录表达层次上的信息。基因芯片又称为 DNA 芯片或 DNA 微阵列，是指采用原位合成或显微打印手段，按特定的排列方式固定了数以万计的基因探针/基因片段的硅片、玻片或塑料片。

基因芯片技术是高效地大规模获取相关生物信息的最有效的手段。该项技术是融合微电子学、生物学、物理学、化学、计算机科学为一体的高度交叉的新技术，在临床疾病诊断、药物筛选和新药开发、基因功能研究、环境保护、农业和畜牧业等方面，具有十分诱人的应用前景。

8. 生物传感器技术 生物传感器是将各种生物分子探针表面的生化反应转变成可定量测定的物理信号的一种电子元件，可以用于检测生物分子的存在和浓度等。

课后思考题

一、名词解释

群体检查 个体检查

二、填空题

1. 常用的检疫方法有________、________、________、________、________等。

2. 在临诊检查中，一般遵循先________、后________的原则。

3. 群体检查一般采用________、________、________的观察，即所谓“三态”检查法。

4. 个体检查方法包括________、________、________、________和________。

5. 动物病毒性疫病的病原鉴定，通常分为________和________。

6. 动物寄生虫性疫病的病原检查，通常采用________及________检查法和________检查法。

三、简答题

1. 试述检疫临诊检查包括的内容及检查方法?

2. 可用于检疫的分子生物学检测技术有哪些?

工作任务2 动物检疫样本的采集及处理

（一）病理组织学检查用病料的采集和保存

由于疾病种类繁多、病因复杂，针对不同的疾病应采取不同的病料。如果是群发病，最好采取2头（只）以上患病动物的病料。也可以从患病动物群中采取几头（只）不同疾病时期的病料。采取病料时，应选择临床症状明显和病理变化典型的动物。采取的病料力求新鲜、及时，最迟不要超过死亡后6h，尤其是在炎热的夏季，应避免尸体腐败（放于冰箱内

冷冻保存）。

1. 病料的采取 一般情况下，可根据病理剖检所见到的肉眼病理变化，有重点地选取一些病变明显的组织器官来采取病料。但如果缺乏临诊诊断，病理剖检时又难于分析判断属于何种疫病时，应全面取材，如肝、脾、肺、肾、脑、淋巴结、胃、肠等，同时要注意采取带有病变的部分。选取的组织要有代表性，应切取包括病变部和其邻接的无肉眼病变的组织，而且要包括器官的重要结构部分，如肾应包括皮质、髓质和肾盂，肺、肝、脾应包括被膜。较重要的病变要多取几块，以展示病变的发展过程。

2. 病理组织学检查用病料的保存 采取的组织块通常用10%福尔马林或95%乙醇或无水乙醇固定。固定液的量应是病料体积的5～10倍，固定时间需12～24h，若组织块较大，也可延长固定时间。

（二）微生物检疫病料的采集和保存

由于采取的材料是用来进行微生物分离培养和鉴定，病料的采集和保存是否得当至关重要。只有采取含病原体最多的病料，才能检出患病动物体内的病原体。不同的病原体，在患病宠物体内的分布情况不同。即使是同一种疫病，在不同病型和不同病期中，病原体的分布也不尽相同。所以，在采集病料前，应根据流行病学调查和临诊检疫，对被检动物可能患的疫病，做出初步诊断后，针对该疫病病原体可能存在的部位，采取最适宜的病料进行检查，才能比较容易检查出病原体，而不致漏检。

剖检前检查凡发现患病动物有急性死亡时，必须用显微镜检查其血液涂片触片中是否有炭疽杆菌存在。如动物突然死亡，天然孔出血，血液不易凝固，怀疑是炭疽时，对尸体绝对不能剖检。

采样所用的刀、剪、镊子等用具必须灭菌后使用，使用过程中可随时在火焰上灭菌；盛装病料的器皿（玻璃制品、陶制品及搪瓷制品等）、注射器、针头等在高压灭菌器内或干燥箱内灭菌，或放于0.5%～1%碳酸氢钠水溶液中煮沸；软木塞和橡皮塞置于0.5%石炭酸水溶液中煮沸10min。载玻片应在1%～2%碳酸氢钠水溶液中煮沸10～15min，水洗后，再用清洁纱布擦干，将其保存于乙醇、乙醚等液中备用。

每采取一种病料，使用一套器械和容器，不能用其再采取或装其他病料。

（三）患病动物活体细菌病料的采集和保存

1. 血液 应在疾病的发病初期、急性期和发热期采取血液。血液应加抗凝剂，用于细菌学检查时，常用5%柠檬酸钠溶液或0.1%肝素溶液（每10mL血液中加1mL）；用于病毒学检查，最好用乙二胺四乙酸二钠溶液（每10mL血液加20mg）。犬、猫多在前肢桡静脉，兔和猪多在耳静脉或前腔静脉，禽类多在翅静脉采血。注意：在被检血液中不能加入任何抗菌药物。

2. 乳汁 先用温水将乳房洗净，再用生理盐水洗一次，然后用70%乙醇溶液或5%硼酸溶液擦拭消毒或用消毒液（如1%～0.2%新洁尔灭溶液）清洗消毒乳房、乳头和挤乳者的手。然后先挤出最初4～5mL乳汁弃去，再用灭菌容器采取10mL乳汁，装入灭菌试管内，加塞密封，冷藏保存。

3. 口、鼻分泌物 用灭菌棉拭子从口腔、鼻腔深部或咽部拭取分泌物，立即装入灭菌试管内密封，冷藏保存。

4. 脓汁或局部肿胀渗出液 先在肿胀局部剪毛消毒，对未破口的肿胀病灶，用灭菌注射器和针头抽取脓汁或渗出液。如脓汁黏稠，先在脓肿内注射适量灭菌生理盐水再抽取或切开脓肿吸取。

5. 体腔液、脑脊液、关节囊液等液体 采用穿刺法采取。将抽取的液体放入灭菌的有盖容器内，立即冷藏。

6. 尿液 在自然排尿时采取或用导尿管抽取中段尿 10～20mL，放入灭菌试管内。若在室温下放置 1h 以上，则不宜做细菌学检查。

7. 生殖道分泌物 用灭菌棉拭子采取阴道深部或宫颈分泌物，采取后立即放入盛有灭菌肉汤保存液的试管内，冷藏。粪便先用消毒液擦洗肛门周围的污染物，再用压舌板插入直肠并轻轻下压，使空气进入直肠刺激排粪，然后用消毒棉拭子采取粪便，置入装有少量灭菌缓冲盐水溶液的试管内，冷藏。

（四）死亡动物尸体细菌病料的采集和保存

采取病料时，先将动物尸体皮肤剥开，打开体腔，以无菌操作采取脏器病料。根据动物生前发病情况或对疾病的初步诊断，有选择性地采取相应含菌量最多的器官或内容物。若不好判定疾病的性质和种类，可采取各个部位的病料。

（五）患病动物活体病毒性疾病病料的采集和保存

采取活体病料必须在疾病发病初期、急性期或发热期，因为发病后病毒会很快从血液中消失，组织中的病毒也因抗体的产生而迅速下降。无论从活动物还是从死亡动物尸体采取病料，应注意既要避免污染，又要防止病毒失活。

1. 血液 采取的血液可加入抗凝剂（每 10mL 血液加入 0.1%肝素 1mL，每毫升血液中加青霉素 1 000IU、链霉素 1 000U 用于防腐）或直接采取后分离血清。将采取的病料放入灭菌容器内密封，冷藏。

2. 鼻液、唾液、眼分泌物及其他分泌物 用灭菌棉拭子采取，水疱液、脓疱液、组织渗出液用灭菌注射器和针头抽取，或用灭菌毛细管吸取。采取的分泌物病料应立即装入有保护液（如 pH 7.4 的磷酸盐缓冲液肉汤，并加双抗）的灭菌容器内，密封冷藏。

3. 病变皮肤 水疱皮、痘痂皮用消毒剪刀采取后放入有保护液的容器内，密封冷藏。

其他病毒性疾病病料的采取方法与细菌性疾病病料的相同。

（六）患病动物尸体病毒性疾病病料的采集和保存

1. 实质器官病料的采取 主要包括肝、肾、脾和淋巴结等。方法：首先用烧红的刀片烧烙器官表面，再用灭菌刀、剪从组织深部采取 1～2cm^3 组织材料，放入灭菌的容器内，同时还要做组织触片。

2. 液体病料的采取 包括胸腔积液、心血、胆汁、心包液、关节腔积液等。用灭菌的注射器或一次性注射器吸取，注入灭菌试管内，密封。脓汁、炎性分泌物可触片或涂片，取全血（加入抗凝剂）时应从耳静脉抽血，放入灭菌的试管内，加盖密封。

3. 肠内容物的采取 首先烧烙肠壁浆膜，用无菌吸管扎破肠壁，吸取内容物，放入装有无菌饱和生理盐水的容器中。

4. 胎儿的采取 可将小动物的胎儿装入塑料袋内或无菌采取某些组织器官。

上述病料可以低温冻结保存，也可放入装有保护剂的灭菌容器内。常用的保护剂有 10%灭菌兔血清、10%生理盐水卵黄液、灭菌脱脂乳以及 50%甘油生理盐水等。

用于血清学检验的材料（包括小肠、耳、脾、肝、肾及皮肤等）可用硼酸或食盐处理，

液体材料（如血清等）可每毫升加入3%～5%石炭酸溶液1～2滴。

（七）寄生虫检疫一般病料的采集和保存

用于检查寄生虫的病料，应在流行病学调查、临诊检查的基础上，按所怀疑的寄生虫所寄生的部位来采取样品，才能达到检疫的目的。

1. 粪便样品 应采取新排出的粪便或直接从直肠内采得，以保持虫体或虫体节片及虫卵的固有形态。采取的粪便以冷藏不冻结状态及时送实验室检查。

2. 皮屑 当检查动物的螨病（如疥螨、痒螨）时，在患病皮肤与健康皮肤交界处，用凸刃小刀，使刀刃与皮肤表面垂直，刮取皮屑，直到皮肤轻度出血，接取皮屑供检验。

3. 血液 有些丝虫（如犬心丝虫）的幼虫及血液原虫（如伊氏锥虫、梨形虫和住白细胞虫）均可在动物的血液中出现，这些病的确诊就依靠血液的检查。不同的血液寄生虫，在血液中出现的时机（白天或夜晚）及部位各不相同，所以要根据具体情况，采取相应时机和部位的血液制成血涂片，送实验室镜检。

（八）蠕虫检疫病料的采集和保存

采取患病动物或经驱虫后动物粪便中的虫体；在动物各脏器或冲洗物沉淀中收集蠕虫。

1. 吸虫的采取 发现吸虫时，应用毛笔、弯头解剖针或吸管，将虫体挑出，注意不要用镊子夹取，以免使虫体变形、受损。若虫体表面附有粪渣、黏膜等污物，应先放入1%食盐水溶液中；较小的虫体可放入加有食盐水的小试管中，加盖塞紧，充分振荡以除净污物。

2. 绦虫的采取 绦虫大多数寄生于肠管中，由于头节易断离，动作要轻。如果绦虫的头节牢固地附着在肠壁上，为采样完整，可将附有虫体的肠段剪下，同虫体一起浸入清水或生理盐水中。5～6h后，虫体会自行从肠壁上脱落，体节也自行展开。将采取的虫体放入劳氏固定液，在70%酒精或5%福尔马林溶液中固定。大型绦虫一般只取头节、成熟体节、孕卵体节，用滤纸吸干，压在两张载玻片中间固定。

3. 线虫的采取 线虫主要寄生于肺部，可用毛笔或弯头解剖针将虫体挑出，放入生理盐水中洗净，用70%酒精或含3%～5%甲醛溶液的生理盐水，或用10mL甲醛、10mL冰醋酸和80mL水配制的甲醛冰醋酸固定液固定。

4. 蠕虫卵的采取 可采用漂浮法、沉淀法或筛兜集卵法从动物粪便中获取虫卵，也可将寄生虫放入生理盐水中令其产卵后收集，或将虫体破坏，取其含卵部分研碎，部分虫卵可自动游出。

（九）原虫检疫病料的采集和保存

根据原虫的寄生部位不同，可用以下方法采取。

1. 生殖道原虫的采取 从阴道与子宫的分泌物、流产胎儿的羊水、羊膜或包皮内采取。

2. 粪便内原虫的采取 主要采取球虫卵囊，即取患病动物新排出的粪便，进行直接抹片或浓集法处理检查，以提高检出率。

3. 组织内原虫的采取 有些原虫可以在动物体的不同组织内寄生。从动物尸体取一小块组织进行抹片或触片检查。

4. 原虫样品的保存 伊氏锥虫可在实验动物和鸡胚中通过接种方式保存；巴贝斯虫通过其各自的终末宿主和中间宿主进行保存；泰勒虫可通过其自然宿主继代和组织培养保存；球虫常用方法是卵囊保存；弓形虫可通过多种实验动物继代培养保存，也可通过组织培养保存或在鸡胚中保存，或将虫体保存于5%甘油溶液中。

（十）昆虫检疫病料的采集和保存

1. 动物体上昆虫、蜱和螨的采取 在动物体表上常有吸血虱、毛虱、虱蝇、蚤和蜱类寄生，先用手捏或小镊子镊取，或将附有虱体的羽或毛剪下，装入培养皿中。

寄生于动物体上的蜱类将假头刺入皮肤深部，在采取时应避免将其折断留在皮肤内。

动物体上的蚤类多数活动性强，采样较困难。可以用布将动物体包裹，再撒些樟脑，蚤即落在布上。也可用杀虫药喷洒动物体，待蚤类死亡后采取。

2. 周围环境中昆虫、蜱和螨的采取 双翅目吸虫昆虫成虫的采取，白天可用一大口径试管扣捕；夜间可在动物体上用试管扣捕。吸血的蝇、虻、蚋可在动物舍内或动物体上用手或试管捕获。

在圈舍地面和墙缝内可见到昆虫、蜱和螨，在圈舍内和运动场的疏松潮湿的土中，常可见到牛皮蝇、马胃蝇或羊狂蝇的成熟幼虫（应考虑季节性）或蛹。也可同沙土收集于广口瓶中，罩上纱布，待其在瓶中羽化。牛圈的墙壁缝隙或墙边，常可见到璃眼蜱。在鸡舍的窝架上，常可见到软蜱和刺皮螨。

牧草地上用白绒布一块（长45～100cm，宽25～100cm），一边穿上木棍，在木棍两端系以长绳，以便拖拽。用其在草地上拖动，蜱可附着在布面上，然后收集于瓶内。

（十一）病料的运送

病料应尽快送实验室检验，若延误送检时间，常会严重影响检疫结果。根据病料的性状及检疫的要求不同，应做暂时性冷藏、冷冻或其他处理。供细菌检验及血清学检验的样品，放在装有冰块的保温瓶内运送，且必须在24h内送到；供病毒检验的样品，冷藏处理后必须在数小时内送达实验室，运输时间较长时应冻结处理（冻结方法：将样品放入－30℃冰箱内冻结，然后再装入有冰块或干冰的冷藏瓶内运送。亦可将装有样品的容器放入保温瓶内，再放入冰块，然后每100g冰块加入约35g食盐，立即将保温瓶瓶口盖紧，瓶内温度可控制在－20℃左右）。在24h内不能送到实验室的样品，在运送过程中必须保持样品温度处于－20℃以下。

课后思考题

一、填空题

采取的组织块通常用__________或__________或无水乙醇固定。

二、简答题

1. 病理组织学检查用的病料如何采集和保存？
2. 患病动物活体细菌病料如何采集和保存？
3. 原虫检疫病料如何采集和保存方法？
4. 蠕虫检疫病料如何采集和保存？
5. 简述动物体上昆虫、蜱和螨的采集方法。
6. 简述病料的采取方法。
7. 简述患病毒性疾病动物活体病料的采集和保存方法。

三、简答题

寄生虫检疫病料如何采集和保存？

工作任务3 动物的检疫方式

（一）现场检疫

1. 现场检疫的概念 现场检疫是指在动物交易、待宰、待运或运输前后，以及到达口岸时，在现场对其集中进行的检疫方式。现场检疫方式适用于内检和外检的各种动物检疫，是一种常用而且必要的检疫方式。

2. 现场检疫的一般内容

（1）查证验物。查证就是查看无有检疫证书，检疫证书是否由法定检疫机构出证，检疫证书是否在有效期内，查看贸易单据、合同以及其他应有的证明。验物就是核对被检动物的种类、品种、数量、产地等是否与上述证单相符合。

（2）三观一查。三观是指临诊检疫中群体检疫时对被检动物静态、动态和饮食状态三方面的观察，一查是指临诊检疫中的个体检查。

3. 某些情况下的现场检疫内容 当经过现场一般检疫后，若发现可疑患病动物，并经过个体详细临诊检查后认为患有传染病和寄生虫病时，必须进行更详细地检疫，如疫情调查、病理剖检和实验室检查，并对病死动物进行消毒和处理。

（二）隔离检疫

1. 隔离检疫的概念 隔离检疫是指将动物放在具有一定条件的隔离场或隔离圈（列车箱、船舱）进行的检疫方式。隔离检疫主要用于出入境检疫，跨省、自治区、直辖市引进动物检疫，输到无规定动物疫病区的动物检疫，建立健康畜群时的净化检疫。

2. 检疫隔离场的条件 为防止动物疫病的传播，动物检疫隔离场应具备一定的条件：相对偏僻、有隔离设施、有消毒和尸体处理设施，并能供应水、电，夏有防晒、冬有保暖条件，有汽车道路。

3. 隔离检疫的内容 隔离检疫的主要内容是隔离临诊检查和实验室检查。

（1）临诊检查。动物在隔离场期间，必须按规定进行临诊健康检查。如观察动物静态、动态和饮食状态，并定时进行体温检查，以便及时掌握动物的健康状况。一旦发现可疑患病动物，应及时采取病料送检。若有病死动物时，应及时剖检，并做好有关记录。

（2）实验室检查。动物在隔离期间，按照我国有关规定，或两国政府签订的协议条款，以及双方合同的要求，进行规定项目的实验室检查，并严格按照有关规定进行检疫后的处理。

课后思考题

一、名词解释

现场检疫　隔离检疫

二、填空题

现场检疫的一般内容包括__________和__________。

三、简答题

简述隔离检疫的内容。

模块3　国内动物检疫

根据实施检疫的环节不同，20世纪80年代之前国内动物检疫被划分为产地检疫、屠宰检疫、运输检疫和市场检疫。其中的运输检疫，根据实施的场所不同，又分为公路检疫、铁路检疫和航运检疫（包括水运和空运）。

20世纪80年代后期，我国提出并推行运输检疫监督和市场检疫监督。随着我国动物防疫检疫法律、法规体系不断完善和兽医行政管理、行政执法、技术支持体系的建立，运输检疫和市场检疫被纳入了日常动物卫生监督管理的范畴，国内动物检疫也就分成了产地检疫和屠宰检疫两大环节。根据《动物防疫法》（2008年1月1日起施行）和《动物检疫管理办法》（农业部令2010年第6号，自2010年3月1日起施行）的规定，我国国内动物检疫的内容应包括产地检疫、屠宰检疫、检疫监督、无规定动物疫病区动物检疫、检疫审批等几个方面。

工作任务1　产地检疫

产地检疫是指为了防止动物疫病传播，促进养殖业发展，保护人体健康，维护公共卫生安全，对出售或者运输的动物、动物产品在离开饲养、生产地之前，由动物卫生监督机构及其官方兽医，依照法定的条件和程序，对法定检疫对象进行认定和处理的行政许可行为。

产地检疫是整个动物检疫工作的基础和重要环节，通过防止染疫动物和动物产品进入流通领域，直接起到避免动物疫病传播的作用。

（一）产地检疫的特点

（1）动物产地检疫是一种行政许可行为，即事前审批。动物及动物产品在实施产地检疫时，必须符合动物防疫法律规范的法定条件；动物产地检疫属于行政许可行为，按照《中华人民共和国行政许可法》的规定执行。

（2）动物产地检疫具有强制性。主要体现在对检疫不合格或不符合检疫条件的动物、动物产品的无害化处理，即以国家强制力为后盾。

（3）动物产地检疫强调对禁止的解除。动物检疫界定行政许可行为，强调的是符合条件，即对禁止的解除。

（4）实施检疫的机构和人员必须有法律的明确授权，其检疫行为必须以法定的检疫对象为依据。

（5）检疫行为必须在动物及其产品原产地实施。产地检疫最本质的特征就是要求要在动物或动物产品的原产地进行，亦即到场、到户实施检疫。

（二）产地检疫的意义

开展产地检疫，对于切实贯彻“预防为主”的方针，有效防止动物疫病传播，使基层防疫和流通监管有机结合，建立“防检监”三位一体的工作格局，促进动物及产品流通，防止地方贸易壁垒等方面具有重要意义。

（1）通过产地检疫能够及时发现动物疫情，及时采取防控措施，将动物疫病控制在局部。

（2）进行产地检疫，使检疫人员有较充裕的时间从容开展包括实验室检测在内的各项检疫活动，以便采取正确的处理措施，提高了检疫的科学性。

（3）实施动物产地检疫时，通过对强制免疫接种情况、免疫档案是否齐全、是否佩戴了法定的动物标识等的检查，督促动物饲养经营者履行法定防疫义务，使基层防疫工作和检疫工作有机结合，实现了以检促防。

（三）产地检疫的组织

（1）产地检疫一般是到现场或指定地点实施检疫。

（2）实施产地检疫的人员为动物卫生监督机构指派的官方兽医。

（3）产地检疫对象，根据农业部制定的《家禽产地检疫规程》《马属动物产地检疫规程》和《跨省调运种禽产地检疫规程》等规定。

（四）产地检疫的程序

动物产地检疫按以下程序进行。

1. 申报检疫 动物、动物产品在离开产地前，货主应当按规定时限向所在地动物卫生监督机构申报检疫，并填写检疫申报单（表3-3-1）。

表3-3-1 动物检疫申报单

NO. ________

申　报：________________ 联系电话号码：________________

动物、动物产品种类型：________ 数量及单位：________

来　源：________________ 用　途：________________

启运地点：________________

启运时间：________________ 到达时间：________________

本批动物、动物产品符合《动物防疫法》的规定，特申报检疫。

申报人签章：

申报时间：　年　月　日

注：一式二份，由申报人填写。

（1）申报时间。①出售、运输的动物产品和供屠宰、继续饲养的动物，应当提前3d申报检疫；②出售、运输乳用动物、种用动物及其精液、卵、胚胎、种蛋，以及参加展览、演出和比赛的动物，应当提前15d申报检疫；③向无规定动物疫病区输入相关易感动物、易感动物产品的，货主除按规定向输出地动物卫生监督机构申报检疫外，还应当在起运3d前向输入地省级动物卫生监督机构申报检疫；④合法捕获的野生动物，应当在捕获后3d内向捕获地县级动物卫生监督机构申报检疫；⑤出售或者运输水生动物的亲本、幼体、受精卵及其他遗传育种材料等水产苗种的，货主应当提前20d向所在地县级动物卫生监督机构申报检疫；⑥养殖、出售或者运输合法捕获的野生水产苗种的，货主应当在捕获野生水产种后2d内向所在地县级动物卫生监督机构申报检疫。

（2）申报方式。申报检疫采取申报点填报、传真、电话等方式申报。采用电话申报的，需在现场补填检疫申报单。

（3）申报应提交的材料。申报检疫的，应当提交检疫申报单；跨省、自治区、直辖市调运乳用动物、种用动物及其精液、胚胎、种蛋的，还应当同时提交输入地省、自治区、直辖市动物卫生监督机构批准的跨省引进乳用种用动物检疫审批表，并确认有效。

2. 申报受理 动物卫生监督机构在接到检疫申报后，根据当地相关动物疫情情况，决定是否予以受理。受理的，填写检疫申报受理单（表 3-3-2），及时派出官方兽医到现场或到指定地点实施检疫；不予受理的，应说明理由。

表 3-3-2 动物检疫申报受理单

NO. ________

处理意见：

☐ 受理：本所拟于 ________年________月________日________时派员到______________

__________________________（地点）实施检疫。

☐不受理：理由

受理人： 联系电话：

动物检疫专用章

注：一式二份，由动物卫生监督所填写。

3. 查验资料及动物标识

（1）官方兽医应查验饲养场（养殖小区）动物防疫条件合格证和养殖档案，了解生产、免疫、监测、诊疗、消毒、无害化处理等情况，确认饲养场（养殖小区）6 个月内未发生相关动物疫病，确认动物已按国家规定进行强制免疫，并在有效保护期内，还应查验种畜禽生产经营许可证。

（2）官方兽医应查验散养户防疫档案，确认动物已按国家规定进行强制免疫，并在有效保护期内。

（3）官方兽医还应查验动物标识加施情况，确认其佩戴的动物标识与相关档案记录相符。

（4）调运精液和胚胎的，还应查验其采集、存储、销售等记录，确认对应供体及其健康状况。

（5）跨省调运种蛋，还应查验其采集、消毒等记录，确认对应供体及其健康状况。

4. 临床检查 临床检查采用群体检查和个体检查相结合的方法。

5. 实验室检测 对怀疑患有产地检疫规程规定的疫病及临床检查发现其他异常情况，应按相应疫病防治技术规范进行实验室检测。实验室检测必须由省级动物卫生监督机构指定的具有资质的实验室承担，并出具检测报告。

6. 检疫结果处理

（1）经检疫合格的动物、动物产品，由官方兽医出具加盖动物卫生监督机构印章的动物检疫合格证明。

（2）经检疫不合格的，官方兽医出具检疫处理通知单（表 3-3-3），并监督货主按照农业农村部规定的技术规范处理。

（3）临床检查发现患有动物产地检疫规程规定动物疫病的，扩大抽检数量并进行实验室检测。

（4）发现患有动物产地检疫规程规定检疫对象以外的动物疫病，影响动物健康的，应按规定采取相应防疫措施。

（5）发现不明原因死亡或怀疑为重大动物疫情的，应按照《动物防疫法》《重大动物疫情应急条例》和“农业农村部关于做好动物疫情报告等有关工作的通知”等有关规定处理。

（6）病死动物应在动物卫生监督机构监督下，由动物主人按照《病死及病害动物无害化处理技术规范》（农医发［2017］25号）规定处理。

（7）动物启运前，动物卫生监督机构必须监督动物主人或承运人对运载工具进行有效消毒。

（8）准备调运的种用动物，无有效种畜禽生产经营许可证、动物防疫条件合格证和无有效的实验室检测报告的，检疫程序终止。

表3-3-3 动物检疫处理通知单

__________动检处（ ）年第 号

货（畜）主		联系电话	
通讯地址、邮编			
动物或动物产品名称			
数 量			
产地或存放地			
运输工具		包装材料	
上列动物（动物产品）经检验不合格，根据《中华人民共和国动物防疫法》第四十八条和《动物检疫管理办法》第十八条的规定，必须按照《病死及病害动物无害化处理技术规范》（农医发［2017］25号）的要求，做（焚毁、掩埋、化制、消毒）生物安全处理。处理费用由货主承担。 签发机关（盖检疫专用章） 官方兽医 签发日期： 年 月 日 （签名或盖章） 货（畜）主签名： 签收日期： 年 月 日			

注：1. 本通知单一式二份，一份交受检单位或个人，一份存签证机关。

2. 数量单位：千克、头、只、羽。

7. 检疫记录

（1）填写检疫申报单。动物卫生监督机构必须指导动物主人填写检疫申报单。

（2）做好检疫工作记录。官方兽医必须填写动物检疫现场记录（表3-3-4）。

检疫申报单和检疫现场记录表应保存12个月以上。

表3-3-4 动物检疫现场记录表

基本情况	现场检疫时间		年 月 日 时			
	现场检疫地点					
	货主姓名			联系电话		
	货主地址					
	检疫动物种类		用途		动物总数	
	动物饲养地详细地址					

（续）

查验材料与疫情调查	经强制免疫	□ 是	免疫有效期	□ 在	养殖档案	□ 符合
		□ 否		□ 不在		□ 不符合
	动物标识	□ 符合	封锁区	□ 是	养殖场疫情	□ 有
		□ 不符合		□ 否		□ 无
临床健康检查	饮食状态	□ 正常	呼吸状态	□ 正常	走动状态	□ 正常
		□ 异常		□ 异常		□ 异常
	精神状态	□ 正常	头部检查	□ 正常	四肢检查	□ 正常
		□ 异常		□ 异常		□ 异常
	体表或皮肤检查	□ 正常	体温测量	□ 正常	排泄物检查	□ 正常
		□ 异常		□ 异常		□ 异常
	其他检查项目					
检疫结果	检疫合格数		出具检疫证名称		检疫证号码	
	检疫不合格数		不合格原因		处理方式	
检疫人员签名		动物主人/货主确认	我见证了以上检疫过程，情况属实！ 签名： 年 月 日 时			

（五）犬产地检疫规程

为规范犬、猫和兔的产地检疫，按照《中华人民共和国动物防疫法》《动物检疫管理办法》规定，我国农业部2011年发布了《犬产地检疫规程》《猫产地检疫规程》和《兔产地检疫规程》（农医发［2011］24号）。

1. 适用范围 本规程规定了犬产地检疫的检疫对象、检疫合格标准、检疫程序、检疫结果处理、检疫记录和防护要求。本规程适用于中华人民共和国境内犬的产地检疫。人工饲养、合法捕获的野生犬科动物的产地检疫参照本规程执行。

2. 检疫对象 狂犬病、布鲁氏菌病、钩端螺旋体病、犬瘟热、犬细小病毒病、犬传染性肝炎、利什曼病。

3. 检疫合格标准

（1）来自未发生相关动物疫情的区域。

（2）免疫记录齐全，狂犬病疫苗免疫在有效期内。

（3）临床检查健康。

（4）本规程规定需进行实验室疫病检测的，检测结果合格。

4. 检疫程序

（1）申报受理。饲养者应在犬实施狂犬病疫苗免疫21d后申报检疫，填写检疫申报单。动物卫生监督机构在接到检疫申报后，根据当地相关动物疫情情况，决定是否予以受理。受理的，应当及时派出官方兽医到现场或到指定地点实施检疫；不予受理的，应说明理由。

（2）查验资料。①应当查验犬养殖场的动物防疫条件合格证和养殖档案，了解生产、免疫、监测、诊疗、消毒、无害化处理等情况，确认狂犬病疫苗免疫在有效期内，饲养场未发生相关动物疫病；②应当查验个人饲养犬的免疫信息，确认狂犬病疫苗免疫在有效期内；③

应当查验人工饲养、合法捕获的野生犬科动物的相关证明。

（3）临床检查。

①检查方法。

a. 群体检查。从静态、动态和采食状态等方面进行检查。主要检查犬群体精神状况、外貌、呼吸状态、运动状态、饮食情况及排泄物状态等。

b. 个体检查。通过视诊、触诊和听诊等方法进行检查。主要检查犬个体精神状况、体温、呼吸、皮肤、被毛、可视黏膜、胸廓、腹部及体表淋巴结，排泄动作及排泄物性状等。

②检查内容。

a. 出现行为反常、易怒、有攻击性、狂躁不安、高度兴奋、流涎等症状的，怀疑感染狂犬病。有些患病犬表现为狂暴与沉郁交替出现，表现特殊的斜视和惶恐；自咬四肢、尾及阴部等；意识障碍、反射紊乱、消瘦、声音嘶哑、夹尾、眼球凹陷、瞳孔散大或缩小；下颌下垂、舌脱出口外、流涎显著、后躯及四肢麻痹、卧地不起等症状。

b. 出现母犬流产或产死胎、产后子宫有长期暗红色分泌物、不孕、关节肿大、消瘦；公犬睾丸肿大、关节肿大、极度消瘦等症状的，怀疑感染布鲁氏菌病。

c. 出现黄疸、血尿、腹泻或排黑色粪便、精神沉郁、消瘦等症状的，怀疑感染钩端螺旋体病。

d. 出现眼、鼻有脓性分泌物，脚垫粗糙增厚，四肢或全身有节律性地抽搐等症状的，怀疑感染犬瘟热。有的出现发热、眼周红肿、打喷嚏、咳嗽、呕吐、腹泻、食欲不振、精神沉郁等症状。

e. 出现呕吐、腹泻、粪便呈咖啡色或番茄酱样，带有特殊的腥臭气味等症状的，怀疑感染犬细小病毒病。有些出现发热、精神沉郁、不食；严重脱水、眼球下陷、鼻镜干燥、皮肤弹力高度下降、体重明显减轻、突然呼吸困难、心力衰竭等症状。

f. 出现体温升高、精神沉郁、角膜水肿、呈“蓝眼”、呕吐、不食或食欲废绝等症状的，怀疑感染犬传染性肝炎。

g. 出现鼻或鼻口部、耳郭粗糙或干裂，有结节或脓疱疹、皮肤黏膜溃疡、淋巴结肿大等症状的，怀疑感染利什曼病。有些出现精神沉郁、嗜睡、多饮、呕吐、大面积对称性脱毛、干性脱屑、罕见瘙痒，偶有结膜炎或角膜炎等症状。

（4）实验室检测。

①对怀疑患有本规程规定疫病及临床检查发现其他异常情况的，应按相应疫病防治技术规范进行实验室检测。

②实验室检测必须由省级动物卫生监督机构指定的具有资质的实验室承担，并出具检测报告。

5. 检疫结果处理

（1）经检疫合格的，出具动物检疫合格证明。

（2）经检疫不合格的，出具检疫处理通知单，禁止调运，并按照有关规定处理。

（3）发现死因不明或怀疑为重大动物疫情的，应按照《动物防疫法》《重大动物疫情应急条例》和《动物疫情报告管理办法》的有关规定处理。

（4）病死犬应当在动物卫生监督机构监督下，由饲养者按照《病死及病害动物无害化处理技术规范》（农医发［2017］25号）规定处理。

（5）运载工具、笼具等应当符合动物防疫要求，并兼顾动物福利。启运前，饲养者或承运人应当对运载工具、笼具等进行有效消毒。

6. 检疫记录

（1）检疫申报单。动物卫生监督机构应当指导饲养者填写检疫申报单。

（2）检疫工作记录。官方兽医必须填写检疫工作记录，详细登记饲养者姓名、地址、检疫申报时间、检疫时间、检疫地点、检疫动物种类、数量及用途、检疫处理、检疫证明编号等，并由饲养者签名。

（3）检疫申报单和检疫工作记录应保存12个月以上。

7. 防护要求

（1）从事犬产地检疫的人员要定期进行狂犬病疫苗免疫。

（2）从事犬产地检疫的人员要配备红外测温仪、麻醉吹管、捕捉杆、捕捉网、专用手套等防护设备。

（六）产地检疫的出证

《动物检疫管理办法》规定："出售或者运输的动物、动物产品经所在地县级动物卫生监督机构的官方兽医检疫合格，并取得动物检疫合格证明后，方可离开产地。"

经产地检疫合格的，由官方兽医出具动物检疫合格证明；经检疫不合格的，出具检疫处理通知单，并按照有关规定处理。

根据农业部制定的《动物检疫管理办法》等六个产地检疫规程的规定，产地检疫合格要符合以下条件。

1. 出售或运输动物的出证条件

（1）来自非封锁区或未发生相关动物疫情的饲养场（养殖小区）、养殖户。

（2）按照国家规定进行了强制免疫，并在有效保护期内。

（3）养殖档案相关记录和畜禽标识符合规定。

（4）临床检查健康。

（5）相应产地检疫规程规定需进行实验室疫病检测的，检测结果合格。

（6）调运的种用动物必须符合种用动物健康标准；调运精液、胚胎或种蛋的，其供体动物必须符合种用动物健康标准。

2. 合法捕获的野生动物的出证条件

（1）来自非封锁区。

（2）临床检查健康。

（3）农业农村部规定需要进行实验室疫病检测的，检测结果符合要求。

3. 出售、运输的种用动物精液（卵、胚胎或种蛋）的出证条件

（1）来自非封锁区或者未发生相关动物疫情的种用动物饲养场。

（2）供体动物按照国家规定进行了强制免疫，并在有效保护期内。

（3）供体动物符合动物健康标准。

（4）农业农村部规定需要进行实验室疫病检测的，检测结果符合要求。

（5）供体动物的养殖档案相关记录和畜禽标识符合农业农村部规定。

4. 水产苗种的出证条件

（1）该苗种生产场近期未发生相关水生动物疫情。

（2）临床健康检查合格。

（3）农业农村部规定需要经水生动物疫病诊断实验室检验的，检验结果符合要求。

课后思考题

一、名词解释

产地检疫

二、填空题

犬产地检疫的主要疾病：狂犬病、__________、__________、__________、__________、犬传染性肝炎和利什曼病等。

三、简答题

1. 简述犬产地检疫的主要程序。
2. 简述产地检疫的意义。

工作任务2　检疫监督

一、检疫监督

检疫监督是指动物卫生监督机构及其官方兽医，依法对饲养、屠宰、流通运输、市场经营等环节的动物及动物产品检疫情况进行检查、监督并提出处理、处罚意见或做出处理、处罚决定的一种行政执法行为。

1. 检疫监督的特点

（1）检疫监督的主体是动物卫生监督机构，具体的执法人员是官方兽医。

（2）检疫监督必须依据《动物防疫法》和《动物检疫管理办法》等法规进行。

（3）动物检疫遵循过程监管的原则。

2. 检疫监督的主要内容　随着畜禽定点屠宰、集中检疫和产地检疫制度的全面实施。修订后的《动物防疫法》（2008年1月1日起施行）和《动物检疫管理办法》（2010年3月1日起施行）在总结过去产地和屠宰检疫（两者主要是现场检疫）的基础上，建立了检疫申报、检疫审批、检疫处理、检疫监督等制度，强化了动物及动物产品源头检疫，严格动物及动物产品流通、销售等环节的监管。这样，既有利于促进重大动物疫病防控和动物产品安全监管各项措施的落实，又能保证检疫把关和出证的科学性、有效性。

目前，动物检疫监督的主要内容是运输和市场的检疫监督。

二、运输检疫监督

运输检疫监督是指对通过铁路、公路、水路、航空运输的动物及动物产品，在运输前、运输过程中及到达运输地后的检疫情况进行检查、监督并提出处理、处罚意见或做出处理、处罚决定的一种行政执法行为。

1. 运输检疫监督的意义

（1）防止动物疫病传播。动物、动物产品进入运输流通环节后，有可能造成当地（产地）的疫病传播。因此，动物运输检疫监督在防止通过运输过程传播动物疫病方面有重要作用。

（2）促进产地检疫工作。凡未经产地检疫的动物、动物产品运出省境时，应视为不合格，要按规定给予处罚。

2. 运输前的检疫监督

（1）检疫监督的要求。《动物防疫法》和《动物检疫管理办法》规定：经铁路、公路、水路、航空运输动物和动物产品的，托运人托运时应当提供检疫证明；没有检疫证明的，承运人不得承运。屠宰、经营、运输以及参加展览、演出和比赛的动物，应当附有动物检疫合格证明；经营、运输的动物产品应当附有动物检疫合格证明和检疫标志。动物卫生监督机构可以查验检疫证明、检疫标志，对动物、动物产品进行采样、留验、抽检，但不得重复检疫收费。

（2）检疫监督的内容。

①经当地县级以上地方人民政府批准，派驻在车站、港口、机场等相关场所的官方兽医应对货主申请运输的动物或动物产品进行启运前的查证验物：①查验动物检疫合格证明，动物是否按规定佩戴标识，动物产品是否有规定的检疫标识。②查验物证是否相符合，物证相符并符合规定的准予运输。

②对依法应当检疫而未经检疫的动物，由动物卫生监督机构依照规定补检，并依照《动物防疫法》处理、处罚。补检合格的，由动物卫生监督机构出具动物检疫合格证明；不符合的，按照农业农村部有关规定进行处理。

③依法应当检疫而未经检疫的精液、胚胎、种蛋等，由动物卫生监督机构依照规定补检，并依照《动物防疫法》处理、处罚。补检合格的，由动物卫生监督机构出具动物检疫合格证明；不符合的，予以没收销毁。

④货主或者承运人应当在装载前和卸载后，对动物、动物产品的运载工具以及饲养用具、装载用具等，按照农业农村部规定的技术规范进行消毒，并对清除的垫料、粪便、污物等进行无害化处理。

3. 车站装卸动物或动物产品的检疫监督 对于车站发出或到站的装载动物及其产品的车辆，进行监装、监卸。官方兽医到场后的职责：检查车辆是否适合装运动物或其产品；检查车辆是否消毒，装载是否符合卫生要求；查验检疫合格证明，证物是否相符；检查动物途中和到站后有无病、死现象，凡符合要求者准予装、卸。对过境停留的运输动物及其产品的车辆，官方兽医应查验检疫证明、核对证物，并可登车检查有无病、死动物，如有应立即剔出，监督货主进行无害化处理。

4. 运输中的检疫监督

（1）检疫监督的要求。《动物防疫法》规定："为控制、扑灭动物疫病，动物卫生监督机构应当派人在当地依法设立的现有检查站执行监督检查任务；必要时，经省、自治区、直辖市人民政府批准，可以设立临时性的动物卫生监督检查站，执行监督检查任务。"

（2）检疫监督的内容和程序。在公路交通要道设立的动物卫生监督检查站对运输的动物及动物产品进行监督检查，并要实行 24h 值班，对动物及动物产品运输实施有效监管。

动物卫生监督检查站的官方兽医对运输的动物、动物产品实施检查后，对符合规定、证物相符、检查合格的，在检疫证明上加盖全国统一格式的"动物卫生监督检查专用章"，并做好相关登记，准予通过。

经检查不合格的，由执法人员按照下列规定进行处理：

①对违反动物防疫有关法律、法规的，依法进行处理、处罚；对没有检疫证明的，要严格实施处罚后按规定补检，补检的具体规定见前述内容。

②对依法应当加施动物标识而没有动物标识的，依法进行处理处罚。

③对检疫证明填写不规范，但其他方面均符合要求的，签章注明后予以放行，并由所在地动物卫生监督机构将相关情况通报给输出地动物卫生监督机构，不得将检疫证明填写不规范的责任转嫁给持证人。

④对持伪造或涂改检疫证明的，留验动物及动物产品，由检查站所在地动物卫生监督机构对动物主人或承运人进行立案查处。

⑤对疑似染疫的动物及动物产品，由所在地动物卫生监督机构采取隔离、留验等措施，经确认无疫病后，方可放行。

⑥对查获的病死动物及染疫动物产品，按规定做无害化处理。对中途卸下而做无害化处理的，在检疫证明上注明有关情况，加盖公路检查站签证专用章。

⑦发现可疑重大动物疫情时，按有关规定进行处理。

公路动物卫生监督检查站应当做好动物检疫监督记录，填写监督检查登记表，并建立完整的监督检查档案。检查记录和档案保存时间不得少于2年。

三、市场检疫监督

市场检疫监督是指对市场交易的动物及动物产品，在进入市场前和市场交易过程中的检疫情况进行检查、监督并提出处理、处罚意见，或做出处理、处罚决定的一种行政执法行为。

1. 市场检疫监督的意义

（1）控制人兽共患病和动物疫病的传播和流行。

（2）防止不合格的动物和动物产品上市交易。

（3）保证肉品卫生质量，保护人类健康。

2. 市场检疫监督的要求

《动物防疫法》和《动物检疫管理办法》规定："屠宰、经营、运输以及参加展览、演出和比赛的动物，应当附有动物检疫合格证明；经营、运输的动物产品应当附有动物检疫合格证明和检疫标志。动物卫生监督机构可以查验检疫证明、检疫标志，对动物、动物产品进行采样、留验、抽检，但不得重复检疫收费。"

3. 市场检疫监督的内容 市场检疫监督以查证、验物为主。

4. 市场检疫监督发现问题的处理

（1）违章销售的范围。凡是染疫的，病死、毒死或死因不明的，检疫检验证明不符合规定的，无检疫检验证明的或伪造、涂改检疫检验证明、无统一格式的验讫印章的，来自封锁疫区的畜禽及其畜禽产品，均属违章销售的范围，一律不得经营销售。

（2）对违章销售者的处理。对于违背上述条款的经营者，应停业整顿，立即采取有效措施，收回已出售的畜禽及其产品，并依法进行处罚。

根据《动物防疫法》的规定：①对经营染疫或者疑似染疫、病死或者死因不明、封锁疫区内与所发生动物疫病有关的动物或动物产品的责任人，由动物卫生监督机构责令改正、采取补救措施，没收违法所得和动物、动物产品，并处同类检疫合格动物、动物产品货值金额

1倍以上5倍以下罚款。

②经营的动物未附有检疫证明，经营的动物产品未附有检疫证明、检疫标志，由动物卫生监督机构责令改正，处同类检疫合格动物、动物产品货值金额10%以上50%以下罚款；对货主以外的承运人处运输费用1倍以上3倍以下罚款。对未出售的畜禽及其产品，依法补检，检疫合格的加盖或加封验讫标志，并出具检疫证明。检疫不合格的由经营者在检疫员的监督下做防疫消毒和其他无害化处理；无法做无害化处理的，给予销毁。

课后思考题

一、名词解释

市场检疫监督　运输检疫监督　检疫监督

二、简答题

1. 简述检疫监督的特点。
2. 简述市场检疫监督的意义。

工作任务3　无规定动物疫病区动物的检疫

(一) 无规定动物疫病区动物检疫的具体内容

1. 向无规定动物疫病区输入相关动物、动物产品的检疫要求

(1) 有输出地动物卫生监督机构出具的动物检疫合格证明，即进行了产地检疫并取得合格证书（第一次检疫）。

(2) 向输入地省、自治区、直辖市动物卫生监督机构申报检疫，并按规定取得输入地动物检疫合格证明（第二次检疫）。

因此，向无规定动物疫病区输入相关动物、动物产品要进行二次检疫。

2. 实施二次检疫的条件　只有向无规定动物疫病区运输相关易感动物、动物产品时才实施二次检疫。

3. 检疫措施

(1) 输入相关易感动物的检疫措施。在输入地省级动物卫生监督机构指定的隔离场所，按照农业农村部规定的无规定动物疫病区有关检疫要求隔离检疫。大中型动物隔离检疫期为45d，小型动物隔离检疫期为30d。

(2) 输入相关易感动物产品的检疫措施。在输入地省级动物卫生监督机构指定的地点，按照农业农村部规定的无规定动物症病区有关检疫要求进行检疫。

4. 检疫处理

(1) 检疫合格的。由输入地省级动物卫生监督机构的官方兽医出具动物检疫合格证明，准许进入无规定动物疫病区。

(2) 检疫不合格的。不准进入，并依法处理。

(二) 检疫审批

根据《动物防疫法》及《动物检疫管理办法》的规定，跨省、自治区、直辖市引进乳用动物、种用动物及其精液、胚胎、种蛋，应先进行检疫审批。

1. 审批事项 跨省引进乳用动物、种用动物及其精液、胚胎、种蛋。

2. 申请人 申请人为货主。申请人应填写跨省引进乳用、种用动物检疫审批表（申报书），见表 3-3-5。

表 3-3-5 跨省引进乳用、种用动物检疫审批表（申报书）

编号：

<table>
<tr><td rowspan="3">输入地</td><td>申请人</td><td colspan="2"></td><td>负责人</td><td></td></tr>
<tr><td>地址及邮编</td><td colspan="2"></td><td>联系电话</td><td></td></tr>
<tr><td>拟调运时间</td><td colspan="4"></td></tr>
<tr><td rowspan="2">输出地</td><td>场名</td><td colspan="2"></td><td>负责人</td><td></td></tr>
<tr><td>地址及邮编</td><td colspan="2"></td><td>联系电话</td><td></td></tr>
<tr><td>引进动物品种</td><td></td><td>数量及单位</td><td></td><td>用途</td><td>□种用
□乳用</td></tr>
<tr><td>引进动物
产品种类</td><td></td><td colspan="2">□精液 □卵
□胚胎 □种蛋</td><td>数量及单位</td><td></td></tr>
<tr><td>运输方式</td><td colspan="5">□公路 □铁路 □航空 □水路</td></tr>
<tr><td>随附材料</td><td colspan="5">1. 输入地相应乳用、种用动物养殖场所动物防疫条件合格证复印件
2. 输入地动物隔离场所情况（平面图、地址、规模、动物防疫条件合格证复印件）</td></tr>
<tr><td>申请承诺</td><td colspan="5">本申请人对提交材料的真实性负责

申请人（签字/盖章）：
年 月 日</td></tr>
<tr><td>输入地省级
动物卫生监督
所受理意见</td><td colspan="5">□受理
□不受理

负责人（签字/盖章）：
年 月 日</td></tr>
<tr><td>备 注</td><td colspan="5"></td></tr>
</table>

注：1. 本表适用于跨省引进乳用动物、种用动物及其精液、卵、胚胎、种蛋等。

2. 申请人应在动物拟调运前 30～60d 提出申请。

3. 本表由输入地申请人填写，一式二联。由申请人提交输入地省级动物卫生监督所。省级动物卫生监督所签署受理意见后，将第二联送达申请人。

3. 审批机关 输入地省级动物卫生监督机构。

4. 审批程序 自受理申请之日起 10 个工作日内，做出是否同意引进的决定。符合条件的，签发跨省引进乳用、种用动物检疫审批表（表 3-3-6）；不符合条件的，书面告知申请人，并说明理由。

表 3-3-6　跨省引进乳用、种用动物检疫审批表

编号：

<table>
<tr><td rowspan="2">输入地</td><td>申请人</td><td colspan="2"></td><td>负责人</td><td></td></tr>
<tr><td>地址及邮编</td><td colspan="2"></td><td>联系电话</td><td></td></tr>
<tr><td rowspan="2">输出地</td><td>场名</td><td colspan="2"></td><td>负责人</td><td></td></tr>
<tr><td>地址及邮编</td><td colspan="2"></td><td>联系电话</td><td></td></tr>
<tr><td>引进动物品种</td><td></td><td>数量及单位</td><td></td><td>用途</td><td>□种用
□乳用</td></tr>
<tr><td>引进动物
产品种类</td><td></td><td colspan="2">□精液　□卵
□胚胎　□种蛋</td><td>数量及单位</td><td></td></tr>
<tr><td>运输方式</td><td colspan="5">□公路　□铁路　□航空　□水路</td></tr>
<tr><td>输入地省级动物
卫生监督所
审批意见</td><td colspan="5">负责人（签字/盖章）：
年　月　日</td></tr>
<tr><td>有效期</td><td colspan="5">年　月　日至　年　月　日</td></tr>
<tr><td>备　注</td><td colspan="5"></td></tr>
</table>

注：1. 本表适用于跨省引进乳用动物、种用动物及其精液、卵、胚胎、种蛋等，有效期为7～21d。
2. 本表由输入地填写，一式三联。第一联由申请人交输出地县级动物卫生监督所。第二联交输入地申请人，第三联由输入地省级动物卫生监督所存档。

5. 审批条件

（1）输出和输入饲养场、养殖小区取得动物防疫条件合格证。

（2）输入饲养场、养殖小区存栏的动物符合动物健康标准。

（3）输出的乳用、种用动物养殖档案相关记录符合农业农村部规定。

（4）输出的精液、胚胎、种蛋的供体符合动物健康标准。

6. 申报检疫　货主凭跨省引进乳用、种用动物检疫审批表，按照规定向输出地县级动物卫生监督机构申报检疫。输出地县级动物卫生监督机构应当按规定实施检疫。

7. 检疫审批表的格式及填写、应用规范

（1）格式。跨省引进乳用、种用动物检疫审批表（申报书）和跨省引进乳用、种用动物检疫审批表的格式见表3-3-5和表3-3-6。

（2）填写、应用规范。跨省引进乳用、种用动物检疫审批表。（申报书）和。跨省引进乳用、种用动物检疫审批表的填写说明和应用规范如下：

申请人：填写申请人姓名或单位名称。

负责人：填写单位的法定代表人或负责人姓名。

场　名：填写提供乳用动物、种用动物及其精液、卵、胚胎、种蛋单位的名称。

地　址：填写饲养场所的详细地址。

联系电话：填写移动电话，无移动电话的，填写固定电话。

引进动物品种：填写引进动物的种类，如猪、牛、羊等。

用途：根据用途在相应“□”中画“√”。

引进动物产品种类：根据引进动物产品的种类在相应“□”中画“√”。

数量及单位：数量及单位应以大写数字和汉字填写，如叁头、肆只、陆匹、壹佰羽。

运输方式：按运输方式在相应“□”中画“√”。

随附材料：输入地动物防疫条件合格证，动物输入后的动物防疫条件合格证。

申请承诺：加盖申请单位公章。申请人应据实填写申请时间。

输入地省级动物卫生监督所受理意见：该意见由审批机关在相应“□”中画“√”。不受理的，说明不受理的理由。审批负责人应当签名，并加盖单位公章，同时写明审批时间。

输入地省级动物卫生监督所审批意见：该意见由审批机关填写。符合引进条件的，由负责人签署“同意引进”的意见；不符合的，由负责人签署“不同意引进”的意见，并说明理由。审批负责人应当签名，并加盖单位公章，同时写明审批的时间。

有效期：签发有效期应按《动物检疫管理办法》规定，预留申请人中报检疫的时间，从申报拟调运时间开始计算，最长不得超过21d，最短为7d。

备注：需要说明的其他情况可在此栏填写。

课后思考题

一、判断题

（ ）只有向无规定动物疫病区运输相关易感动物、动物产品时才实施二次检疫。

二、简答题

简述向无规定动物疫病区输入相关动物及产品的要求。

模块4 出入境检疫

工作任务1 入境检疫

（一）检疫审批

为防范动物疫病侵入我国，保障农牧渔业生产，保护人体健康和生态环境，我国于2002年12月公布了《进境动物和动物产品风险分析管理规定》，明确规定对进境动物、动物产品、动物遗传物质、动物源性饲料、生物制品和动物病理材料要进行风险分析。

根据《中华人民共和国进出境动植物检疫法》（以下简称《进出境动植物检疫法》）、《中华人民共和国进出境动植物检疫法实施条例》（以下简称《进出境动植物检疫法实施条例》）、《进境动物检疫管理办法》及其他相关规定，通过贸易、科技合作、交换、赠送、援助等方式引进动物及其胚胎、精液等动物遗传物质时，必须按规定履行入境检疫手续。

1. 动物检疫审批的定义 动物检疫审批也称检疫许可，是指检验检疫机构根据货主或其代理人的申请，依据国家有关法律、法规，对从国外引进动物、动物产品及微生物进行审核并决定是否输入的法定程序。

2. 检疫审批的目的 在动物检疫审批的过程中，检验检疫机构可以根据事先已掌握的输出国或地区疫情，决定是否同意入境，从而防止危险性动物疫病传入我国．减少不必要的经济损失。同时，也可以让进口单位了解我国的检疫要求，提前将其写入贸易合同或协议中，当检疫物到达而不符合要求时，可以依据贸易合同进行合理索赔。

3. 审批的依据 检验检疫机构办理检疫审批手续的依据主要有三个方面。

(1) 我国进出境检验检疫的相关法律、法规。对进境动物将依照《进出境动植物检疫法》《进出境动植物检疫法实施条例》《进境动物检疫管理办法》及其他相关规定进行检疫;对进境伴侣动物将依照《出入境人员携带物检疫管理办法》进行检疫。

(2) 我国与输出国签订的双边检疫议定书(协议、条款和备忘录)。对每批进境动物具体检哪些疫病,将按照两国所签订的双边检疫议定书(协议、条款和备忘录)的要求执行。

(3) 输出国家或地区的动物疫情情况。当某个国家发生重大疫病时,我国检验检疫机构会及时下达禁止从该国输入相关动物或动物产品的通知。当该国的疫情得到有效控制,且符合 OIE 的有关规定,再下达解除禁止通知。

4. 进境动物和动物遗传物质的审批 进境动物、动物遗传物质应在签订贸易合同或赠送协议之前,由进口单位或接收单位填写"进境动物检疫许可证申请表"(表 3-4-1)。向我国国家质量监督检验检疫机构提出申请,也可登录网站办理检疫审批手续。国家质量监督检验检疫机构根据对申请材料的审核及输出国家的动物疫情、我国的有关检疫规定等情况,对同意进境动物、动物遗传物质的发给"中华人民共和国动物进境检疫许可证",入境伴侣动物无需办理审批手续。

(二) 境外产地检疫

为了确保引进的动物健康无病,国家出入境检验检疫机构视进口动物的品种、数量和输出国的情况,依照我国与输出国签署的输入动物的检疫和卫生条件议定书规定,派出官方兽医赴输出国配合输出国官方检疫机构执行检疫任务。

(三) 报检

国家允许携带入境的宠物仅限于猫、犬两种动物,并且每人每次限带一只。携带宠物入境时,携带人应当向检验检疫机构提供输出国家或者地区官方动物检疫机构出具的有效检疫证书和疫苗接种证书。宠物应当具有芯片或者其他有效身份证明。报检时,货主或其代理人必须出具中华人民共和国动物进境检疫许可证及报检员证、贸易合同、协议,发票、动物检疫证书(可在动物入境时补齐)等有关文件,如实填写报检单,并预交检疫费。

(四) 现场检疫

进境动物、动物遗传物质抵达入境口岸时,动物检疫人员必须登机(登船、登车)进行现场检疫。现场检疫的主要工作是查验出口国政府动物检疫或兽医主管部门出具的动物检疫证书等有关单证;对动物进行临床检查;对运输工具和被动物污染的场地进行防疫消毒处理。对现场检疫合格的,出入境检验检疫机构出具调离通知单,将进境动物、动物遗传物质调离到出入境检验检疫机构指定的场所进一步做全面的隔离检疫。

(五) 隔离检疫

进境动物必须在入境口岸进行隔离检疫。入境宠物应当隔离检疫 30d,并根据宠物来源的国家或地区是否为狂犬病疫区,判断宠物在检验检疫隔离场隔离检疫的时间。若宠物来自狂犬病疫区,则需隔离 30d;若宠物来自非狂犬病疫区,则只需在检验检疫隔离场隔离 7d,其余 23d 居家隔离。同时,携带人需根据宠物隔离检疫的时间缴纳相应的费用。携带宠物属于工作犬(如导盲犬、搜救犬等),携带人能提供相应专业训练证明的,可以免予隔离检疫。

(六) 实验室检疫

对进境动物、动物遗传物质需按有关规定采样,并根据我国与输出国签订的双边检疫议

表 3-4-1 中华人民共和国进境动植物检疫许可证申请表样式

中华人民共和国
进境动植物检疫许可证申请表

一、申请单位 编号

<table>
<tr><td colspan="3">名称：</td><td rowspan="4">本表所填内容真实；保证严格遵守进出境动植物检疫的有关规定，特此声明。
签字盖章：
申请日期： 年 月 日</td></tr>
<tr><td colspan="3">地址：</td></tr>
<tr><td>邮编：</td><td>法人代码：</td><td>联系人：</td></tr>
<tr><td>电话：</td><td colspan="2">传真：</td></tr>
</table>

二、进境后的生产、加工、使用、存放单位

名 称	联系人	电话	传真

三、进境检疫物

<table>
<tr><td>名称</td><td>品种</td><td>数量</td><td>重量</td><td>产地</td><td>生产、加工、存放单位</td><td>是否转基因产品</td></tr>
<tr><td></td><td></td><td></td><td></td><td></td><td></td><td></td></tr>
<tr><td colspan="3">输出国家或地区：</td><td colspan="3">进境日期：</td><td>出境日期：</td></tr>
<tr><td colspan="3">进境口岸：</td><td colspan="3">出境口岸：</td><td>指运地：</td></tr>
<tr><td colspan="3">目的地：</td><td colspan="4">用途：</td></tr>
<tr><td colspan="7">运输路线及方式：</td></tr>
<tr><td colspan="7">进境后的隔离检疫场所：</td></tr>
</table>

四、审批意见（以下由出入境检验检疫机关填写）

<table>
<tr><td>初审机关意见：（本栏目仅适用于特许审批）
签字盖章：
日期： 年 月 日</td><td>审批机关意见：
经办： 审核： 签发：
经办日期： 年 月 日</td></tr>
</table>

A 0029320 中华人民共和国国家出入境检验检疫局印制

定书或我国的有关规定进行实验室检验。实验室检验应在隔离期内完成，检出阳性结果或发现重大疫情应及时上报上级检验检疫机构，并通知隔离场采取进一步隔离措施。这一环节对专业技能的要求较高，需要专业人员利用现代化的仪器、设备和标准方法进行操作。

（七）检疫放行和处理

检疫工作完毕后，出入境检验检疫机构对检疫合格的动物、动物遗传物质出具入境货物检验检疫证明和检疫放行通知单，准许入境。

检疫不合格的动物、动物遗传物质出具检验检疫处理通知书，通知货主或其代理人在口岸检验检疫机构的监督和技术指导下进行处理；需要对外索赔的，出具检验检疫证书。

检出《中华人民共和国进境动物检疫名录》中一类疫病的，全群动物或动物遗传物质禁止入境，做退回或销毁处理；检出二类疫病的阳性动物禁止入境，做退回或销毁处理，同群的其他动物放行，并进行隔离观察，阳性的动物遗传物质禁止入境，做退回或销毁处理。检疫中发现有检疫名录以外的传染病、寄生虫病，但国务院农业行政主管部门另有规定的，按规定做退回或销毁处理。

课后思考题

一、名词解释

动物检疫审批

二、填空题

检验检疫机构办理检疫审批手续的依据主要有__________、__________和__________三个方面。

三、简答题

检疫审批的目的是什么？

工作任务2　出境、过境及运输工具检疫

（一）出境检疫

出境检疫包括出境动物检疫、出境动物产品检疫和出境动物疫苗、血清、诊断液等其他检疫物的检疫。出境动物检疫是指对输出到其他国家和地区的种用、肉用或演艺用等饲养或野生的活动物在出境前实施的检疫。出境动物产品检疫是指对输出到其他国家和地区的、来源于动物未经加工或虽经加工但仍然有可能传播疫病的动物产品实施的检疫。

出境检疫的程序一般包括：出境前检疫监督管理、报检、检疫、出证、运输监管、离境现场检疫。

1. 出境前检疫监督管理　检验检疫机构对大批量、经常性输出动物和动物产品的生产企业及中转包装场进行常年性、全过程的检疫监督管理，并实行出境动植物检疫许可证制度。

2. 报检　出境动物，货主或其代理人应在动物计划离境前60d向出境地出入境检验检疫机构预报，在口岸隔离检疫前1周持相关材料报检。报检时，货主或其代理人必须提交贸易合同或者有关协议、信用证及其他有关单证。有关单证不全或者动物、动物产品来自疫区、原产地疫情不明，或者出境产品的生产、加工、存放的兽医卫生条件达不到要求的，出入境检验检疫机构不接受报检。

3. 检疫　出境动物、动物产品必须依照我国与国外签订的动物检疫及动物卫生协定、议定书、协议及有关检疫要求实施检疫。出入境检验检疫机构在接受报检后，对需要隔离检疫的动物，应确认隔离场，并派驻动物检疫人员进行临诊检查。对出境动物、动物产品要采样进行实验室检验，采样量参照《进出境动物、动物产品检疫采样标准》执行。同时根据需要对出境动物、动物产品的产地进行疫情调查，确认出境动物的健康状况，出境动物产品的生产、加工等兽医卫生条件满足输入国的要求。

4. 出证 所有的检验工作完成后，确保检验结果准确、无误，并符合输入国兽医当局及我国出入境检验检疫机构有关规定和要求时，由出入境检验检疫机构出具动物健康证书、兽医卫生证书。证书中不能有涂改之处和空项，必要时可随附检验结果报告单。根据需要可同时出具一份正本和若干副本，出入境检验检疫机构保留一副本以备查询。

5. 运输监管 出境动物、动物产品经启运地检验检疫机构检疫合格后输出时，装载、运输工具应当清洁、卫生。从启运地运往出境口岸时，交通、铁路、民航等运输部门和邮电部门凭检验检疫机构签发的单证办理承运和邮递手续。

6. 离境现场检疫 出境动物、动物产品抵达离境口岸前，货主或其代理人应当向离境地出入境检验检疫机构申报，并提交有关单证，由离境地检验检疫机构实施临床检查或者复检。

经检疫合格的出境动物、动物产品应当在出入境检验检疫机构或其授权的人员的监督下装运，并在规定的期限内离境。采用原运输工具装运出境的，离境地出入境检验检疫机构验证放行；改变运输工具的，换证放行。货主或其代理人凭出入境检验检疫机构签发的出口证书或者在报关单上加盖的印章报海关验放。出境动物经检疫不合格或出境动物产品经检疫不合格又无有效方法做除害处理的，不准出境。例如，携带宠物出境的检疫要求（供参考）：携带的宠物品种仅限犬、猫，且数量每人限带一只。携带人在出境前7d内携带宠物至当地检验检疫机构报检，并提交以下材料：

（1）县级以上动物卫生监督部门出具的狂犬病疫苗接种证书或免疫登记书正本及复印件和个人护照及复印件。

（2）输入国家或者地区对入境伴侣动物有特殊检疫要求的，还必须提供以下材料：狂犬病抗体效价检测报告和注射芯片证明。

检验检疫机构对申请人提交的资料进行审核，对出境宠物进行现场临床检验，符合要求出具“动物健康证书”。携带人可凭该证书在目的国入境通关。

许多国家为防止疫病入侵，对进境宠物的检疫日趋严格，不断出台各种新规定，制定严格的检验检疫措施。英国、新西兰、夏威夷群岛和澳大利亚是高免疫的国家和地区，一般不允许带动物入境或者是入境检查、隔离的条件非常严格。

（二）过境检疫

过境是指输出国的检疫物途经中华人民共和国国境运往输入国，包括火车、汽车、飞机等运输方式。经我国国境运输的动物、动物产品、其他检疫物及装载动物和动物产品的运输工具、装载容器等都必须实施检疫。与进境相比，过境的收、发货人不在国内，货物在我国的停留时间短，停留和途经地点较局限（可能只在我国某个机场停留1～2h，而进境的种畜可能一直留在中国）。过境检疫较为特殊，所以必须抓好动物过境前的检疫审批工作，同时做好进境后的检疫和过境期间的检疫监督管理工作。

1. 过境动物审批 动物过境必须事先办理检疫审批手续，而运输动物产品及其他检疫物等不需办理检疫许可手续。过境动物审批的程序，主要分为三个步骤：提出申请、审核和签发许可证。

2. 报检 运输动物、动物产品和其他检疫物过境的，由承运人或押运人持货单和输出国家或地区政府动物检疫机构出具的检疫证书，在进境时向出入境检验检疫机构报检。

过境检疫报检的程序与进境大体相同：交验证件、填写报检单和过境地出入境检验检疫机构的检疫人员核对报检单，登记、编号，进行现场检疫。

3. 检疫与监管 过境动物、动物产品和其他检疫物由进境地出入境检验检疫机构负责检疫。

（1）对过境动物主要是检查有无急性死亡，有无动物传染病的临床症状。并根据国家海关总署签发的许可证要求实施检疫，经检疫合格的，准予过境；经检疫发现有我国规定的一、二类动物传染病、寄生虫病的，全群动物不准过境。

（2）对过境动物产品和其他检疫物，过境地出入境检验检疫机构要检查运输工具、装载容器或包装。要求运输工具、装载容器和包装物必须完好，经检查发现有可能造成途中散漏的，承运人或者押运人应当按照出入境检验检疫机构的要求采取密封措施；无法采取密封措施的，不准过境。经检疫发现有《进出境动植物检疫法》第十八条规定的名录所列的病虫害的，做除害处理或者不准过境。经检疫合格的，准予过境。

（3）过境动物及动物产品的运输工具抵达口岸时，出入境检验检疫机构对运输工具、容器外表，接近动物及动物产品的人员，以及被污染的场地做防疫消毒处理。

（4）过境期间，动物的尸体、排泄物、铺垫材料及其他废弃物，必须按照我国国家质量监督检验检疫总局的有关规定，进行无害化处理，不得擅自抛弃。未经出入境检验检疫机构批准，不得拆开包装或卸离运输工具。

过境的动物、动物产品离境时，出境口岸不再检疫，出境地出入境检验检疫机构凭进境地出入境检验检疫机构签发的检疫放行通知单放行。

（三）运输工具检疫

国际间货物的贸易是通过运输工具的装载而从一个国家或地区向另外一个国家或地区转运的。运输工具流动性大，因而成为动物疫病病原比较重要的携带媒介，在动物传染病的传播扩散中起重要作用。除装载动物、动物产品和其他检疫物进境、出境、过境的运输工具需实施检疫外，《进出境动植物检疫法》规定，对来自动物疫区的船舶、飞机、火车，进境供拆船用的废旧船舶以及进境车辆，均应实施动物检疫。因此，运输工具检疫成为动物检疫工作不可缺少的一个重要组成部分。

1. 运输工具检疫的主要内容 出入境检验检疫机构在对运输工具的检疫和监管过程中主要做下列工作；①检查运输工具的有关证件是否有效；②检查运输工具上的食品、饮用水、从业人员以及环境卫生是符合国家规定要求；③检查运输工具上是否存在危险性有害生物或病媒昆虫、鼠类等传播媒介；④检查运输工具内是否携带国家禁止或限制进境的动物和动物产品；⑤对运输工具实施除虫、灭鼠、消毒或其他除害处理；⑥签发有关运输工具检疫的证书。

2. 运输工具动物检疫的程序

（1）动态管理和申报。运输工具不同，管理的方式也不同。船舶的检疫，由港监、调度或海关每天按时向出入境检验检疫机构提供船期预报和确报（临时动态及时通知）。船舶入境时，船方或其代理人要填写报检单，除了报告船舶抵达时间、停泊地点、靠泊移泊计划外，还需提交：①总申报单；②船舶物品申报单；③要求船方提交货物申请单，同时查验“载货清单”。

飞机、火车入境，一般有固定的航班、车次，有关部门也要向出入境检验检疫机构提供飞机和火车运行时刻表，以便掌握情况。

（2）检疫。出入境检验检疫机构应对进境运输工具的下述区域实施重点检疫：①进境船

舶的生活区、货（客）舱、厨房、食品仓、冷藏室、动物性废弃物、泔水的存放场所、容器等；②进境火车的餐车、厨房、储藏室、冷藏室以及其他存放、使用或旅客可能遗弃动物、动物产品和动物性废弃物的场所等；③进境飞机的食品舱、货舱、配餐间以及其他存放、使用或旅客可能遗弃动物、动物产品和动物性废弃物的场所等；④进境汽车的轮胎、车厢等。

出入境检验检疫机构还可根据有关情况，查验运输工具的其他部位。

（3）处理。进境运输工具检疫处理如下：①经查验发现有我国规定禁止或者限制进境的动物、动物产品，出入境检验检疫机构责成退回或施加封识，或截留销毁处理。上述运输工具在中国境内停留或运行期间，未经出入境检验检疫机构许可，不得启封动用封存货物。发现其他应检物的，按有关规定处理；②进境运输工具上的泔水、动物性废弃物及其存放场所、容器等，应实施消毒和无害化处理；③装运活动物出境后空回的运输工具，入境时必须对整个运输工具实施防疫消毒处理；④进境供拆船用废旧船舶、进境修理船舶，经检疫发现有我国规定禁止进境的动物、动物产品和其他检疫物的，应对其做销毁处理；⑤所有进境车辆，由出入境检验检疫机构实施防疫消毒处理；⑥对来自或途经动物疫情流行的国家或地区的运输工具，由入境地出入境检验检疫机构对其进行相应的防疫消毒处理；⑦装载动物进境的工具，由出入境检验检疫机构实施防疫消毒处理。

装载动物出境的运输工具，必须在出入境检验检疫机构监督下进行消毒处理合格后，方可装运。

3. 出证 运输工具经检疫或者经消毒等检疫处理合格后，由出入境检验检疫机构签发运输工具检疫证书或运输工具消毒证书。

课后思考题

一、名词解释

出境检疫　过境

二、填空题

1. 出境检疫的程序一般包括：__________、__________、__________、__________、__________和__________。

2. 过境动物审批的程序，主要分为__________、__________、__________三个步骤。

三、简答题

1. 简述运输工具检疫的主要内容。

2. 简述同意或批准动物过境的主要条件。

3. 简述过境检疫报检的程序。

模块5　兽医公共卫生监督管理

工作任务1　我国现行兽医公共卫生监督管理体系

自20世纪70年代以来，全世界新出现的疫病已达100余种，绝大部分被证实为人和动物共同感染病原或跨物种感染病原（species jumping infectious agents），而且这类病原的出现，以及引起疫病暴发和流行的频率有不断上升的趋势。流行病学调查发现，鼠疫、流感、狂犬病等危害巨大的人兽共患病至今仍在世界上一些国家和地区不时再现，甚至有回升趋势。近年来，国内外发生的人兽共患病以及重大动物性食品安全事件不断提出警示，兽医公共卫生与人类健康的关系日益密切，加强兽医公共卫生监督管理已成为影响国计民生的大事。在发达国家，兽医公共卫生监督管理越来越被重视，相关国际组织也要求各成员国（或成员）要制定和实施系统、持久的预防措施，以显著减少人兽共患病的发生，确保动物性食品安全，维护公众健康。

（一）我国兽医公共卫生监督的概述

兽医公共卫生监督是公共卫生体系的重要组成部分，是执行国家兽医法律法规，预防人兽共患病，保障动物性食品安全，维护公共卫生秩序，保护公众健康，促进社会、经济协调发展的重要保证。

近年来，我国非常重视兽医公共卫生监督管理体系建设，除了制定完整、配套的法规和技术规范，推行兽医体制改革，加强监督管理队伍建设，重点搞好动物重大疫病的控制与扑灭，实施兽药残留监控计划外，还建立了风险分析、重大动物疫病应急和预警、可追溯管理体系，对保护动物健康，保障动物性食品安全，防止人兽共患病传播与流行，减少食源性疾病的发生，提高公众健康和福利，以及促进养殖业健康发展发挥了重要作用。

（二）动物卫生监督机构

动物卫生监督是指动物卫生监督机构依照《动物防疫法》规定，对动物饲养、屠宰、经营、隔离、运输以及动物产品生产、经营、加工、贮藏、运输等活动中的动物防疫实施监督管理。动物卫生监督是一种政府管理的行政行为，目的在于发现、制止、纠正、处理违法行为，同时，也是对监督机构工作人员及下属机构执法情况的监督。

我国兽医体制改革后，建立了兽医行政管理、执法监督和技术支持三类工作机构，推行官方兽医制度和执业兽医制度。对动物防疫、检疫、监督等各类机构及其行政执法职能进行整合，在省、市、县三级分别组建动物卫生监督机构，负责动物防疫、检疫与动物产品安全监管等行政执法工作，兽医行政管理机构负责对其进行归口管理，并加强其履行职责所必需的技术手段和能力建设。进出境动物及其产品的检验检疫工作，按照我国《进出境动植物检疫法》等有关法律和法规的规定执行。

1. 动物卫生监督机构的职责 依据《动物防疫法》和国务院兽医主管部门的规定，动物卫生监督机构对动物饲养、屠宰、经营、隔离、运输以及动物产品生产、经营、加工、贮藏、运输等活动中的动物防疫以及动物产品安全实施监督管理。主要包括：①动物和动物产品检疫；②动物产品质量安全监管；③动物防疫监督执法；④兽医医政和药政监督执法；⑤种畜禽、饲料监督执法；⑥动物卫生证章标志管理；⑦动物标识使用监管；⑧违法案件查处；⑨重大动物疫情的应急处理组织；⑩执法人员培训。

2. 动物卫生监督机构的职权 动物卫生监督机构依法行使动物卫生监督职权，包括：①监督管理权；②证照审发权；③工程审验权；④技术监督权 ；⑤行政执法权；⑥行政司法权；⑦其他职权，如有权对进入流通环节的动物、动物产品实施监督检查，并按规定根据情况进行抽检和补检，以及采样、取证等职权。

（三）官方兽医制度

官方兽医制度是指由国家兽医主管部门授权的官方兽医对动物及动物产品生产全过程行使监督、控制的一种管理制度。

官方兽医制度的管理体制属于垂直管理体制，官方兽医由国家主管部门负责，从而确保兽医卫生执法的公正性。

在我国实施官方兽医制度旨在建立一种能够促进兽医卫生事业发展和提高动物产品质量安全的管理体制，促使我国兽医工作与国际接轨。

（四）官方兽医

世界动物卫生组织（OIE）在《陆生动物卫生法典》（第十六版，2007）1.1.1.1条规定，官方兽医指由国家兽医当局授权对商品动物的健康/公共卫生行使监督的兽医，并根据《陆生动物卫生法典》1.2章条款规定签发证书。从该定义可以看出，官方兽医在国家授权下，对动物及动物产品生产的全过程实施有效监督，并有权签发动物卫生证书。

在我国，官方兽医是指具备规定的资格条件并经兽医主管部门任命的，负责出具检疫等证明的国家兽医工作人员。《动物防疫法》规定：动物卫生监督机构的官方兽医具体实施动物、动物产品检疫；官方兽医应当具备规定的资格条件，取得国务院兽医主管部门颁发的资格证书。

官方兽医是我国新型兽医队伍的重要组成部分，在兽医管理机构中设置官方兽医，对提高兽医队伍整体素质和从业能力，做好动物卫生监督工作，保障动物性食品安全，维护公共卫生安全发挥重要作用。

（五）动物疫病预防控制体系

兽医公共卫生管理的重点是动物疫病的预防控制，在公共卫生事件中，人兽共患病占有重要位置。据世界卫生组织（WHO）报告，近10余年，感染人类的新发病有75%～80%是由源自动物或动物产品的病原体所致。钩端螺旋体病、猴痘、裂谷热、黑热病等传染病持续出现在许多发达国家和发展中国家，结核病、布鲁氏菌病、流行性乙型脑炎和狂犬病等人兽共患病发病率和致死率上升，禽流感、疯牛病、口蹄疫在很多国家和地区发生与流行。这些重大动物疫病不仅使养殖业遭受严重打击，对相关行业产生较大的负面影响，而且严重影响了公共卫生与动物性食品安全，以及动物产品的出口贸易和国际形象。特别是多种新出现的人兽共患病或由动物传染给人类并在人与动物之间传播的疫病，已给社会和经济造成严重影响。为了预防、控制和扑灭动物疫病，促进养殖业健康发展，提高动物产品质量安全，维护公众健康，在动物疾病防控中必须加强疫病防控体系建设，建立健全疫病防控制度，规范防疫保健管理程序、防控预警和防控信息体系，完善应急机制和应急手段，建立免疫档案，加施动物标识，实施可追溯管理，建立无规定动物疫病区。

1. 动物疫病防控法规体系 我国自1985年颁布《家畜家禽防疫条例》以来，先后制定多部动物卫生监督法律、法规，目前形成了以《动物防疫法》为核心，以《重大动物疫情应急条例》《国家突发重大动物疫情应急预案》《生猪屠宰管理条例》等法规为补充的动物疫病预防法律、法规体系。农业部还颁布实施了《病死及死因不明动物处置办法（试行）》《一、二、三类动物疫病病种名录》《人畜共患传染病名录》《无规定动物疫病区评估管理办法》《公路动物防疫监督检查站管理办法》《动物检疫管理办法》《动物防疫条件审查办法》《动物疫情报告管理办法》《动物卫生监督信息报告管理办法》（暂行）等行政规章。这些法律、法规及标准涵盖动物疫病的预防、控制、检疫等各个方面，形成了较为完整的动物疫病防控法律法规体系。

2. 动物疫病预防控制措施 养殖场的建设、布局必须符合动物防疫要求，严格控制环境质量，做好免疫预防工作，采取卫生消毒、杀虫灭鼠、驱虫药浴等措施，建立并保存畜禽疫病预防记录，隔离并淘汰患病动物，逐步净化和消灭疫病；制定疫病监测、免疫监测方案并严格实施，加强动物及动物产品的检疫，实施畜禽安全生产可追溯管理，对废弃物和病害动物尸体进行生物安全处理。发生疫病或怀疑发生疫病时，应根据《动物防疫法》及配套法规的相关规定，立即采取严格的控制和扑灭措施。

（六）动物疫病风险评估

风险评估是对动物疫病未来趋势可能发展的方向和程度进行的判断。《动物防疫法》第十二条规定：国务院兽医主管部门对动物疫病状况进行风险评估，根据评估结果制定相应的动物疫病预防、控制措施。

课后思考题

一、名词解释

兽医公共卫生监督

二、简答题

1. 动物卫生监督机构的职责有哪些？
2. 动物卫生监督机构的职权有哪些？

工作任务2 兽药与饲料的监督管理

（一）兽药的监督管理

兽药作为重要的农业生产资料，在防治动物疫病和促进动物生长中发挥着举足轻重的作用，但随之产生的兽药残留问题也是显而易见的。为了加强兽药管理，保证兽药质量，防治动物疾病，促进养殖业的发展，维护人体健康，防止动物性食品和环境兽药残留，提高动物产品质量安全和国际竞争力，需要完善兽药监管法规，建立兽药生产准入制度，健全兽药使用监管制度，开展兽药残留监控，建立兽药残留监控长效监管机制。

1. 兽药监督管理机构 我国《兽药管理条例》（2004年）规定，国务院兽医主管部门负责全国的兽药监督工作，县级以上地方人民政府兽医主管部门负责本行政区域内的兽药监督管理工作。目前我国的兽药行政管理体系从中央到地方共分农业农村部、省、市、县4级管理体系，兽药检验工作由国务院兽医主管部门和省、自治区、直辖市人民政府兽医主管部门设立的兽药检验机构承担。

2. 兽药管理法规 我国已颁布执行的兽药管理行政法规有《兽药管理条例》，部门规章有《兽药管理条例实施细则》《兽用生物制品管理办法》和《兽药经营质量管理规范》等，以及《中华人民共和国兽药典》《中华人民共和国兽药规范》和兽药国家标准、行业标准。《兽药管理条例》（2004年）分为总则、新兽药研制、兽药生产、兽药经营、兽药进出口、兽药使用、兽药监督管理、法律责任、附则共9章75条，在我国境内从事兽药的研制、生

产、经营、进出口、使用和监督管理，应当遵守该条例的规定。

3. 兽药GMP管理 良好操作（制造）规范（GMP）是一种特别注重在生产过程中实施对产品质量和卫生安全的自主性管理制度。我国农业部在1989年颁布了《兽药生产质量管理规范（试行）》，决定在兽药生产企业实施GMP；1994年发布了《兽药生产质量管理规范实施细则（试行）》。2002年3月发布的《兽药生产质量管理规范》是兽药生产和质量管理的基本准则，适用于兽药制剂生产的全过程、原料药生产中影响成品质量的关键工序。2006年我国全面实施了兽药GMP管理，要求凡新建或经技术改造后，能达到GMP要求的生产企业或生产车间可向农业部申请GMP验收，验收合格者，农业部颁发GMP验收合格证书。通过兽药GMP制度推行工作，采取措施引导企业进行改造，制定兽药GMP认证工作标准和工作程序，组织兽药GMP认证工作，使国内从事兽药生产的企业全部取得兽药GMP证书。

4. 兽药经营和使用管理 兽药经营实施许可证制度，经营企业应当遵守国务院兽医主管部门制定的兽药经营质量管理规范。兽药使用实施用药管理制度、禁用兽药管理制度、麻醉药品管理制度，建立休药期管理制度，规范饲料药物添加剂管理，开展兽药残留监控管理，严厉查处禁用药、假劣兽药。

（二）饲料的监督管理

商品化饲料及各种添加剂作为动物的主要食品，对动物健康和生产性能有着显著影响，其安全性也直接关系到动物产品的食用安全，并会影响公共卫生。国内外就曾发生过大范围的犬黄曲霉毒素中毒事件。因此，随着宠物饲料商品化，加强宠物饲料的监督管理显得尤为重要。

1. 饲料监督管理机构 为了加强饲料的监督管理，并与国际接轨，我国实施了饲料安全工程项目，加强了农业农村部及各省、直辖市、自治区饲料监管部门建设，建立了国家饲料检测中心、省级饲料检测所、饲料安全评价基地和饲料产品质量检测预报网络中心网站，对饲料生产、经营、使用环节进行监管，成为饲料安全执法的重要组织和条件保证。

2. 饲料管理法规 我国一直高度重视饲料安全工作，1999年颁布施行《饲料和饲料添加剂管理条例》，2001年结合饲料安全新形势，修改并重新颁布实施该条例，使我国饲料安全工作步入依法行政的轨道。目前已形成了由《饲料和饲料添加剂管理条例》《饲料药物添加剂使用规范》《进口饲料和饲料添加剂登记管理办法》《动物源性饲料产品安全卫生管理办法》和《进出口饲料和饲料添加剂检验检疫监督管理办法》以及一系列规范性配套文件组成的饲料监督管理法规体系。

制定实施的标准有《饲料卫生标准》（GB 13078）、《饲料标签》（GB 10648）、《配合饲料企业卫生规范》（GB/T 16764）、《饲料工业术语》（GBT 10647）、《绿色食品饲料和饲料添加剂使用准则》（NY/T 471）、《无公害食品畜禽饲料和饲料添加剂使用准则》（NY 5032）以及近200多个饲料工业标准和行业标准。这些法规与标准已成为确保饲料质量安全的重要法律依据。

3. 饲料加工经营监督管理 我国规定，生产饲料添加剂、添加剂预混合饲料的企业，经饲料管理部门审核后，由国务院农业行政主管部门颁发生产许可证。饲料企业的工厂设计与设施卫生、工厂卫生管理和生产过程的卫生应符合《配合饲料企业卫生规范》规定，饲料原料应符合《饲料卫生标准》要求，配合饲料、浓缩饲料、精料补充料和添加剂预混合饲料中的药物饲料添加剂使用应遵守《饲料药物添加剂使用规范》，不得直接添加兽药和其他禁用药品；允许添加的兽药，必须制成药物饲料添加剂后方可添加；生产药物饲料添加剂，不得添加激素类药品。商品饲料应在包装物上附有饲料标签，并应符合《饲料标签》的有关规定。饲料包装材料应符合《饲料工业术语》(GB/T 10647—2008) 的要求。禁止经营无产品质量标准、无产品质量合格证、无生产许可证和产品批准文号的饲料、饲料添加剂；禁止生产、经营停用、禁用或者淘汰的饲料、饲料添加剂以及未经审定公布的饲料、饲料添加剂；禁止经营未经国务院农业行政主管部门登记的进口饲料、进口饲料添加剂。

4. 饲料 HACCP 管理体系 危害分析与关键控制点（HACCP）表示危害分析和临界控制点，其作用已受到世界各国的广泛关注，欧美、日本和我国均将该体系用于饲料生产。HACCP 体系的基本内容是对饲料加工的每一步骤进行危害因素分析，确定关键控制点 (CCP)，控制可能出现的危害（hazard），确立符合每个关键控制点的临界限，建立临界限的检测程序、纠正方案、有效记录保存体系、校验体系，以确保饲料产品安全。

HACCP 体系是对整个生产过程的关键点进行控制，不仅具有早期预警的功能，同时可用于防止产品中可能出现的生物性、化学性和物理性危害，保证最终产品中各种药物残留和安全指标均在控制限量以下，确保饲料产品的质量安全。

课后思考题

一、名词解释

兽药监督管理机构　饲料监督管理机构

二、简答题

HACCP 体系的基本内容是什么?

工作任务 3　动物诊疗机构及其人员公共卫生管理

(一) 动物诊疗机构场所的卫生要求

动物诊疗机构是患病动物集中的场所，如果卫生管理不当，将成为人兽疫病的散播地、自然环境的污染源。随着我国经济的快速发展和人民生活水平的提高，城市养宠物的人群越来越多，宠物医院的数量也越来越多，宠物医院在公共卫生中的地位也日益重要。为了使动物诊疗机构既能够为动物养殖者和宠物饲养者提供疾病诊疗服务，又避免环境污染和有利于控制疫病传播，根据《动物防疫法》和《动物诊疗机构管理办法》的规定，必须加强动物诊疗机构的卫生管理和卫生监督。

1. 动物诊疗机构的基本要求

(1) 动物诊疗场所选址距离畜禽养殖场、屠宰加工厂、动物交易场所不少于 200m。

(2) 动物诊疗场所应设独立的出入口，但不得设在居民住宅楼内或者院内，不得与同一建筑物的其他用户共用通道。

(3) 具有布局合理的诊疗室、手术室、药房等设施。

(4) 具有诊断、手术、消毒、冷藏、常规化验、污水处理等器械设备。

2. 动物诊疗机构公共卫生要求

（1）动物诊疗机构门前及周围应经常保持清洁卫生，不能影响周围居民和行人的卫生和安全。至少每天清扫两次，动物在就诊过程中排泄的粪、尿要及时清理，必要时应进行临时消毒。

（2）由于很多动物疫病都是人兽共患病，为了保障动物诊疗机构医疗人员、宠物主人的公共卫生安全，动物诊疗机构至少要分成动物普通病区和动物疫病区，且对动物疫病区进行严格的卫生管理，非医疗工作人员和患病宠物宠物主人不得进入动物疫病区。

（3）门厅、走廊、楼梯等公共场所应保持清洁卫生，每天上午和下午都应各打扫一次，并随时清理患病宠物排泄物，必要时进行消毒处理。

（4）认真搞好室内、室外卫生，诊疗室要保持清洁、卫生、整齐，每天至少要打扫两次，并做到随脏随扫，必要时进行随时消毒。

（二）医疗废弃物的处理

医疗废弃物是指动物诊疗机构在诊疗动物疾病以及其他相关活动中产生的具有直接或者间接感染性、毒性以及其他危害性的废弃物。

1. 处理原则 动物诊疗机构收治患传染病的宠物或者疑似患传染病的宠物产生的排泄物，按照医疗废物进行管理和处置。

动物诊疗机构废弃的麻醉、放射性、毒性等药品及其相关的废物，亦可按照医疗废物进行管理和处置。

动物诊疗机构的医疗废物最好严格收集起来，纳入地方人民政府负责组织建设的医疗废弃物集中处置单位统一管理和处置的计划中，按有关规定进行收集、运送、储存和处置。

2. 管理和处理要求

（1）动物诊疗机构应当及时收集本单位产生的医疗废物，并按照类别分置于防渗漏、防锐器穿透的专用包装物或者密闭的容器内，应当有明显的警示标识和警示说明。

（2）医疗废物的暂时储存设施、设备，应当远离医疗区、食品加工区和人员活动区以及生活垃圾存放场所，并设置明显的警示标识和防渗漏、防鼠、防蚊蝇、防蟑螂、防盗以及预防儿童接触等安全措施。医疗废物的暂时储存设施、设备应当定期消毒和清洁。

（3）动物诊疗机构应当使用防渗漏、防遗洒的专用运送工具，按照本单位确定的内部医疗废物运送时间、路线，将医疗废物收集、运送至暂时储存地点。运送工具使用后应当在指定的地点及时消毒和清洁。

（4）动物诊疗机构应当根据就近集中处置的原则，及时将医疗废物交由医疗废物集中处置单位处置。

（5）动物诊疗机构产生的污水、患传染病的宠物或者疑似患传染病的宠物的排泄物，应进行严格消毒，达到排放标准后，方可排入污水处理系统。

（6）在不具备集中处置医疗废物条件的农村，动物诊疗机构应当按照县级人民政府卫生行政管理部门、环境保护行政管理部门的要求，自行就地处置其产生的医疗废物。应当符合下列基本要求：①使用后的一次性医疗器具和容易致人损伤的医疗废物，应当消毒并做毁形处理。②能够焚烧的，应当及时焚烧。③不能焚烧的，消毒后集中填埋。

（三）放射线防护的要求

1. 对房屋建造和设施安放的要求

（1）合理选择放射投照室的位置。

（2）建造有足够屏蔽效果的防护隔墙。

（3）球管投射方向不能朝暗室或其他房间，应朝向窗外。

2. 对放射工作人员和受检动物的防护要求

（1）放射工作人员必须熟练掌握业务技术和射线防护知识，配合有关临床兽医师做好X线检查的临床判断，遵循医疗照射正当化和放射防护最优化原则，正确、合理地使用X线诊断仪器。

（2）除临床必需的透视检查外，应尽量采用摄影检查，以减少受检动物和工作人员的受照剂量。

（3）放射工作人员在透视前必须做好充分的暗适应。在不影响诊断的原则下，应尽可能采用“高电压、低电流、厚过滤”和小照射野进行工作。

（4）用X线进行各类特殊检查时，要特别注意控制照射条件和重复照射，对受检动物和工作人员都应采取有效的防护措施。

（5）摄影时，放射工作人员必须在屏蔽室等防护设施内进行曝光。除正在接受检查的动物外，其他人员和动物不应留在机房内。

（四）疫病预防措施

1. 预防原则 认定患病动物的血液、体液、分泌物、排泄物均具有传染性时，不论是否有明显的血迹污染或是否接触非完整的皮肤与黏膜，接触上述物质者，必须采取防护措施。

（1）既要防止血源性疾病的传播，也要防止非血源性疾病的传播。

（2）强调双向防护，既要防止传染病从患病宠物传至兽医人员，又要防止因诊治上一只传染病患病宠物，再经兽医人员或诊疗器械传至另一只患病宠物。

（3）根据传染病的传播途径，采取相应的隔离措施，防止传染病传播。

2. 预防措施

（1）洗手。接触传染病患病宠物的血液、体液、分泌物、排泄物及其污染物品时，不论是否戴手套，都必须洗手。遇有下述情况必须立即洗手：①摘除手套后。②接触传染病患病宠物前后可能污染环境或传染其他人时。

（2）戴手套。接触传染病患病宠物的上述物质及其污染物品时，接触患病宠物黏膜和非完整皮肤前均应戴手套；既接触清洁部位，又接触污染部位时应更换手套。

（3）上述物质有可能发生喷溅时，应戴眼镜和口罩，并穿防护衣，以防止兽医人员皮肤、黏膜和衣服被污染。

（4）被上述物质污染的医疗用品和仪器设备应及时处理。重复使用的医疗仪器设备应进行清洁和有效消毒。

（5）锐利器具和针头应小心处理，以防刺伤。

（五）卫生安全防护要求

1. 基本防护

（1）防护对象。在动物医疗机构中从事诊疗活动的所有医疗人员。

（2）着装要求。工作服、工作帽、医用口罩、工作鞋。

2. 加强防护

（1）防护对象。进行体液或可疑污染物操作的医疗人员；对重要人兽共患传染病进行诊

疗的工作人员。

（2）着装要求。在基本防护的基础上，可按危险程度使用以下防护用品：防护镜、外科口罩、手套和鞋套。

课后思考题

一、名词解释

医疗废弃物

二、简答题

1. 动物诊疗机构的基本要求是什么？
2. 动物诊疗机构公共卫生要求是什么？

参考答案

项目一　参考答案

项目二　参考答案

项目三　参考答案

参 考 文 献

陈朝礼，2013. 伴侣动物临床皮肤病学［M］. 新北：年合记图书出版社 .
高得仪，2001. 犬、猫疾病学［M］. 2 版 . 北京：中国农业大学出版社 .
国九英，秦铮，樊华，等，2015. 粗球孢子菌病原学鉴定及形态学参数分析［J］. 中国人兽共患病学报，31（2）：113-115.
李登来，2015. 水产动物病害防治技术［M］. 3 版 . 北京：中国农业出版社 .
李平，温海，2011. 隐球菌病的诊治进展［J］. 中国真菌学杂志，3（6）：186-189.
任克良，陈怀涛，2008. 兔病诊疗原色图谱［M］. 北京：中国农业出版社 .
史利军，袁维峰，贾红，2013. 犬猫寄生虫病［M］. 北京：化学工业出版社 .
宋大鲁，宋旭东，2009. 宠物诊疗金鉴［M］. 北京：中国农业出版社 .
汪明，2016. 执业兽医资格考试应试指南——兽医寄生虫学［M］. 北京：中国农业出版社 .
王彤光，2011. 宠物疫病与防治技术［M］. 北京：化学工业出版社 .
吴永卓，2014. 孢子丝菌病快速诊断方法的探究［D］. 大连：大连医科大学 .
谢三星，2009. 兔病［M］. 北京：中国农业出版社 .
姚志刚，2010. 水产动物病害防治技术［M］. 北京：化学工业出版社 .
战文斌，2011. 水产动物病害学［M］. 2 版 . 北京：中国农业出版社 .
中国兽药典委员会，2011. 中华人民共和国兽药典 兽药使用指南（化学药品卷）［M］. 北京：中国农业出版社 .
周建强，2010. 宠物传染病［M］. 北京：中国农业出版社 .
Donald C. Plumb，2009. Plumb’s 兽药手册［M］. 5 版 . 沈建忠，冯忠武，主译 . 北京：中国农业大学出版社 .

读者意见反馈

亲爱的读者：

感谢您选用中国农业出版社出版的职业教育规划教材。为了提升我们的服务质量，为职业教育提供更加优质的教材，敬请您在百忙之中抽出时间对我们的教材提出宝贵意见。我们将根据您的反馈信息改进工作，以优质的服务和高质量的教材回报您的支持和爱护。

地　　址：北京市朝阳区麦子店街18号楼（100125）

中国农业出版社职业教育出版分社

联系方式：QQ（1492997993）

教材名称：　　　　　　　　ISBN：

个人资料

姓名：________________所在院校及所学专业：________________

通信地址：________________________________

联系电话：________________电子信箱：________________

您使用本教材是作为：□指定教材□选用教材□辅导教材□自学教材

您对本教材的总体满意度：

从内容质量角度看□很满意□满意□一般□不满意

改进意见：________________________________

从印装质量角度看□很满意□满意□一般□不满意

改进意见：________________________________

本教材最令您满意的是：

□指导明确□内容充实□讲解详尽□实例丰富□技术先进实用□其他________

您认为本教材在哪些方面需要改进？（可另附页）

□封面设计□版式设计□印装质量□内容□其他________________

您认为本教材在内容上哪些地方应进行修改？（可另附页）

____

____

本教材存在的错误：（可另附页）

第______页，第______行：________________应改为：____________

第______页，第______行：________________应改为：____________

第______页，第______行：________________应改为：____________

您提供的勘误信息可通过QQ发给我们，我们会安排编辑尽快核实改正，所提问题一经采纳，会有精美小礼品赠送。非常感谢您对我社工作的大力支持！

图书在版编目（CIP）数据

宠物疫病与公共卫生/高利华，卢劲晔主编．—北京：中国农业出版社，2020.7（2022.8 重印）
高等职业教育农业农村部“十三五”规划教材
ISBN 978-7-109-27010-7

Ⅰ.①宠…　Ⅱ.①高…②卢…　Ⅲ.①宠物－防疫－高等职业教育－教材②公共卫生－高等职业教育－教材　Ⅳ.①S858.93②R199.1

中国版本图书馆 CIP 数据核字（2020）第 112952 号

中国农业出版社出版
地址：北京市朝阳区麦子店街 18 号楼
邮编：100125
责任编辑：李　萍
版式设计：王　晨　　责任校对：沙凯霖
印刷：北京中兴印刷有限公司
版次：2020 年 7 月第 1 版
印次：2022 年 8 月北京第 2 次印刷
发行：新华书店北京发行所
开本：787mm×1092mm　1/16
印张：15.25
字数：365 千字
定价：39.50 元
